Lernende Prozesskraftmodellierung zur Planung und Überwachung in der Einzelteilfertigung für Fräsanwendungen

Learning Process Force Modeling for Planning and Monitoring in Single-Part Production for Milling Applications

Von der Fakultät für Maschinenwesen
der Rheinisch-Westfälischen Technischen Hochschule Aachen
zur Erlangung des akademischen Grades eines
Doktors der Ingenieurwissenschaften
genehmigte Dissertation

vorgelegt von

Marian Wiesch

Berichter/in:

Univ.-Prof. Dr.-Ing. Christian Brecher
Univ.-Prof. Dr. sc. Sebastian Trimpe

Tag der mündlichen Prüfung: 25. November 2025

ERGEBNISSE AUS DER PRODUKTIONSTECHNIK

Marian Wiesch

Lernende Prozesskraftmodellierung zur Planung und Überwachung in der Einzelteilfertigung für Fräsanwendungen

Herausgeber:
Prof. Dr.-Ing. Dipl.-Wirt. Ing. G. Schuh
Prof. Dr.-Ing. C. Brecher
Prof. Dr.-Ing. R. H. Schmitt

Band 27/2025

WZL | RWTH AACHEN UNIVERSITY

Fraunhofer IPT

Bibliografische Information der Deutschen Nationalbibliothek
Die Deutsche Nationalbibliothek verzeichnet diese Publikation in der Deutschen Nationalbibliografie; detaillierte bibliografische Daten sind im Internet über https://portal.dnb.de abrufbar.

Marian Wiesch:

Lernende Prozesskraftmodellierung zur Planung und Überwachung in der Einzelteilfertigung für Fräsanwendungen

1. Auflage, 2025

Gedruckt auf holz- und säurefreiem Papier, 100% chlorfrei gebleicht.

Wissenschaftsverlag des Instituts für Industriekommunikation und Fachmedien an der RWTH Aachen
Steinbachstr. 25, 52074 Aachen, Deutschland
Internet: www.apprimus-verlag.de, E-Mail: info@apprimus-verlag.de

Druck: CPI Druckdienstleistungen GmbH
Ferdinand-Jühlke-Straße 7 | 99095 Erfurt | Deutschland

ISBN 978-3-98555-324-2

Vorwort

Die vorliegende Arbeit entstand während meiner Tätigkeit als wissenschaftlicher Mitarbeiter am Werkzeugmaschinenlabor WZL der RWTH Aachen.

An erster Stelle möchte ich meinem Doktorvater, Univ.-Prof. Dr.-Ing. Christian Brecher meinen tief empfundenen Dank aussprechen. Für seine engagierte Betreuung, die großzügige Förderung meiner Arbeit sowie die stets vertrauensvolle Zusammenarbeit während meiner Zeit am Lehrstuhl bin ich ihm äußerst dankbar. Seine wertvollen Anregungen und die Offenheit für neue Ideen haben meine Arbeit entscheidend geprägt und bereichert. Sein Vertrauen in meine Fähigkeiten hat mir in anspruchsvollen Zeiten stets den nötigen Rückhalt gegeben und mich motiviert, diese Dissertation erfolgreich zu vollenden. Mein Dank gilt auch Herrn Univ.-Prof. Dr. sc. Sebastian Trimpe für die Übernahme des Koreferats sowie seinen konstruktiven Anregungen in Bezug auf meine Ausarbeitungen. Herrn Univ.-Prof. Dr.-Ing. Georg Jacobs danke ich für die Übernahme des Prüfungsvorsitzes. Ihre Bereitschaft zur Begutachtung und Bewertung dieser Arbeit ist für mich von großer Bedeutung.

Ein großes Dankeschön möchte ich auch allen Mitarbeiterinnen und Mitarbeitern des Werkzeugmaschinenlabors WZL der RWTH Aachen aussprechen. Die Zusammenarbeit war in jeder Hinsicht bereichernd, sowohl auf beruflicher Ebene als auch in vielen schönen, gemeinsamen Stunden außerhalb der Arbeit. Ihr habt maßgeblich am Erfolg dieser Dissertation beigetragen. Viele der Freundschaften, die sich in dieser Zeit gebildet haben, machen diese Zeit für mich zudem unvergesslich. Insbesondere möchte ich folgenden ehemaligen Kollegen und Freunden für ihre unermüdliche Unterstützung danken: Dr. Alexander Steinert, Benedikt Biernat, Stephan Neus, Dr. Janis Ochel, Vincent Lohrmann, Matthäus Loba, Arndt Wetzel, Dr. Simo Schmidt, Dr. Frederik Wellmann, Michael Königs, Zoia Driouk, Britta Gehring, Christoph Koleczek, Marvin Rudisch, Christopher Mertens, Axel Kaunzner und Karsten Meier. Im gleichen Zug möchte ich meinen ehemaligen Vorgesetzten, Dr. Marcel Fey und Dr. Alexander Epple, herzlich danken. Ihr habt mich stets unterstützt, gefördert und mir durch Euer Vertrauen den Raum gegeben, mich in meiner Arbeit weiterzuentwickeln.

Ein besonderer Dank gilt meinen ehemaligen studentischen Hilfskräften, Auszubildenden und Abschlussarbeitern, die mich mit ihrem Engagement und ihrer Tatkraft unterstützt haben. Ein namentliches Dankeschön geht an: Martin Krömer, Alexander Dranov, Alina Raban, Felix Mohrschladt, Paulina Merkel, Marius Wesle, Thomas Pipke und Lukas Schoenen. Ohne Euren wertvollen Einsatz wäre die Entstehung dieser Dissertation kaum möglich gewesen.

Mein größter Dank gilt meiner Familie, insbesondere meinen Eltern, die mir in jeder Lage mit uneingeschränktem Rückhalt zur Seite standen. Eure bedingungslose Unterstützung und Euer Vertrauen haben mich motiviert, auch in fordernden Phasen nicht aufzugeben. Ein ganz besonderer Dank gebührt auch meinem Freund Mathias: Dein beständiger Zuspruch, Deine Zuversicht und Dein Vertrauen in meine Fähigkeiten waren eine große Stütze in der Entstehung dieser Arbeit.

Aachen, im November 2025 Marian Wiesch

Kurzzusammenfassung

Die vorliegende Dissertationsschrift widmet sich der Entwicklung eines innovativen, lernenden Ansatzes zur Ermittlung von Prozesskräften in der NC-Fräsbearbeitung. Die Motivation für diese Forschung ergibt sich aus dem Bedarf einer validen Bewertungsgröße wie die Prozesskraft zur qualitativen Beurteilung von NC-Fräsprozessen in Verbindung mit den Herausforderungen, die die moderne Einzelteilfertigung mit sich bringt, insbesondere aufgrund der hohen Bauteilvarianz und der sich kontinuierlich ändernden Randbedingungen. In diesem Kontext stoßen traditionelle Prozesskraftmodellierungen an ihre Grenzen, da sie entweder eine zu komplexe und zeitaufwändige Parametrierung erfordern oder nicht alle relevanten Zusammenhänge abbilden, wodurch sie nicht die erforderliche Generalisierbarkeit für eine breite Anwendung aufweisen.

Das Ziel dieser Dissertation besteht darin, ein lernendes Prozesskraftmodell für die NC-Fräsbearbeitung zu entwickeln, das die Vorzüge datengetriebener Verfahren mit den Erkenntnissen aus bewährten Prozesskraftmodellen kombiniert. Der vorgeschlagene Ansatz zielt darauf ab, die kontinuierlich wachsende Datenbasis in der Fertigung zu nutzen, um sowohl die Vorhersagegenauigkeit als auch die Übertragbarkeit der Modelle nachhaltig zu verbessern. Die Methodik umfasst dabei mehrere Schritte: Zunächst erfolgt die Informationsentwicklung entlang der CAx-Prozesskette, gefolgt von der Datenveredelung aus der Werkzeugperspektive sowie der darauf basierenden Entwicklung des lernenden Modellierungsansatzes. Im ersten Schritt werden Daten aus verschiedenen Quellen der digitalen CAx-Prozesskette, wie CAD, CAM, NC und CAQ, erfasst, kontextualisiert und entsprechend aufbereitet. Die Datenveredelung aus der Werkzeugperspektive hat zum Ziel, sämtliche Daten mit ihrem spezifischen Erfassungskontext in Beziehung zum zentralen Betrachtungsobjekt, dem Werkzeug, zu setzen. Diese Herangehensweise ermöglicht eine kontextbezogene Fertigungsdatenanalyse sowie einen umfassenden prozess- und bauteilübergreifenden Daten- und Informationsvergleich. Für den lernenden Modellierungsansatz kommen Künstliche Neuronale Netze (KNN) zum Einsatz, die die komplexen Zusammenhänge zwischen den Prozessgrößen und Prozesskräften korrekt abbilden können. Das entwickelte, lernende Gesamtmodell wird im Anschluss in einen am WZL entwickelten Frässimulations-Demonstrator integriert, um die Anwendbarkeit in realen Szenarien zu validieren. Die Validierung des entwickelten Ansatzes erfolgt in verschiedenen, industriellen Anwendungsszenarien: Zum einen über den Einsatz der lernenden Methodik in der virtuellen a-priori Ermittlung der Bauteilqualität innerhalb der CAM-Planung, wodurch etwaige Prozessfehler und Qualitätsprobleme frühzeitig identifiziert werden können. Zum anderen über den Einsatz der lernenden Methodik im Rahmen einer ortsbezogenen Live-NC-Prozesssicherung, bei der die Prozesskräfte auf Basis des virtuellen Materialabtrags überwacht und mit den real gemessenen Größen verglichen werden, um Abweichungen vom Sollzustand zu erkennen und geeignete Gegenmaßnahmen einzuleiten.

Die Ergebnisse der Validierung belegen, dass der lernende Gesamtansatz in der Lage ist, valide Vorhersagen zu treffen, die die Genauigkeit und Übertragbarkeit konventioneller Modelle signifikant übertreffen. Der entwickelte lernende Ansatz zur Prozesskraftmodellierung eröffnet neue Möglichkeiten für eine effizientere und flexiblere Fertigung mechanischer Bauteile und birgt damit ein erhebliches Potenzial zur Steigerung der Wettbewerbsfähigkeit von Unternehmen.

Brief Summary

This dissertation is dedicated to the development of an innovative, learning-based approach for determining process forces in NC milling. The motivation for this research arises from the need for a reliable evaluation metric, such as process force, to qualitatively assess NC milling processes, combined with the challenges posed by modern single-part manufacturing, particularly due to high component variability and continuously changing boundary conditions. In this context, traditional process force modeling approaches reach their limits as they either require overly complex and time-intensive parameterization or fail to capture all relevant interdependencies, thereby lacking the necessary generalizability for broad application.

The objective of this dissertation is to develop a learning-based process force model for NC milling that combines the advantages of data-driven methods with insights from established process force models. The proposed approach aims to leverage the continuously growing data base in manufacturing to sustainably enhance both the predictive accuracy and transferability of the models. The methodology encompasses several steps: Initially, information is developed along the CAx process chain, followed by data refinement from the tool perspective and the subsequent development of the learning-based modeling approach. In the first step, data from various sources in the digital CAx process chain, such as CAD, CAM, NC, and CAQ, is collected, contextualized, and appropriately processed. The data refinement from the tool perspective aims to relate all data to its specific acquisition context with the central focus on the tool. This approach enables context-based analysis of manufacturing data as well as a comprehensive cross-process and cross-component comparison of data and information. For the learning-based modeling approach, artificial neural networks (ANN) are employed, as they are capable of accurately capturing the complex relationships between process parameters and process forces. The developed, integrated learning-based model is then implemented into a milling simulation demonstrator developed at WZL to validate its applicability in real-world scenarios. The validation of the developed approach is carried out across various industrial application scenarios: First, through the application of the learning-based methodology for virtual a priori assessment of component quality within CAM planning, enabling the early identification of potential process errors and quality issues. Second, through its use in location-based live NC process monitoring, where process forces are monitored based on virtual material removal and compared with real measured values to detect deviations from the target state and initiate appropriate countermeasures.

The validation results demonstrate that the integrated learning-based approach is capable of providing reliable predictions that significantly surpass the accuracy and transferability of conventional models. The developed learning-based approach to process force modeling opens up new possibilities for more efficient and flexible manufacturing of mechanical components, thereby offering substantial potential for enhancing the competitiveness of companies.

Inhaltsverzeichnis

Abbildungsverzeichnis

Tabellenverzeichnis

Formelzeichen und Abkürzungsverzeichnis

Großbuchstaben

Zeichen	Einheit	Bezeichnung
A	°	A-Achsposition (jeweils im definierten Koordinatensystem)
B	–	Beliebiger Untergraph des *HDBSCAN*-Graph H
C	°	C-Achsposition (jeweils im definierten Koordinatensystem)
Cl	–	Beliebiges Cluster nach dem *HDBSCAN*-Vorgehen
D_{ek}	–	Symmetrische Distanzmatrix
D_{tks}	–	Datenvektor im TKS
D_{wks}	–	Datenvektor im WKS
$\vec{D}_E$	mm	Dexelendpunkt im ZKS
$\vec{D}_S$	mm	Dexelstartpunkt im ZKS
$D(\theta)$	–	Prior-Verteilung der Hyperparameter
$D(\theta\|O_B)$	–	Posterior-Verteilung der Hyperparameter
$D(O_B)$	–	Bayes'sche Normalisierungskonstante
$D(O_B\|\theta)$	–	Likelihood-Funktion
$D(x_{in})$	–	Wahrscheinlichkeitsverteilung des Dateneingangsvektors x_{in}
$D_G(m,o)$	–	Gesamt-Wahrscheinlichkeitsverteilung der Stichprobe $d=(m,o)$
$D_i(m,o)$	–	Wahrscheinlichkeitsverteilung der Stichprobe $d=(m,o)$ des Datenlieferanten i
E	–	Experience innerhalb des kontinuierlichen Lernens
E_j	–	Eingangsvektor eines Neurons j
E_N	°	Drehgeberwinkelstellung im Encodersignal
ED$(P_{j,i}, P_{j,i+1})$	mm	Euklidische Distanz zwischen zwei Punkten $P_{j,i}$ und $P_{j,i+1}$
$EI(\theta_i)$	–	Expected Improvement-Akquisitionsfunktion
F_a	N	Aktivkraft
F_{alt}	N	Prozesskraft nach dem ALTINTAS-Modell
F_c	N	Schnittkraft
F_{dyn}	N	Dynamische Prozesskraft
F_f	N	Vorschubkraft
$F_{a,hybrid}$	N	Aktivkraft aus der hybriden Kraftmessmethode
F_{mess}	N	Gemessene Prozesskraft
F_{ml}	N	Prozesskraft nach dem *ML*-Modell
F_p	N	Passivkraft
F_r	N	Radialkraft

Zeichen	Einheit	Bezeichnung
F_{sim}	N	Simulierte Prozesskraft
F_{stat}	N	Statische Prozesskraft
F_t	N	Tangentialkraft
F_u	N	Kraft in U-Richtung (TKS)
F_U	N	Kraft parallel zum Spanfluss
F_v	N	Kraft in V-Richtung (TKS)
F_V	N	Kraft orthogonal zum Spanfluss
F_x	N	Kraft in X-Richtung (MKS, WKS)
F_y	N	Kraft in Y-Richtung (MKS, WKS)
F_z	N	Kraft in Z-Richtung (MKS, WKS)
F_{zer}	N	Zerspankraft
H	–	Vollständiger *HDBSCAN*-Graph
I_{ges}	A	Gesamtantriebsstrom einer Achse
I_{leer}	A	Leerfahrtanteil Antriebsstrom einer Achse
$I_{prozess}$	A	Prozesskraftbedingter Antriebsstrom einer Achse
I_{reib}	A	Störanteilbedingter Antriebsstrom einer Achse
I_{sp}	A	Prozesskraftbedingter Antriebsstrom der Hauptspindel
I_{stoer}	A	Störanteilbedingter Antriebsstrom einer Achse
$I_{0,stat}$	A	Statischer Anteil Antriebsstrom einer Achse
J	–	Schneidenzahl
J_{sp}	$\text{kg} \cdot \text{m}^2$	Massenträgheitsmoment Hauptspindel
K	–	Menge aller *HDBSCAN*-Kanten
$K^{[t\|t-1]}$	–	Zustandsmatrix für Zeitpunkt t auf Basis von Zustand t-1
K_{ic}	N/mm^2	Schnittkraftbedingte ALTINTAS-Modellkonstanten mit $i \in t, r, p, u, v$
K_{ie}	N/mm	Pflugkraftbedingte ALTINTAS-Modellkonstanten mit $i \in t, r, p$
$K_{I,sp}$	–	Verstärkungsfaktor Stromregelkreis Hauptspindelantrieb
K_r	°	Einstellwinkel
K_s	–	Anzahl der diskreten Scheibchenelemente k
K_{ver}	–	Betragsverhältnis der infitisimalen Kraftrichtungsanteile
L	–	Lokalbedingter Datenort
$L_1(F_{sim}, F_{mess})$	–	L1-Norm
$L_2(F_{sim}, F_{mess})$	–	L2-Norm
$L_g(F_{sim}, F_{mess})$	–	Gewichtete Verlustfunktion
M	–	Anzahl Zustandsvektoren innerhalb der Ensemble-Matrix
M_D	–	Gesamtmenge aller Daten
M_{sp}	Nm	Prozesskraftbedingter Drehmomentsollwert der Hauptspindel
$M_{r,sp}$	Nm	Reibmoment der Hauptspindel
MT	–	Untergraph des *HDBSCAN*-Graph H mit minimalen Kantengewichten
N	U/min	Spindeldrehzahl

Zeichen	Einheit	Bezeichnung
N_{Cl}	–	Menge aller identifizierten Cluster nach dem *HDBSCAN*-Vorgehen
N_M	–	Menge aller Input-Feature i des Merkmalsvektors $m_{in,std}$
O	–	Menge aller *HDBSCAN*-Datenpunkte
O_B	–	Beobachtete Ergebnis-Daten der Zielmetriken für gegebene Hyperparameter
O_j	–	Normierter Orientierungsvektor im Zielkoordinatensystem j
P	mm	Positionskoordinaten
$P_{e,j}$	mm	Materialeingriffspunkt an Schneide j
$P_{ek,ij}$	–	Wahrscheinlichkeitsmatrix im $\mathbb{R}^n$
P_j	mm	NC-Achspositionsdaten im Koordinatensystem j
P_{stat}	mm	Um die statische Kraft verlagerte TCP-Positionskoordinaten
P_{tcp}	mm	TCP-Positionskoordinaten
$P_{Rauschen}$	J/s	Rauschleistung
P_{Signal}	J/s	Nutzsignalleistung
P_x	–	Anzahl Bildpixel
$Q_{ek,ij}$	–	Wahrscheinlichkeitsmatrix im $\mathbb{R}^2$
Q_v	mm^3/min	Zeitspanvolumen
$\vec{R}_{ges}$	–	Normierter Gesamtrichtungsvektor
$\vec{R}_p$	–	Normierter Richtungsanteilvektor Passivkraft
$\vec{R}_r$	–	Normierter Richtungsanteilvektor Radialkraft
$\vec{R}_t$	–	Normierter Richtungsanteilvektor Tangentialkraft
$\vec{R}_x$	–	Normierter Richtungsanteilvektor Kraft X-Achse
$\vec{R}_y$	–	Normierter Richtungsanteilvektor Kraft Y-Achse
S	–	Signale
S_M	–	Teilmenge der Gesamtmenge N_M aller Input-Feature i
St	–	Stabilität eines Clusters Cl
T	s	Periodendauer
$T_{1\rightarrow 2}$	–	Transformationsmatrix von Koordinatensystem 1 nach 2
T_l	–	Translationsmatrix
T_lr	–	Translations- und Rotationsmatrix
T_r	–	Rotationsmatrix
T_j	–	Schneidkeil-Transformationsmatrix für die Schneide j
U	mm	U-Achsposition (TKS, ZKS)
V	mm	V-Achsposition (TKS, ZKS)
V_i	–	*UMAP*-Modellversion
W	mm	W-Achsposition (TKS, ZKS)
$\mathbb{W}_\psi S_i(m,n)$	–	Wavelet-Transformation eines Signals S_i
X	mm	X-Achsposition (jeweils im definierten Koordinatensystem)
Y	mm	Y-Achsposition (jeweils im definierten Koordinatensystem)
Z	mm	Z-Achsposition (jeweils im definierten Koordinatensystem)

Kleinbuchstaben

Zeichen	Einheit	Bezeichnung
$\vec{a}$	m/s^2	Achs-Beschleunigungsvektor
a_a	rad/s^2	Winkelbeschleunigung A-Achse (MKS, WKS)
a_b	rad/s^2	Winkelbeschleunigung B-Achse (MKS, WKS)
a_c	rad/s^2	Winkelbeschleunigung C-Achse (MKS, WKS)
a_e	mm	Schnittbreite
a_j	–	Neuronenausgabe eines Neurons j
a_p	mm	Schnitttiefe
a_u	m/s^2	Beschleunigung U-Achse (TKS)
a_v	m/s^2	Beschleunigung V-Achse (TKS)
a_w	m/s^2	Beschleunigung W-Achse (TKS)
a_x	m/s^2	Beschleunigung X-Achse (MKS, WKS)
a_y	m/s^2	Beschleunigung Y-Achse (MKS, WKS)
a_z	m/s^2	Beschleunigung Z-Achse (MKS, WKS)
b	mm	Eingriffsbreite
d_i	–	Dropout-Binominalverteilung
da_p	mm	Schnitttiefe einer Scheibe k
d_{ek}	mm	Euklidische Distanz
d_{kern}	mm	Euklidische Kernentfernung
d_{re}	mm	Abstand der gegenseitigen Erreichbarkeit
d_{wkz}	mm	Werkzeugdurchmesser
dS_k	mm	Schneidkantenlänge pro Scheibe k
db_s	mm	Scheibendicke
dst_{min}	mm	Mindestdistanz beim *UMAP*-Algorithmus
e_{dep}	mm	Lokale Dexel-Endpunkt-Texturkoordinate W-Achse (ZKS)
e_i	–	Einträge des Eingangsvektors E_j mit n Einträgen
f	Hz	Frequenz
f_F	–	Prozesskraft-Modellfunktion
f_{sl}	–	Supervised Learning-Modellfunktion
f_z	mm	Vorschub pro Schneide
f_{ζ_i}	–	Vereinfachte, empirische Modellfunktion über alle Input-Features i
f_0	Hz	Statische Nullfrequenz
g_i	–	Gewichtungsfaktor des i-ten Datenpunkts
g_j	–	Aktivierungsfunktion eines Neurons j
h	mm	Spanungsdicke
$h_{su,sv}$	mm	Ermittelte Dexel-Spanungsdicke innerhalb der Sub-Textur
h_{max}	mm	Maximale Spanungsdicke
k_c	N/mm^2	Spezifische Schnittkraft beim KIENZLE-Kraftmodell
$k_{c,1.1}$	N/mm^2	Spezifische Schnittkraft für $h = b = 1$ mm beim KIENZLE-Kraftmodell

Zeichen	Einheit	Bezeichnung
k_{cN}	N/mm^2	Spezifische Schnittnormalkraft beim KIENZLE-Kraftmodell
$k_{cN.1.1}$	N/mm^2	Spezifische Schnittnormalkraft für $h = b = 1$ mm beim KIENZLE-Kraftmodell
k_{ges}	N/mm	Gesamtsteifigkeit Werkzeugmaschine und Werkzeug
k_{ij}	N/mm	Steifigkeitseinträge der Steifigkeitsmatrix
$k_m^{[t\|t-1]}$	–	Zustandsvektor m für Zeitpunkt t auf Basis von Zustand t-1
$k_{p,1.1}$	N/mm^2	Spezifische Passivkraft für $h = b = 1$ mm beim KIENZLE-Kraftmodell
k_{wzm}	N/mm	Maschinensteifigkeit
k_{wkz}	N/mm	Werkzeugsteifigkeit
k_{12}	–	Kreuzkorrelationswert zweier Signale 1 und 2
l_k	–	Verdeckte Schicht in einer KNN-Struktur
$l_{[u,v,w]}$	mm	Länge aller im Eingriff abgetrennter Einzeldexel pro Achse (ZKS)
$l_{[x,y,z]}$	mm	Translatorische Verschiebungskoordinaten der Hauptachsen vom KKS → WKS
l_{wkz}	mm	Werkzeuglänge
m_c	–	Schnittkraftbedingter Anstiegswert beim KIENZLE-Kraftmodell
m_{cN}	–	Schnittnormalkraftbedingter Anstiegswert beim KIENZLE-Kraftmodell
$m_{in,std}$	–	Beliebiger z-standardisierter Merkmalsvektor
m_p	–	Passivkraftbedingter Anstiegswert beim KIENZLE-Kraftmodell
n_i	–	Einzelnes Neuron i innerhalb einer KNN-Struktur
$n_{neighbors}$	–	Anzahl an betrachteten Nachbarpunkten
$\vec{n}_{[u,v,w]}$	–	Normalenvektoren in Werkzeugkoordinatenrichtung (TKS)
o	–	Beliebiger Targetvektor
p	–	Bildpixel
$q_{(i,j)}$	–	Beliebige, niedrigdimensionale *UMAP*-Punkte im $\mathbb{R}^2$
$\vec{r}$	m/s^3	Achs-Ruckvektor
r_a	rad/s^3	Ruck A-Achse (MKS, WKS)
r_b	rad/s^3	Ruck B-Achse (MKS, WKS)
r_c	rad/s^3	Ruck C-Achse (MKS, WKS)
$r_{i,[x,y,z]}$	–	Einträge i der translatorischen Verschiebungsvektoren der Hauptachsen vom KKS → WKS
r_d	mm	Dexelabstand
r_{wkz}	mm	Werkzeugradius
r_x	m/s^3	Ruck X-Achse (MKS, WKS)
r_y	m/s^3	Ruck Y-Achse (MKS, WKS)
r_z	m/s^3	Ruck Z-Achse (MKS, WKS)
rz_{wkz}	mm	Werkzeugschneidenradius
s_{dep}	mm	Lokale Dexel-Startpunkt-Texturkoordinate W-Achse (ZKS)
sp_u	mm	Eingriffsschwerpunkt in U-Achse
sp_v	mm	Eingriffsschwerpunkt in V-Achse

Zeichen	Einheit	Bezeichnung
t	s	Zeitpunkt
u_{tex}	mm	Lokale Dexel-Texturkoordinate U-Achse (ZKS)
$\vec{v}$	mm/min	Geschwindigkeitsvektor
v_c	mm/min	Schnittgeschwindigkeit
v_f	mm/min	Vorschubgeschwindigkeit
v_a	rad/min	Winkelgeschwindigkeit A-Achse (MKS, WKS)
v_b	rad/min	Winkelgeschwindigkeit B-Achse (MKS, WKS)
v_c	rad/min	Winkelgeschwindigkeit C-Achse (MKS, WKS)
v_{tex}	mm	Lokale Dexel-Texturkoordinate V-Achse (ZKS)
v_u	mm/min	Vorschubgeschwindigkeit U-Achse (TKS)
v_v	mm/min	Vorschubgeschwindigkeit V-Achse (TKS)
v_w	mm/min	Vorschubgeschwindigkeit W-Achse (TKS)
v_x	mm/min	Vorschubgeschwindigkeit X-Achse (MKS, WKS)
v_y	mm/min	Vorschubgeschwindigkeit Y-Achse (MKS, WKS)
v_z	mm/min	Vorschubgeschwindigkeit Z-Achse (MKS, WKS)
$w_{i,j}$	–	Gewichtungsfaktor von Eingangseintrag i zu einem Neuron j
x_{in}	–	Beliebiger Eingangsvektor

Griechische Buchstaben

Zeichen	Einheit	Bezeichnung
α_{sp}	rad/s^2	Winkelbeschleunigung der Hauptspindel
$\vec{\Gamma}_U$	mm	U-Achse (ZKS)
$\vec{\Gamma}_V$	mm	V-Achse (ZKS)
$\vec{\Gamma}_W$	mm	W-Achse (ZKS)
γ_{wkz}	°	Werkzeugspanwinkel
Δ_{geom}	mm	Geometrischer Verlagerungsvektor
Δ_{stat}	mm	Statischer Verlagerungsvektor
Δt	s	Zeitliche Differenz
ζ_i	–	*Shapley*-Werte für ein Input-Feature i
$\eta_{t,j}$	°	Vorschubrichtungswinkel
θ_i	°	Hyperparameterkombination i des MLP-Modells
κ_{wkz}	°	Schneidenwinkel
Λ	–	*UMAP*-Optimierungsfunktion
λ_{birth}	1/mm	Skalenparameter, bei dem ein Cluster Cl entsteht
λ_{death}	1/mm	Skalenparameter, bei dem ein Cluster Cl verschwindet
λ_{o_i}	1/mm	Skalenparameter für den Clusterpunkt o_i
λ_{wkz}	°	Werkzeughelixwinkel
μ	–	Standardabweichung
$\rho(m,o)$	–	Wahrscheinlichkeitsdichte der Stichprobe $d = (m,o)$
σ	–	Mittelwert
σ_i	mm	Effektiver Nachbarschaftsradius
ϕ	°	Umschlingungswinkel beim Werkzeugeingriff
ϕ_r	°	Vorschubrichtungswinkel bezogen auf das WKS
φ_{aus}	°	Schneidenaustrittswinkel
φ_{ein}	°	Schneideneintrittswinkel
φ_j	°	Schneidenwinkel am Boden von Werkzeugschneide j
$\varphi_{p,j}$	°	Schneidenwinkel am oberen Ende des Eingriffs von Werkzeugschneide j
φ_0	°	Winkeloffset Referenzschneide zur Nullstellung des Drehgebers
$\psi_{m,n}$	–	Wavelet-Basisfunktion mit den Koeffizienten m und n
∇F	N	Gradient der Prozesskraft-Zielfunktion

Laufvariablen

Zeichen	Einheit	Bezeichnung
a	–	Index der A-Maschinenachse
c	–	Index der C-Maschinenachse
$[c]$	–	Index des schnittkraftbedingten Zerspanmechanismus
(cl, v)	$cl, v \in \mathbb{N}$	Kombinierter Cluster-Index mit Clusternummer c und *UMAP*-Modellversion v
$[e]$	-	Index des pflugkraftbedingten Zerspanmechanismus
i	$i \in \mathbb{N}$	Generischer Index für Schleifen oder Zahlenfolgen (Details im Fließtext)
j	$j \in \mathbb{N}$	Index für Dexel, Neuronennummer, Werkzeugschneidennummer, Nullpunktverschiebung, Koordinatensystem, Datenort
k	$k \in \mathbb{N}$	Scheibchenindex, Punktindex
f	$f \in \mathbb{N}$	Frequenzamplitudenindex
$[t]$	$t \in \mathbb{N}$	Zeit-Numerator
su	–	Index der U-Subachse (ZKS)
sv	–	Index der V-Subachse (ZKS)
u	–	Index der U-Achse (TKS, ZKS)
v	–	Index der V-Achse (TKS, ZKS)
w	–	Index der W-Achse (TKS, ZKS)
x	–	Index der X-Maschinenachse (MKS, WKS, KKS)
y	–	Index der Y-Maschinenachse (MKS, WKS, KKS)
z	–	Index der Z-Maschinenachse (MKS, WKS, KKS)

Abkürzungen

Zeichen	Bezeichnung
AFR	Automated Feature Recognition
ANN	Artificial Neural Network
AR	Augmented Reality
ARC	Spezifisches Datenformat speziell zur Archivierung
ASCII	American Standard Code for Information Interchange
CAD	Computer-Aided Design
CAE	Computer-Aided Engineering
CAM	Computer-Aided Manufacturing
CAQ	Computer-Aided Quality
CAx	Computer-Aided x
CFD	Computational Fluid Dynamic
CL	Continuous Learning
CLDATA	Cutter Location Data
CLSF	Cutter Location Source File
CNC	Computerized Numerical Control
CNN	Convolutional Neural Network
CPU	Central Processing Unit
CSG	Constructive Solid Geometry
CSV	Character-Separated Values
DBSCAN	Density-Based Spatial Clustering of Applications with Noise Episodic Memory
DIN	Deutsches Institut für Normung e. V.
DFG	Deutsche Forschungsgemeinschaft e. V.
DMS	Dehnungsmessstreifen
DWT	Diskrete Wavelet-Transformation
EnKF	Ensemble Kalman Filter
EWC	Elastic Weight Consolidation
FBM	Feature-Based Machining
FE	Finite Elemente
FEM	Finite Elemente Methode
FFT	Fast Fourier Transformation
FL	Federated Learning
FNN	Feed Forward Neural Network
GEM	Gradient Episodic Memory
GLSL	OpenGL Shading Language
GPU	Graphics Processing Unit
HDBSCAN	Hierachical Density-Based Spatial Clustering of Applications with Noise Episodic Memory
IPT	Fraunhofer-Institut für Produktionstechnologie IPT

Zeichen	Bezeichnung
ISO	International Organization for Standardization
JSON	JavaScript Object Notation
KI	Künstliche Intelligenz
KKS	Konstruktionskoordinatensystem
KMG	Koordinatenmessgerät
KMP	Kraftmessplattform
KNN	Künstliches Neuronales Netz
KSS	Kühlschmierstoff
LGS	Lineares Gleichungssystem
LLM	Large Language Model
LSTM	Long Short-Term Memory
LwF	Learning without Forgetting
MKE	Machining Knowledge Editor
MKS	Maschinenkoordinatensystem
ML	Machine Learning
MLP	Multi-Layer Perceptron
MPC	Model-Predictive Controler
MPF	Main Program File (SIEMENS-spezifisch)
MQTT	Message Queuing Telemetry Transport
NC	Numerical Control
NCU	Numerical Control Unit
NPV	Nullpunktverschiebung
OEE	Overall Equipment Effectiveness
OpenGL	Open Graphics Library
PLM	Product Lifecycle Management
PMI	Product and Manufacturing Information
PNN	Probabilistisches Neuronales Netz
QKS	Qualitätskoordinatensystem
RNN	Recurrent Neural Network
SI	Synaptic Intelligence
SIS	Spindle Integrated Sensor
SNR	Signal-Rausch-Verhältnis
SQL	Structured Query Language
STEP	STandard for the Exchange of Product model data
STL	STereoLithography Dateiformat
TCP	Tool Center Point
TCP/IP	Transmission Control Protocol / Internet Protocol
UMAP	Uniform Manifold Approximation and Projection for Dimension Reduction
VBO	Vertex Buffer Object

Zeichen	Bezeichnung
VDI	Verein Deutscher Ingenieure e. V.
VNCK	Virtueller NC-Kern
VR	Virtual Reality
TKS	Werkzeugkoordinatensystem
WKS	Werkstückkoordinatensystem
WZL	Werkzeugmaschinenlabor WZL der RWTH Aachen
ZKS	Zellenkoordinatensystem

1 Einleitung

Introduction

Die Relevanz detaillierter Prozesssimulationen als fundamentale Basis für die effiziente, präzise und sichere Planung, Auslegung und Überwachung von numerisch gesteuerten Zerspanprozessen, insbesondere in der Einzelteil- und Kleinserienproduktion mit hoher Variantenvielfalt, ist unbestritten. Besonders die steigende Nachfrage nach individualisierten Produkten erfordert neue, innovative Ansätze in der flexiblen und smarten Prozessauslegung, -optimierung und -überwachung, wo klassische Planungs- und Modellierungsansätze für diese Zwecke oft unzureichend sind [KLOC18]. Die Erweiterung bestehender Simulationsansätze durch die zunehmende Digitalisierung und die damit verbundene Datenverfügbarkeit kann die Barriere für eine flexible und kosteneffiziente Simulation von Zerspanprozessen überwinden, indem der vermehrte Einsatz datengetriebener Modelle langfristig eine breite Anwendbarkeit zur Prozessplanung und -steuerung erreicht.

Für eine schnelle und präzise Auslegung von Fräsprozessen ist das Wissen über die zu erwartenden Prozesskräfte von großer Bedeutung, die innerhalb von Zerspanprozessen einen wesentlichen Einfluss auf Bauteilqualität, Werkzeugstandzeit und Prozesssicherheit haben [KLOC18]. Konventionelle Modellierungsverfahren, darunter analytische oder empirische Modellansätze, stoßen dabei an ihre Grenzen [SCHW19b]. Analytische Modelle, die auf physikalischen Gesetzen basieren, erfordern meist eine aufwändige Parametrierung und sind daher unter variablen Prozessbedingungen nur schwer einsetzbar [ROLL93; SRIV06; BREU07; PERV14]. Empirische Modelle, etwa die Ansätze von KIENZLE und ALTINTAS, sind zwar einfacher zu handhaben, weisen jedoch eine eingeschränkte Generalisierbarkeit auf und lassen sich nicht ohne Weiteres auf neue Werkstoffe oder Bearbeitungssituationen übertragen [KIEN57; ALTI00; DENK11; KLOC18; SCHW19b]. Zudem profitieren diese Modelltypen nicht von der stetig wachsenden Datenbasis in der Industrie, die durch die zunehmende Digitalisierung und Sensorintegration nach WIESCH, BRECHER ET AL. bereitgestellt wird [BREC21].

Aus diesen Gründen besteht relevanter Forschungsbedarf für neue, innovative Ansätze, die die Komplexität von Zerspanprozessen präzise und ohne aufwändige manuelle Parametrierung datenbasiert modellieren können, indem sie eine hohe Generalisierungsfähigkeit aufweisen. Dadurch können auch unter variierenden Prozessbedingungen in der on-demand-Fertigung von Kleinserien und Einzelteilen effiziente und zuverlässige Ergebnisse innerhalb der Planung, Simulation und Steuerung von Fertigungsprozessen geliefert werden. Zur Umsetzung dieser Ansätze ist eine systematische und datenbasierte Erfassung, Bewertung und Verwaltung jeder Fertigungssituation erforderlich, mit dem Ziel, über die wachsende Fertigungsdatenbasis die Genauigkeit und Übertragbarkeit der betrachteten Modellierungsansätze zu erhöhen und somit in ein lernendes Produktionssystem zu überführen. Um diesen Anforderungen gerecht zu werden, fokussiert sich die Dissertation auf ein kontinuierlich lernendes Modellierungssystem zur Prozesskraftvorhersage für die NC-Fräsbearbeitung, welches die Vorteile datengetriebener Methoden mit Wissen aus etablierten Modellierungsansätzen vereint. Der Modellierungsansatz basiert auf einem mehrstufigen Vorgehen:

Im ersten Schritt erfolgt die für die Umsetzung des Ansatzes erforderliche Informationsentwicklung entlang der digitalen CAx-Prozesskette, die Daten aus verschiedenen Quellen wie CAD, CAM, NC und CAQ systematisch sammelt, kontextualisiert und aufbereitet. Diese Daten liefern in einer digital vernetzten Produktionsumgebung wichtige, kontextualisierte Eingangs- und Meta-Informationen für die spätere Modellierung, indem sie die virtuelle Prozessinteraktion zwischen Werkstück, Werkzeug, Prozess und Maschine durch die umfassende Betrachtung der Prozesskette ermöglichen.

Im zweiten Schritt wird die ermittelte Datenbasis auf die Werkzeugperspektive bezogen und in informationsrelevante Eingangsgrößen für das lernende Modell transformiert. Die Transformation auf die Werkzeugperspektive ermöglicht die werkzeugbezogene und somit ortsfeste Interpretation und Identifikation von möglichen Korrelationen zwischen den Prozessgrößen und den resultierenden Prozesskräften. Ein besonderer Fokus liegt dabei auf der Ermittlung der Eingriffsgrößen wie der Schnitttiefe a_p, der Eingriffsbreite a_e sowie des Umschlingungswinkels ϕ, die über eine Erweiterung der am Werkzeugmaschinenlabor WZL der RWTH Aachen entwickelten Materialabtragsimulation als das hier verwendete Prozesssimulationssystem berechnet werden können.

Der Schwerpunkt dieser Dissertation liegt im dritten Schritt auf der Entwicklung des kontinuierlich lernenden Prozesskraftmodells, das datengetriebene Methoden mit bestehendem Fertigungswissen kombiniert und so einen hybriden Gesamtmodellansatz bildet. Zunächst werden die heterogenen Prozessdaten durch Clustering-Algorithmen in spezifische Gruppen unterteilt, die charakteristische Prozesssituationen, z. B. Schrupp-, Schlicht- oder Bohroperationen, repräsentieren. Diese sogenannten Cluster werden im Anschluss sequenziell und kontinuierlich einem Probabilistischen Neuronalen Netzwerk präsentiert, wodurch kontinuierliches Lernen ermöglicht wird, um sich an bisher unbekannte Prozesssituationen anzupassen, ohne bereits erlerntes Wissen zu verlieren. Zur Umsetzung eines gesicherten Lernprozesses der Künstlichen Neuronalen Struktur ist die Integration des bestehenden Fertigungswissens erforderlich, die auf zwei Ebenen erfolgt: Zum einen wird das empirische Kraftmodell nach ALTINTAS als Basiswissen genutzt und an jedes Cluster angepasst, wobei spezifische Modellkoeffizienten in einer Wissensdatenbank systematisch gespeichert werden. Zum anderen dient das ALTINTAS-Kraftmodell als Sicherheitsinstanz in der Prozesskraftvorhersage, indem es bei signifikanten Abweichungen zwischen prognostizierter und gemessener Prozesskraft zusätzlich das trainierte PNN-Modell aktiviert, um die fehlerhafte Vorhersage des ALTINTAS-Kraftmodells zu korrigieren. Durch das kontinuierliche Verarbeiten dieser Abweichungen erlernt das PNN-Modell langfristig neue Zusammenhänge und gleicht so die geringe Modellübertragbarkeit herkömmlicher Ansätze aus.

Die Validierung des lernenden Modellierungsansatzes erfolgt durch die anschließende Integration in einen Frässimulation-Demonstrator, der von WIESCH, BRECHER ET AL. entwickelt wurde [BREC21]. Der Demonstrator ermöglicht praxisnahe Tests zur Anwendbarkeit und Leistungsfähigkeit des Modells, sowohl in der a-priori Prozesssimulation zur NC-Prozessplanung, zur Qualitätsvorhersage in der CAM-Simulation sowie in der Live-NC-Prozesssicherung in der Einzelteilfertigung.

Die vorliegende Dissertation entstand im Rahmen des Forschungsprojekts "Internet of Production" (Förderkennzeichen 390621612), das von der Deutschen Forschungsgemeinschaft (DFG) im Kontext der Exzellenzstrategie des Bundes und der Länder gefördert wird. Ziel des Projekts ist es, innovative Konzepte und Technologien zu entwickeln, die die Produktionsprozesse der Zukunft nachhaltig transformieren und den Wirtschaftsstandort Deutschland zukunftssicher gestalten. Diese Arbeit trägt dazu bei, indem sie die Herausforderungen und Lösungsansätze im Bereich der effizienten Prozessplanung, -überwachung und -steuerung für moderne Fertigungssysteme untersucht.

Introduction

The relevance of detailed process simulations as a fundamental basis for the efficient, precise and safe planning, design, and monitoring of numerically controlled machining processes, particularly in single-part and small-batch production with high variant diversity, is undisputed. The increasing demand for customized products requires new and innovative approaches to flexible and intelligent process design, optimization, and monitoring, as traditional planning and modeling approaches are often inadequate for these purposes [KLOC18]. The expansion of existing simulation approaches through increasing digitalization and the associated availability of data can overcome the barriers to flexible and cost-effective simulation of machining processes by leveraging data-driven models to achieve broad applicability in process planning and control in the long term.

For the rapid and precise design of milling processes, knowledge of the expected process forces is of great importance, as they have a significant influence on component quality, tool life, and process reliability [KLOC18]. Conventional modeling approaches, including analytical or empirical models, have limitations in this regard [SCHW19b]. Analytical models, which are based on physical laws, require complex parameterization and are therefore difficult to apply under variable process conditions [ROLL93; SRIV06; BREU07; PERV14]. Empirical models, such as the approaches of KIENZLE and ALTINTAS, are easier to handle, but exhibit limited generalizability and cannot be easily transferred to new materials or machining scenarios [KIEN57; ALTI00; DENK11; KLOC18; SCHW19b]. Furthermore, these types of models do not benefit from the continuously growing database in industry, which is increasingly provided through digitalization and sensor integration according to WIESCH, BRECHER ET AL. [BREC21].

For these reasons, there is a significant need for research on new, innovative approaches capable of accurately modeling the complexity of machining processes using data-driven methods without requiring extensive manual parameterization while ensuring high generalizability. This would enable efficient and reliable results in the planning, simulation and control of manufacturing processes, even under varying process conditions in the on-demand production of small batches and individual parts. The implementation of such approaches requires systematic and data-driven acquisition, evaluation, and management of each manufacturing scenario, with the goal of improving the accuracy and transferability of the considered modeling approaches through the growing manufacturing database, ultimately transitioning into a learning production system. To meet these requirements, this dissertation focuses on a continuously learning modeling system for process force prediction in NC milling operations, combining the advantages of data-driven methods with knowledge from established modeling approaches. The modeling approach follows a multistage procedure:

In the first step, the required information development is carried out along the digital CAx process chain, systematically collecting, contextualizing, and processing data from various sources such as CAD, CAM, NC, and CAQ. In a digitally networked production environment, these data provide essential, contextualized input and meta-information for later modeling by enabling a comprehensive consideration of the process chain and the virtual interaction between workpiece, tool, process, and machine.

In the second step, the acquired database is transformed from a tool perspective into information-relevant input variables for the learning model. The transformation into the tool perspective enables tool-related, and thus location-fixed interpretation and identification of potential correlations between process variables and the resulting process forces. A particular focus is placed on determining engagement parameters such as cut depth a_p, cut width a_e, and wrapping angle ϕ, which can be computed using an extension of material removal simulation developed at the Laboratory for Machine Tools and Production Engineering (WZL) of RWTH Aachen, which serves as the process simulation system used in this work.

The focus of this dissertation lies in the third step, the development of the continuously learning process force model that combines data-driven methods with existing manufacturing knowledge to form a hybrid overall modeling approach. Initially, heterogeneous process data are clustered into specific groups that represent characteristic process scenarios, such as roughing, finishing, or drilling operations. These clusters are then sequentially and continuously presented to a Probabilistic Neural Network, enabling continuous learning to adapt to previously unknown process scenarios without losing already acquired knowledge. To ensure a secure learning process within the artificial neural structure, the integration of existing manufacturing knowledge is required at two levels: Firstly, the empirical force model by ALTINTAS is used as foundational knowledge and adapted to each cluster, with specific model coefficients systematically stored in a knowledge database. Secondly, the ALTINTAS force model acts as a safety instance in process force prediction by activating the trained PNN model in the event of significant deviations between the predicted and measured process forces to correct erroneous predictions of the ALTINTAS model. Through continuous processing of these deviations, the PNN model learns new correlations over time, compensating for the limited transferability of conventional approaches.

The validation of the learning modeling approach is carried out by integrating it into a milling simulation demonstrator developed by WIESCH, BRECHER ET AL. [BREC21]. The demonstrator enables practical testing of the model's applicability and performance in three areas: a priori process simulation for NC process planning and quality prediction in CAM simulation, as well as live NC process assurance in individual part manufacturing.

This dissertation was developed as part of the research project "Internet of Production" (funding code 390621612), funded by the German Research Foundation (DFG) within the framework of the Excellence Strategy of the Federal and State Governments. The project's goal is to develop innovative concepts and technologies that sustainably transform the production processes of the future and secure Germany's position as an economic leader. This work contributes by examining the challenges and solution approaches in the field of efficient process planning, monitoring, and control for modern manufacturing systems.

2 Stand von Forschung und Technik

State of research and technology

Daten- und wissensbasierte Methoden gewinnen in der modernen, industriellen Fertigung zunehmend an Bedeutung [DOGA21]. Sie optimieren die Prozessplanung und -steuerung, unter anderem in der Zerspanung, durch präzisere Vorhersagen und Analysen. So besitzen sie maßgeblich das Potenzial zur Effizienzsteigerung und Qualitätssicherung bei der flexiblen Herstellung komplexer Bauteile und stärken dadurch die Wettbewerbsfähigkeit des Standorts Deutschland. Daher liegt dem aktuellen Stand von Forschung und Technik das Ziel zugrunde, ein einheitliches Verständnis für den Einsatz daten- und wissensbasierter Methoden in der flexiblen Planung und -steuerung von Fräsprozessen zu schaffen. Effiziente, computergestützte Prozesssimulationssysteme zur flexiblen Planung von Zerspanprozessen werden durch die sich ständig ändernde Nachfrage nach Produktindividualität und -vielfalt essenziell wichtig. Die grundlegenden bisherigen Ansätze zur computergestützten, schnellen Prozessauslegung werden in Zukunft nicht in der Lage sein, die Komplexität in Produkt und Prozess durch die steigenden Anforderungen zu beherrschen. Gleiches gilt für die Steuerung und Überwachung von Prozessen, weshalb ein Paradigmenwechsel erforderlich ist, um Planungs- und Assistenzsysteme weiterzuentwickeln. Als potenzieller Enabler gilt die durch die Digitalisierung ermöglichte kontinuierliche Verfügbarkeit von Daten innerhalb der vernetzten Produktion.

Um die Eingangsthese in Bezug auf die adressierten Planungs- und Assistenzsysteme zu stützen, werden in Kapitel 2.1 und 2.2 zunächst die genutzten Informationen und angewendeten Methoden in der automatisierten (Um-)Planung von Fräsprozessen vor dem Hintergrund der werkstattorientierten Fertigung mit hoher Bauteilvarianz skizziert und bewertet. Daran anknüpfend wird ein Verständnis dafür geschaffen, warum aktuelle, computergestützte Prozessplanungssysteme in der Vorhersage des zu erwartenden Prozessverhaltens an ihre Grenzen kommen. Neben der hohen Planungskomplexität erschweren Störgrößen aus der realen Fertigung die Vorhersage des Prozessverhaltens. Somit tritt die Komplexität nicht nur in der Prozessplanung, sondern auch bei der Live-Prozessüberwachung bis hin zur automatisierten Live-Prozesssteuerung auf und führt ebenfalls zu Grenzen in der Anwendung entsprechender Assistenzsysteme. Die Ursachen dafür liegen in der mangelnden Fähigkeit bisheriger Systeme, systematisch die richtigen Einflussgrößen auf das aktuelle Fertigungsergebnis zu identifizieren und daraus eine entsprechende Reaktionsstrategie abzuleiten, Kapitel 2.3. Als wesentliche Einfluss- und Regelgröße in Fräsanwendungen besitzt die Prozesskraft eine zentrale Bedeutung zur Bewertung der Qualität, der Produktivitätspotenziale sowie der erwarteten Restlebensdauer von Werkzeugen. Anknüpfend hieran werden daher aktuelle Lösungsansätze zur Ermittlung von Prozesskräften in der Prozessplanung und -steuerung klassifiziert und bewertet, Kapitel 2.4.1 bis 2.4.3. In einem Zwischenfazit wird abschließend der Forschungsbedarf der Dissertation abgeleitet, Kapitel 2.5.

2.1 Planung und Auslegung CNC-gesteuerter Fräsprozesse

Planning and design of CNC-controlled milling processes

Die Begriffe Planung und Auslegung im Kontext von CNC-gesteuerten Fräsprozessen umfassen Aktivitäten, die unter gegebenen Randbedingungen das vorgegebene Ziel, etwa die geometrisch definierte Gestalt eines Objektes wie das Werkstück, erreichen. Konkret überführt die sog. Arbeitsvorbereitung und Prozessauslegung nach Abbildung 2.1 die in der Konstruktion spezifizierten Bauteilinformationen, welche Geometrie-, Werkstoff- und Toleranzinformationen umfassen, in einen sog. Arbeitsplan. Dieser stellt eine Abfolge von notwendigen Prozessschritten dar, wozu wiederum im Kern einzelne CAM- bzw. NC-Programme für notwendige Teilprozessschritte gehören können, die als Planungsergebnis das eigentliche Fertigen ermöglichen [EVER02].

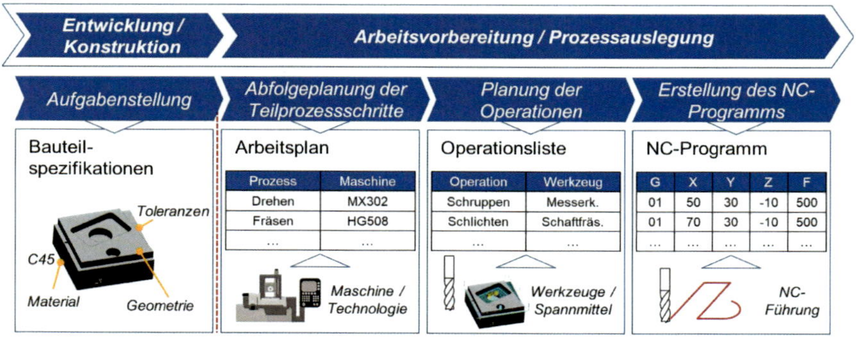

Abbildung 2.1: Typische Schritte in der Auslegung von Fräsprozessen nach [EVER02]
Typical steps in the engineering of milling processes according to [EVER02]

Nach Abbildung 2.1 besteht die Aufgabe der Arbeitsvorbereitung im Anschluss an die Konstruktion im ersten Schritt darin, basierend auf wirtschaftlich-technologischen Kriterien ein geeignetes Rohteilformat auszuwählen. Daraufhin wird die Abfolge von notwendigen Teilprozessschritten, z. B. Drehen oder Fräsen, festgelegt, also die Reihenfolge der schrittweisen Umformung des Rohteils in den gewünschten Endzustand durch Veränderung der Gestalt [EVER02, S. 27]. In Abhängigkeit von den geforderten Bauteilabmaßen, dem Werkstoff und den Toleranzen werden geeignete Fertigungstechnologien und Maschinen je nach Verfügbarkeit und technischen Kennzahlen ausgewählt. Bezogen auf einen CNC-gesteuerten Teilprozessschritt führt im zweiten Schritt die CAM-Programmierung die Operationsplanung durch. Dabei wird die Reihenfolge der Fertigung der einzelnen Geometrieelemente des Bauteils festgelegt. Bei NC-Fräsprozessen kann die Operationsfolge etwa das Schruppen und Schlichten von Flächen und/oder Taschen sowie Bohr- und/oder Senkbearbeitungen umfassen. Zusätzlich werden Spannvorrichtungen geplant sowie geeignete Werkzeuge ausgewählt [EVER02, S. 51]. Im dritten Schritt legt die CAM-Programmierung die Technologieparameter der einzelnen Operationen fest. Dazu gehören neben der Schnittaufteilung und Bearbeitungsstrategie insbesondere die Bestimmung von Werkzeug-Transferbewegungen sowie Schnitt- und Technologiewerten. Die Schnitt- und Technologiewerte umfassen Angaben zur Schnittgeschwindigkeit v_c, dem Vorschub pro Schneide f_z, der Schnitttiefe a_p, der Eingriffsbreite a_e und einer Kühlschmierstoff-Strategie. Das generierte CAM-Programm wird dann über den Postprozessor in das maschinenspezifische NC-Programm überführt, welches über den NC-Interpreter der NC-Steuerung die spezifischen Achsbewegungen der Maschine steuert [BREC19b, S. 424].

Die meisten Auslegungs- und Planungsprozesse von CNC-gesteuerten Fräsprozessen sind iterativ [LOHS14]. Um die Produktivität der Planung zu erhöhen, muss der spätere Zerspanprozess realitätsnah abgebildet werden, weshalb eine hohe Zuverlässigkeit der Planungsergebnisse erforderlich ist. Deswegen wurden in den vergangenen Jahrzehnten zahlreiche computergestützte Systeme entwickelt [HUMP17]. Die Verknüpfung dieser Systeme führt zur sog. digitalen CAD-CAM-NC-Prozesskette, die die sequenziellen und teilweise parallelisierten, rechnergestützten Planungsschritte im gesamten Produktentstehungsprozess repräsentiert, Abbildung 2.2.

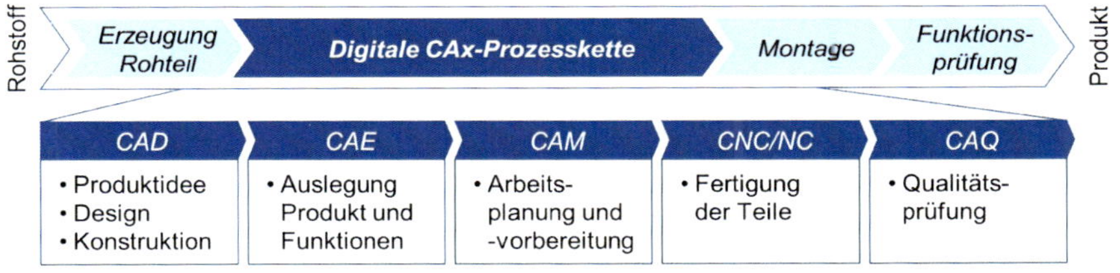

Abbildung 2.2: Die digitale CAx-Prozesskette im Produktentstehungsprozess
The digital CAx process chain in the product development process

Die digitale CAD-CAM-NC-Prozesskette erstreckt sich von der initialen Produktkonzeption bis zur Bereitstellung funktionsfähiger Komponenten. Dieser Ablauf wird auch als CAx-Prozesskette bezeichnet [SCHU15, S. 17-24], die jeweils eine Kategorie von rechnergestützten Konstruktions-, Planungs- und Entwicklungssystemen beschreibt [VAJN18, S. 1]. Zu den zentralen Teilsystemen zählen Computer Aided Design (CAD), Computer Aided Engineering (CAE), Computer Aided Manufacturing (CAM), Computerized Numerical Control (CNC/NC), Computer Aided Quality (CAQ).

Mit Blick auf die CAM-Programmierung und die damit verbundenen CAM-Systeme ist im Markt aktuell ein großer Fokus auf den Themen Automation, Cloud-Computing und Künstliche Intelligenz (KI) zu beobachten [SIEM13; UP2P24; HEXA24; IMPO23]. So ist es Ziel moderner CAM-Systeme, eine regelbasierte Automatisierung von individuellen, sich wiederholenden Fertigungsschritten für die schnelle Planung und Auslegung von CNC-gesteuerten Fräsprozessen zu ermöglichen. Grundlage einer funktionierenden CAM-Automatisierung ist das tiefgehende Verständnis von Fertigungstechnologien und -mitteln sowie deren Grenzen, basierend auf der Erfahrung der Programmierer sowie der Verfügbarkeit von Daten entlang der digitalen Prozesskette. Da die Vielzahl an physikalischen Wechselwirkungen und deren Beherrschbarkeit Zerspanprozesse seit Jahrzehnten zu einem intensiven Forschungsgebiet gemacht haben, muss dieses Verständnis ermittelt und formalisiert werden. Mit zunehmender Rechenleistung können insbesondere empirisch gewonnene Erkenntnisse in Verhaltensmodelle, wie definierte CAM-Operationszyklen, überführt werden. Dies bildet die Grundlage für die virtuelle, modellbasierte und autonome Entwicklung und Auslegung von Produkten [EIGN14], Produktionsmitteln [ALTI05] und Fertigungsprozessen [ALTI14].

2.2 Ansätze zur effizienten Planung von Fräsprozessen

Approaches for efficient planning of milling processes

Die Automatisierung der CAx-Prozesskette gewinnt in fertigenden Unternehmen zunehmend an Bedeutung, da Effizienzsteigerungen durch geringere Programmieraufwände angestrebt werden. Sie integriert digitale Zwillinge der am Prozess beteiligten Komponenten, Künstliche Intelligenz wie Maschinelles Lernen (ML) sowie regelbasierte Algorithmen, um komplexe Programmieraufgaben zu vereinfachen, menschliche Fehler zu reduzieren und eine hohe Planungsqualität sicherzustellen. Bereits die Vergangenheit zeigt das Potenzial von klassischen Automatisierungsansätzen zur Reduzierung der CAM-Planungsaufwände, Kapitel 2.2.1. Auf dieser Basis verfolgen moderne CAM-Planungsansätze das Ziel, die Grenzen klassischer Ansätze durch den Einsatz von KI zu überwinden, indem komplexe CAM-Planungsprozesse automatisch analysiert und formalisiert werden, wodurch sich der Aufwand im Aufbau eines digitalen Regelwerks reduziert, Kapitel 2.2.2.

2.2.1 Klassische CAM-Planungsansätze

Classic CAM planning approaches

Zur Realisierung der Automation von CAM-Systemen wurden in der Vergangenheit verschiedene Ansätze verfolgt. Durch den Einsatz sog. Makros können komplexe Bearbeitungsabläufe mittels benutzerdefinierten Bearbeitungsoperationen im CAM-System beschrieben und gespeichert werden. Makros ermöglichen dem CAM-Anwender, wiederholbare Prozesse zu definieren und bei Bedarf direkt im Ganzen wiederzuverwenden, ohne jedes Mal den gesamten Programmcode neu schreiben zu müssen. Eine automatische Erkennung einer möglichen Wiederverwendbarkeit der Makros findet jedoch nicht statt [SIEM13]. Die Möglichkeit der automatischen Wiederverwendung von Makros führte zur sog. Feature-Technologie, die auf den Grundgedanken von OPITZ zurückgeht [OPIT70]. Hierbei werden vorher definierte, geometrische Merkmale eines digitalen CAD-Modells automatisch identifiziert, klassifiziert und in ein sog. CAM-Bearbeitungsmerkmal überführt, solange letzteres parametriert ist [VDI03b, S. 94]. Automatisierte Verfahren zur Feature-Erkennung (engl.: Automated Feature Recognition; AFR) ermöglichen gegenwärtig die Interpretation und Nutzung diverser neutraler Geometriedatenformate ohne vorherige Merkmalsbeschreibung: Eine Übersicht zeigen [SUBR95; BABI08; GARC11]. Auf der Grundlage der interpretierbaren CAD-Modelldaten können angemessene CAM-Bearbeitungsmerkmale einschließlich vordefinierter Werkzeuge und Schnittwerte selektiert werden, wodurch automatisch standardisierte CAM-Bearbeitungsoperationen generiert werden können. Manuelle CAM-Programmiervorgehensweisen mit hoher Vielfalt werden so reduziert. Heute sind diese Lösungen längst Bestandteil in gängigen CAM-Systemen wie *Autodesk Fusion 360* mit *FeatureCAM* sowie *Siemens NX CAM* mit *Feature-Based Machining* (FBM) und zeigen, dass der Einsatz von feature-basierter Programmierung die Effizienz der Prozessplanung signifikant steigern kann [SIEM13; AUTO24].

Die mittels Feature-Technologie interpretierten CAM-Bearbeitungsmerkmale können darüber hinaus als Grundlage für die Verwendung von Wissensdatenbanken und regelbasierten Systemen zur weiteren Automation genutzt werden. Diese Systeme speichern bewährte Verfahren und Regeln der CAM-Programmierer, die automatisch auf neue Projekte durch Wiedererkennung angewendet werden können. Durch die Erkennung von Standard- und benutzerdefinierten CAM-Bearbeitungsmerkmalen wird die automatische Erzeugung von Werkzeugwegen ermöglicht, indem sie für jedes dieser Merkmale den besten oder bevorzugten Bearbeitungsprozess auf Grundlage vordefinierter Regeln festlegen. Dadurch wird die Notwendigkeit der manuellen Eingabe weiter verringert. *Siemens NX CAM* bietet dazu den Machining Knowledge Editor (MKE) an, bei dem die CAM-Programmierung das vorhandene Fertigungswissen in Form von Entscheidungsregeln datenbanktechnisch hinterlegen kann [SIEM13]. Das Anlegen und Verwalten eines unternehmensspezifischen Regelwerks ist komplex und erfordert ein tiefgehendes Wissen der CAM-Programmierer. Angesichts dessen befasst sich die aktuelle Forschung mit einem einfachen Anlegen und Verwalten bewährter unternehmensspezifischer Verfahren durch die Integration in ein ganzheitliches Product Lifecycle Management-System (PLM-System) mit einer deutlich höheren Datenverfügbarkeit [CORA19].

Gemeinsame Grundlage der bisher skizzierten, automatisierten CAM-Planungsansätze ist das erforderliche, detaillierte Verständnis über die zur Verfügung stehenden Fertigungstechnologien und -mittel wie Maschine, Werkzeug und Spannmittel sowie deren technologischen Grenzen. Nach heutigem Stand wird dieses Verständnis vorwiegend über die Erfahrung der CAM-Programmierung zur Verfügung gestellt und im besten Fall in ein digitalisiertes, abrufbares Regelwerk überführt, wodurch eine zunehmende Automatisierung erreicht wird: Zum einen wird ein tiefgehendes Verständnis über die innerhalb der digitalen Prozesskette zur Verfügung stehenden Daten und Informationen erreicht, z. B. über die automatische Weitergabe von Technologiedaten für die Bahnplanung bei der Verwendung bestimmter Werkzeuge. Zum anderen wird das erforderliche Verständnis über die Verfügbarkeit von empirischen Verhaltensmodellen im CAM-Auslegungsprozess erreicht, z. B. über die automatische Bahnplanung von individuell angelegten Operationen wie dem Taschenfräsen. WELLMANN zeigt eine detaillierte Übersicht über die zu beachtenden technologischen Grenzen der eingesetzten Fertigungshilfsmittel innerhalb der CAM-Programmierung [WELL19, S. 10-12].

2.2.2 Moderne CAM-Planungsansätze

Modern CAM planning approaches

Aufbauend auf Kapitel 2.2.1 konzentrieren sich aktuelle Markt- und Forschungstrends auf die Erweiterung der virtualisierten Fertigung durch digitale Produktzwillinge, der damit kombinierten Integration von KI- und ML-Technologien, den Einsatz cloud-basierter und generativer Design-Technologien sowie Virtual Reality (VR)- und Augmented Reality (AR)-Technologien [MADA23; MTW23]. Diese Technologien sollen die Wissensbasis erheblich erweitern und die Effizienz des CAM-Automatisierungsprozesses steigern. Vor allem die Nutzung komplexer Fertigungsmodelle wird dank dieser Technologien ohne aufwändige Parametrierung möglich. Denn wissenschaftliche Studien gehen davon aus, dass zukünftige KI-Technologien in der Lage sein werden, das Verhalten von CAM-Programmierern zu beobachten, zu analysieren und das implizite Wissen der Anwender zu speichern, wodurch traditionelle regelbasierte Systeme zunehmend ersetzt werden.

CAM-Integration von KI-Technologien | Hersteller wie HEXAGON, CLOUDNC oder UP2PARTS verfolgen über den Einsatz von KI-Technologien das Ziel, den CAM-Prozess weiter zu automatisieren, von einfachen Entscheidungshilfen hin zu umfassenden Fertigungsstrategien inklusive der zugehörigen Werkzeuge und Spannvorrichtungen. Grundlage der Weiterentwicklungen bilden dabei die in Kapitel 2.2.1 dargelegten klassischen Ansätze wie die Feature-Technologie.

HEXAGON bietet mit *EspritCAM* eine CAM-Software, die durch KI-basierte CAM-Automatisierung und umfassendes Maschinenwissen Zykluszeiten optimiert. Eine zentrale KI-Technologie ist die Funktionalität "Synchronisation", die Mehrkanalmaschinen effizient nutzt, indem die Algorithmen automatisch die verschiedenen Kanäle während der Erstellung von Bearbeitungszyklen ohne einen eigenen Regelwerkaufbau abgleichen. Bei Änderungen in der Aufspannung aktualisiert *EspritCAM* das Programm selbstständig, um Kollisionen zu vermeiden. Als weitere KI-Technologie ermöglicht die Funktionalität "Maschinentausch" kurzfristig die Nutzung anderer Maschinen, indem das Maschinensetup und das Bearbeitungsprogramm automatisch angepasst werden, wodurch Kollisionen und Störungen vermieden werden. Dies führt zu einer automatischen, effizienten und sicheren Positionierung zwischen spanenden und nicht spanenden Vorgängen, Werkzeugwechseln und der Teilehandhabung. Die einzelnen Bearbeitungsoperationen werden hierbei vom CAM-Programmierer weiterhin selbst erstellt [HEXA20].

CLOUDNC sowie UP2PARTS verfolgen einen feingranularen Ansatz bei der Nutzung von KI-Technologien für automatisierte Operationsfolgen. CLOUDNC bietet die cloudbasierte Softwarelösung *CAM Assist*, die Operationsfolgen in CAM-Paketen als KI-basiertes Plug-in automatisiert, ohne unternehmensspezifische Regelwerke wie Makros aufzubauen. *CAM Assist* nutzt KI-Technologie, um in wenigen Sekunden effiziente Bearbeitungsstrategien, aktuell für 3-Achs-Frästeile, zu generieren. Mithilfe fortschrittlicher Optimierungs- und sog. KI-Inferenztechniken ermittelt die Software automatisch geeignete Fertigungsoperationen, Werkzeuge und Technologiedaten aus einer Werkzeugverwaltungsbibliothek: Nach dem Hochladen eines 3D-Modells eines 3-Achs-Bauteils generiert *CAM Assist* innerhalb der CAM-Software des Anwenders den erforderlichen NC-Programmcode. Dabei ermittelt die Software optimale Werkzeuge inklusive Schnittdaten sowie den passenden Einsatz von Fertigungsoperationen [IMPO23]. UP2PARTS verfolgt einen ähnlichen Ansatz und plant, das Verhalten von CAM-Anwendern zu beobachten und zu analysieren, wenn von der Software generierte Vorschläge angepasst werden. Die KI-Technologie soll so langfristig automatisch immer bessere CAM-Strategien vorschlagen, indem sie durch Interaktion mit Anwendern intelligenter wird [UP2P24; ODEH23]. Bisher ist die Frage nicht beantwortet, wie vorhandenes, unternehmenseigenes Fertigungs-Know-how in diese Lösungen direkt integriert und genutzt werden kann, wodurch die Akzeptanz sinkt.

Die von CLOUDNC und UP2PARTS verwendete KI-Inferenztechnik befähigt ein maschinell trainiertes Modell dahingehend, aus neuen Daten valide Schlussfolgerungen zu ziehen, Abbildung 2.3. CLOUDNC nutzt diese Technik, um die beste Bahnstrategie und Operationsfolge direkt zu ermitteln: Im ersten Schritt, links dargestellt, wird das 3D-Modell des Bauteils analysiert und nutzt dabei die Feature-Technologie zur Identifizierung bekannter zusammenhängender Muster, z. B. Bohrungen in einer Rechtecktasche. Sobald dieses Muster in einer neuen Umgebung, rechts dargestellt, erkannt wird, kann eine entsprechende Operationsfolge abgeleitet werden. Dieser Prozess wiederholt sich, bis das gesamte Bauteil mit einer geeigneten Operationsfolge versehen ist.

KUKREJA ET AL. haben darüber hinaus verschiedene ML-Technologien zur automatischen Optimierung der Werkzeugbahnstrategie und Operationsfolge für Freiformflächen untersucht [KUKR22]. Ein großes Potenzial liegt in der Verwendung von Convolutional Neural Networks (CNN), die Muster in Bilddaten durch eine 2D-Faltung analysieren. Dabei werden 3D-CAD-Daten inklusive der geometrischen Features in 2D-Bilder, sog. Surface Maps, umgewandelt und vom CNN-Modell verarbeitet. Das Modell bewertet anhand des Musters in der Surface Map verschiedene konventionelle Bahngenerierungsalgorithmen hinsichtlich ihrer Eignung und Oberflächengüte und wählt automatisch die beste Bahnstrategie [KUKR22]. Die Bahnstrategie inklusive der Parameter dient anschließend als Input für die eigentliche Bahnberechnung. Weitere Untersuchungen zur Ermittlung einer geeigneten Bahnstrategie werden von [BALI02; ZAVA19] gezeigt. ML-Techniken zum Einsatz in der Bahnberechnung innerhalb von CAM-Systemen sind wenig erforscht, BALIC zeigt eine Möglichkeit zur Generierung von NC-Programmen [BALI04]. Der Fokus liegt meist auf der Automatisierung und Reduktion des iterativen Prozesses bei der Wahl der richtigen Bahnstrategie inklusive der zugehörigen Parameter und deren manueller Bewertung und möglicher Anpassung.

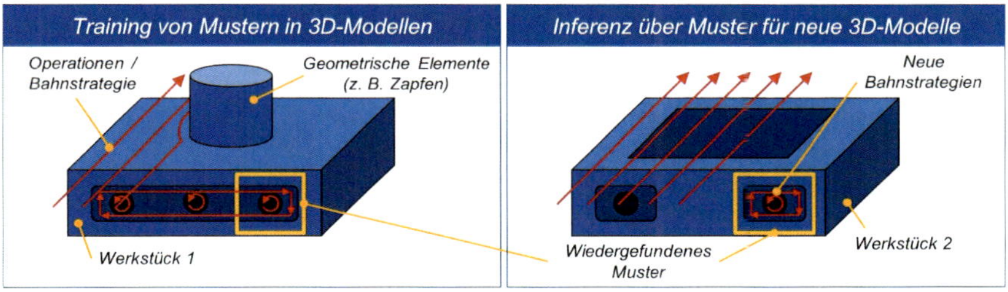

Abbildung 2.3: KI-Inferenztechnik beim CAM-Automationsprozess
AI inference technology in the CAM automation process

CAM-Integration von generativen KI-Technologien | Generative KI-Technologien, wie die generative Design-Technologie, erzeugen auf Basis von Vorgaben optimierte Design-Entwürfe [MCCL21]. Im Gegensatz zur Topologieoptimierung, die bestehende Designs anpasst, entwickelt die generative Design-Technologie vollständig neue 3D-Modelle und berücksichtigt funktionale sowie nicht-technische Anforderungen, darunter auch den Herstellprozess [BIGR22]. In Bezug auf die CAM-Planung kann die Technologie keine effiziente Prozessauslegung inklusive Bahnplanung übernehmen, berücksichtigt jedoch fertigungstechnische Randbedingungen, die vom Anwender vorab definiert werden müssen. Dadurch kann die Technologie die Analyse auf herstellbare Formen mit bestimmten Verfahren, z. B. additive Fertigung oder 5-Achs-Fräsen, lenken. JUNK ET AL. und BUONAMICI ET AL. haben die Herstellbarkeit für die additive Fertigung sowie das 3-Achs- und 5-Achs-Fräsen bei verschiedenen CAD-CAM-Systemen untersucht [JUNK21; BUON20]. Generative Design-Systeme berücksichtigen bei der additiven Fertigung zwar die Herstellbarkeit, detaillierte Einstellfunktionen fehlen jedoch, da komplexe Fertigungsverhaltensmodelle bisher nicht integriert sind. So wird unter anderem die Anisotropie bei anisotropen Werkstoffen nicht in den Entwurfsprozess einbezogen [JUNK21]. Beim 3-Achs- und 5-Achs-Fräsen beeinflusst die Einstellung der Fertigungsrandbedingungen durch den Anwender das Design-Ergebnis und führt zu einer Verkürzung der Fertigungszeit im Vergleich zu einer reinen Topologieoptimierung [BUON20]. Die Randbedingungen berücksichtigen bisher nur globale Merkmale der Fertigungsprozesse und zeigen Einschränkungen bei lokalen Details. So erzeugt die generative Design-Technologie gelegentlich nicht herstellbare Strukturen oder Fehler, die die Oberflächenqualität beeinträchtigen, was Nacharbeit erfordert [BUON20].

Bezogen auf die eigentliche Bahnplanung werden generative KI-Technologien wie ChatGPT auf Basis eines Large Language Models (LLM) zur Erstellung von NC-Programmen untersucht. ChatGPT kann jedoch nur Standard-NC-Code aus textuellen Beschreibungen der Kontur generieren und berücksichtigt bisher keine maschinen- und prozessspezifischen Eigenschaften, die in der Einzelteilfertigung wichtig sind. Neue multimodale Versionen, die auch Zeichnungen verarbeiten können, bieten mehr Potenzial und werden weiter zur automatischen NC-Programmerstellung erforscht [JACO24]. JACOBS sieht besonders Potenzial darin, generative KI-Technologien mit unternehmensspezifischen Fertigungsdaten zu trainieren, um firmeneigene KI-Modelle zu erstellen.

CAM-Integration von VR- und AR-Technologien | Die Integration von VR- und AR-Technologien in CAD-CAM-Systeme transformiert Design- und Fertigungsprozesse. VR/AR ermöglicht Designern die immersive Visualisierung und Interaktion mit 3D-Modellen, verbessert das Verständnis und die Bewertung des Designs und hilft bei der Prozessplanung und Montage sowie der Bereitstellung von Echtzeitinformationen [MTW23].

In Bezug auf die CAM-Programmierung untersucht das Fraunhofer IPT in Aachen im Projekt *CAMStylus* eine KI-gestützte VR-Lösung für die intuitive Bedienung von CAM-Systemen. Ziel ist es, durch Gestensteuerung mittels Gesten-Tracking-Software Werkzeugbahnen effizient zu erstellen. Die KI soll so befähigt werden, aus den Bewegungsdaten die passenden Werkzeugbahnen abzuleiten [FRAU22]. In der VR-Umgebung können dem Anwender zu einem späteren Zeitpunkt relevante Informationen wie Toleranzdaten, Werkzeugdaten und Fertigungs-Livedaten angezeigt werden.

CAM-Integration komplexer Fertigungs-Verhaltensmodelle | Die bisherigen Integrationstechnologien im CAM konzentrieren sich auf die Automation zur Reduzierung des Programmieraufwands durch die Integration von vorhandenem Fertigungs-Know-how, z. B. durch die regelbasierte Makro-Technologie. Eine wichtige Rolle spielt darüber hinaus auch die CAM-Prozessplanung und -simulation, die maschinen- und prozessspezifische Eigenschaften zur Sicherstellung der Prozessqualität berücksichtigt. Die dafür erforderliche Abbildung verschiedener Verhaltens-Charakteristika erfordert entweder viel Erfahrung der CAM-Anwender oder die Integration verschiedener Verhaltensmodelle aus dem Forschungsfeld "Zerspanung" [WELL19, S. 12]. Es existieren zahlreiche Modelle für spezifisches Maschinenverhalten, die ein einzigartiges Profil aufweisen, darunter Simulationen für poseabhängige, dynamische Nachgiebigkeiten, Zerspankräfte und Verlagerungen zwischen Werkzeug und Werkstück [BREC15]. Viele dieser Modelle sind bereits in CAM-Simulationsumgebungen integriert, wie z. B. die Software *Vericut*, die Zerspankräfte nach vorheriger Modellparametrierung simulieren kann [CGTE24]. Weitere Modelle zur CAM-Integration betreffen die Simulation der Oberflächenqualität, der Geometrie, des thermischen Verhaltens sowie des Werkzeugverschleißes [SOOR23; ALTI14; FRAU19]. Besonders wichtig im CAM-Simulationsprozess ist dabei die Kenntnis der aktuell wirkenden Prozesskraft als Kern der stattfindenden Wechselwirkung zwischen Werkzeug und Werkstück: KIENZLE sowie ALTINTAS entwickelten zwei empirische Ansätze zur Modellierung der Prozesskraft bei Fräsprozessen [KIEN57; ALTI12]. Es gibt viele weitere analytische, numerische, empirische und datenbasierte Ansätze, die sich in Generalisierbarkeit, Parametrierungsaufwand und Detaillierungsgrad unterscheiden. Gerade die Verfügbarkeit von Realdaten aus der Fertigung ermöglicht heute neue Modellierungsansätze, die im Vergleich zu den bestehenden Ansätzen aus Kapitel 2.4 im Detail validiert werden müssen.

Die Automation von CAM-Systemen durch Feature-Erkennung, modellbasierte Systeme und fortschrittliche KI-Technologien schreitet voran [MADA23]. Auch die Entwicklung neuer CAM-Systeme konzentriert sich weiterhin auf Themen wie einen geringen Planungsaufwand, optimierte Strategien und einen automatischen Wissensaufbau [FRAU20]. Grundlage dazu ist die Verfügbarkeit von Wissen, das durch umfangreiche Modelle zur Verfügung gestellt werden muss und durch konventionelle Modelansätze nicht zu beherrschen ist [BREC15]. Zur Bewältigung der Komplexität zeigen KI-Technologien das Potenzial für eine valide Planung von NC-Fertigungsprozessen, die im Rahmen dieser Dissertation im Umfeld sich ständig ändernder Randbedingungen in der Einzelfertigung bewertet werden müssen. Die Bewertung dieses KI-Einsatzes muss vor dem Hintergrund der Integration von bereits bestehendem Wissen erfolgen, da ein "Neu-Erlernen" von Zusammenhängen zur automatischen NC-Prozessplanung die Akzeptanz in der Anwendung senkt.

2.3 Ansätze zur intelligenten Steuerung von Fräsprozessen

Approaches for intelligent control of milling processes

Eine gute CAM-Planung allein reicht nicht aus. Neben der Planung von CNC-Fräsprozessen ist auch deren Überwachung und Steuerung auf Basis messbarer Signale, wie im Folgenden beispielhaft anhand der Prozesskraft, entscheidend für störungsfreie Prozesse. Denn Störeinflüsse aus der realen Fertigungsumgebung wie Rohmaterialschwankungen, Werkzeugverschleiß oder Aufmaßschwankungen, Kapitel 2.3.1, müssen über intelligente Prozessüberwachungs- und -reaktionsstrategien, Kapitel 2.3.2, zur Sicherung des Fertigungsprozesses erkannt und abgefangen werden [KLOC18]. Beide Strategien umfassen in der Folge den Begriff der Prozesssteuerung.

2.3.1 Störeinflüsse in CNC-gesteuerten Fräsprozessen

Interference in CNC-controlled milling processes

Auch eine optimierte Arbeitsplanung mittels moderner CAM-Simulationen der bevorstehenden Fräsbearbeitungen kann mögliche Störungen während des Prozesses nicht vollständig verhindern. Die häufigsten Ursachen für kritische Prozesssituationen, die zu Prozessstörungen und ungeplanten Stillständen führen, sind menschliches Fehlverhalten (z. B. falsches Einspannen des Werkstücks, Fehler im NC-Programm, fehlerhafte Nullpunkteinstellungen und Kollision) sowie stochastische Einflüsse (z. B. heterogene Materialeigenschaften, abweichende Gussaufmaße und Werkzeugbruch) [KAEV05; BREC19b; KLOC18]. Diese Störungen führen zu Prozessanomalien, die wiederum über die Sensorsignale der ausgewählten Messgrößen messbar und somit verhinderbar sind.

2.3.2 Einteilung und Aufbau von Systemen zur Prozesssteuerung

Classification and structure of process control systems

Systeme zur Erfassung, Überwachung und Gegensteuerung der in Kapitel 2.3.1 aufgeführten Störeinflüsse können nach Klocke in die zwei Klassen der "intermittierenden" und "prozessbegleitenden" Systeme eingeteilt werden. Eine Prozessunterbrechung zur Prozessüberwachung findet bei intermittierenden Systemen statt, wodurch Störgrößen außerhalb des Messzyklus unentdeckt bleiben können und Reaktionen frühestens nach Einsetzen des Zyklus möglich sind. Prozessbegleitende Systeme hingegen überwachen den Prozess inklusive der Störgrößen kontinuierlich während der Bearbeitung und können daher direkt eingreifen, sind aber zumeist weniger zuverlässig, da abseits der Bearbeitung zumeist auf indirekte Messsysteme zurückgegriffen wird [KAEV05; KLOC18]. Prozessbegleitende Überwachungssysteme sind in hoher Anzahl bei CNC-gesteuerten Fertigungsprozessen vertreten, weshalb diese Systeme im Folgenden näher betrachtet werden.

Kaever zeigt in Abbildung 2.4 einen detaillierten Überblick über den strukturellen Aufbau eines Überwachungs- und Steuerungssystems [KAEV05].

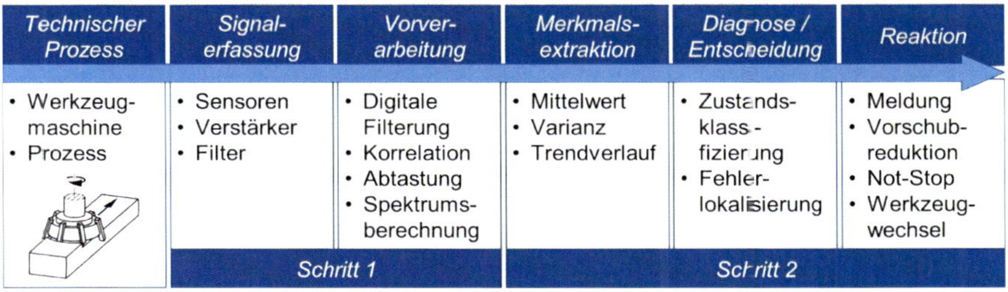

Abbildung 2.4: Struktureller Aufbau von Systemen zur Prozesssteuerung nach [KAEV05]

Structural design of systems for process control according to [KAEV05]

Der typische Aufbau von Prozesssteuerungssystemen enthält in der Regel zwei Hauptfunktionen: Signalerfassung und -verarbeitung (Schritt 1), Überwachungsstrategie und Reaktion (Schritt 2). Aus den aufgezeichneten Signalen werden zuerst höherwertige Informationen bzw. Kennwerte generiert, wodurch der Prozesszustand diagnostiziert werden kann. Auf Basis der Diagnose können reaktive Maßnahmen eingeleitet und für die Zukunft gespeichert werden, wodurch Wissen aufgebaut wird [PFEI10; KLOC97; KLOC04; REUB01].

Schritt 1 - Signalerfassung und Signalverarbeitung | Zur Messung der in Kapitel 2.3.1 aufgeführten Störeinflüsse sind Sensoren erforderlich, die in der Lage sind, die zu überwachende Messgröße in Form eines Signals direkt oder indirekt mittels eines bestimmten Messprinzips zu erfassen [KLOC18]. Mit Fokus auf die Prozesskraftmessung bei Fräsprozessen zur prozessbegleitenden Signalüberwachung gibt es eine Vielzahl von indirekten Messprinzipien (z. B. mechanisch, elektrisch usw.) [KLOC18, S. 457-475]. Als Messprinzipien zur Prozesskraftmessung werden vor allem Dehnungsmessstreifen (DMS) sowie piezoelektrische Sensoren, vereinzelt auch induktive sowie kapazitive Wegmessumformer eingesetzt. Dabei ist neben den jeweiligen Vor- und Nachteilen des jeweiligen Messprinzips bezogen auf den zu messenden Frequenzbereich, der Zugänglichkeit oder einer ggf. erforderlichen Maschinenstrukturschwächung vordergründig die Positionierung der Messeinheit im Betrachtungsobjekt Maschine, Werkzeug und Werkstück relevant.

Die verschiedenen Messprinzipien zur Prozesskraftmessung sind in externen Messeinheiten wie der Kraftmessplattform (KMP), Dynamometern sowie den spindelintegrierten, kraftbedingten Verlagerungsmessringen [BREC19a] integriert und werden entweder im Krafthaupt- oder Nebenfluss für eine ergebnisreiche Messung positioniert. Neben externer Zusatzsensorik zeigen BRECHER ET AL. und RUDOLF die Möglichkeit, Prozesskräfte über steuerungsinterne Signale wie die momentenbildenden Achsantriebsströme zu erfassen [RUDO14; FUJI19; XI21; BREC15, S. 93-94]. Unabhängig der maschineninternen oder externen Signalerfassung wird eine messtechnisch erfasste Dehnung bzw. Verlagerung, die mit der wirkenden Prozesskraft indirekt korreliert, über eine Messstrecke in ein elektrisches Signal überführt [KLOC18, S. 476]. Bei der indirekten Messmethode sind bereits Modelle notwendig, die den relevanten, kraftbedingten Anteil der gemessenen Dehnung ermitteln [KLOC18].

Der primäre Zweck der Signalverarbeitung besteht darin, Signalanteile, die nicht mit den zu überwachenden Messgrößen, wie hier der Zerspankraft, korrelieren, aus dem Rohsignal zu entfernen. Diese nicht relevanten Signalanteile können entweder Informationen sein, die zwar dem Prozess zugeordnet, aber für die aktuelle Überwachung irrelevant sind, oder zusätzliche Störsignale, die extern in die Messkette eingekoppelt werden [KLOC18]. Beispiele für solche Störungen umfassen nicht relevante Maschinenschwingungen oder externe elektromagnetische Felder. Im Kern muss das Signal von unerwünschten Signalanteilen befreit werden. Dazu werden Filter wie z. B. Hoch-, Tief- oder Bandpassfilter eingesetzt. Lassen sich durch die aufgeführten Filtermaßnahmen nicht alle Störgrößen eliminieren, müssen diese separat ermittelt und vom Gesamtsignal, welches sich aus verschiedenen physikalischen Einflüssen zusammensetzt, subtrahiert werden. Beispielsweise zeigen BRECHER ET AL. anhand der spindelintegrierten Prozesskraftmessung über wirbelstrombasierte Verlagerungssensoren die Notwendigkeit der Ermittlung von thermischen und drehzahlbedingten Verlagerungen, die von den prozesskraftbedingten Verlagerungen getrennt werden müssen [BREC19a]. Zusammenfassend durchläuft in der klassischen Signalverarbeitung das erfasste Signal die typische Messkette in Anlehnung an [DIN95], sodass am Ende der Kette ein sauberes Ergebnis mit dem notwendigen Informationsgehalt zur Weiterverarbeitung zur Verfügung steht.

Schritt 2 - Überwachungsstrategie und Reaktion | Nach Schritt 1 müssen die Informationen in zu überwachende Merkmale überführt und über eine geeignete Strategie auf Änderungen überwacht werden, sodass eine entsprechende Reaktion im Fertigungsprozess erfolgen kann. Strategie und Reaktion haben das Ziel, die Maschine mit definierten Maßnahmen in einen sicheren Zustand zur Beseitigung der Störung zu überführen [KAEV05]. Die anwendungsspezifischen Überwachungsstrategien mit Fokus auf prozessbegleitende Systeme lassen nach Abbildung 2.5 auf Basis von [KAEV05; RUDO14; ADAM16b; KLOC18; WELL19] einteilen. Zu unterscheiden ist innerhalb der Analysedomäne die zeit- und ortsbasierte Merkmalsanalyse. In beiden Domänen können über die Signalverarbeitung die bisher vorverarbeiteten Signale in geeignete Merkmale überführt werden, die entweder im Zeit- oder mittels Fast Fourier Transformation (FFT) nach [WEBE07; MEYE14] im Frequenzbereich vorliegen. Die Überwachungsstrategien teilen sich wiederum in signalbasierte sowie modell- und wissensbasierte Ansätze auf, woraus sich insgesamt drei Bereiche ergeben. Die Wahl der Überwachungsstrategie ist in Abhängigkeit von der jeweiligen Überwachungsaufgabe zu treffen. Denn ähnlich erscheinende Signal-Anomalien deuten nicht zwangsläufig auf die identische Störgröße hin: Beispielsweise kann ein Anstieg der Prozesskraft mehrere Gründe haben, z. B. zunehmender Werkzeugverschleiß oder erhöhtes Gussaufmaß. Eine rein zeitbasierte Prozesskraftüberwachung wird die Rückführung auf die richtige Störgröße nicht erkennen. Daher sind valide Prozessmodelle erforderlich, die komplexe Fräsprozesse durch die Wahl der richtigen Überwachungsstrategie korrekt bewerten [KLOC18].

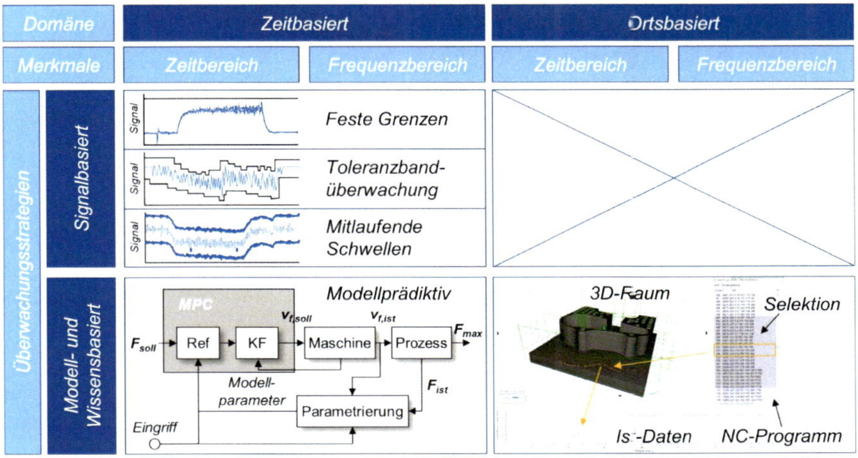

Abbildung 2.5: Anwendungsspezifische Überwachungsstrategien
Application-specific monitoring strategies

Zeitbasierte, signalgestützte Überwachung und Steuerung | Diese Strategie überwacht signalgestützt ein Merkmal, z. B. den tiefpassgefilterten Hauptspindelstrom aus den maschineninternen NC-Signaldaten, auf nicht zulässige Veränderungen entlang der Zeitvariablen t. Nach Abbildung 2.5 wird eine unzulässige Veränderung im Hauptspindelstrom dabei entweder beim Über- oder Unterschreiten von festen Grenzen, von Toleranzbändern sowie von mitlaufenden Schwellen bzw. Hüllkurven erkannt [KLOC18, S. 479]. Letzterer Ansatz muss über einen spezifischen Anlernprozess parametriert werden, weshalb sich diese Art der Überwachung ausschließlich für Serienprozesse eignet. Denn für das zu überwachende Merkmal wird zu einem bestimmten Zeitpunkt ein Wert innerhalb der eingestellten Schwellwerte erwartet, was unter neuen Prozessbedingungen wie in der Einzelfertigung nicht gelingen kann. Mögliche Reaktionen beim Erkennen von unzulässigen Merkmalsveränderungen sind eine sofortige Prozessunterbrechung, ein Alarm oder auch eine Vorschubanpassung [RUDO14; WELL19, S. 24]. Typische Prozessüberwachungssysteme dieser Art, teils inklusive regelungstechnischer Reaktionen, sind *ToolScope* von CERATIZIT [CERA24] sowie *Genior Modular* [MARP24b] und *CTM* [MARP24a] von ARTIS MARPOSS.

Zeitbasierte, modell- und wissensbasierte Überwachung und Steuerung | Diese Strategie nutzt im Gegensatz zu den einfachen Grenzwerten oder Hüllkurven Verhaltensmodelle zur Überwachung. Diese Modelle bilden tiefgreifendere Ursache-Wirkungs-Zusammenhänge in der Kontaktzone zwischen Werkzeug und Werkstück ab, wodurch wahre Prozessstörungsursachen besser identifiziert und valide Entscheidungsgrundlagen geschaffen werden. NC-Zerspanprozesse wie das Fräsen sind grundsätzlich zeitvariant, wodurch sich die Wechselwirkungen zwischen Werkzeug und Werkstück kontinuierlich verändern. Beispielsweise führen sich ändernde Eingriffsbedingungen zu einer Veränderung der Prozesskräfte. Demzufolge konzentrieren sich modellbasierte, genauer gesagt modellprädiktive Ansätze auf eine Vorhersage des zu überwachenden Merkmals bei sich ändernden Bedingungen. Die Vorhersage wird im Anschluss mit dem zugehörigen Messwert abgeglichen, um bei Bedarf eine modellbasierte, präventive Reaktion auszulösen: Beispielsweise integriert SCHMIDT die Vorhersage der zu erwartenden Prozesskräfte in die konventionelle, zeitbasierte Überwachung, um die NC-Prozessüberwachung in der Einzelteilfertigung zu gewährleisten [SCHM11]. BINIAM ermöglicht darauf aufbauend eine prozessbegleitende Überwachung ohne Anlernphase durch die Berechnung der Eingriffsbedingungen während des Prozesses [YOHA13]. ADAMS erweitert die Überwachungsstrategie zu einer modellprädiktiven Regelung (engl.: Model Predictive Controller; MPC), die ein parametriertes Schnittkraftmodell nach KIENZLE auf Basis der im Vorfeld simulierten Eingriffsbedingungen nutzt, wodurch das zukünftige Verhalten der Regelstrecke bekannt ist [ADAM16b; ADAM16a]. STEMMLER sowie SCHWENZER erweitern diesen Ansatz zu einem doppelt geschichteten MPC, Abbildung 2.5 unten links, wodurch eine überlagerte Regelung der Aktivkraft über die Anpassung der Vorschubgeschwindigkeit sowohl im Zeitbereich als auch positionsabhängig möglich ist [STEM17; SCHW22]. Die Eingriffsbedingungen werden vorab durch eine Eingriffsimulation bestimmt und als Look-up-Tabelle gespeichert. Diese wird online mit der aktuellen Position des Werkzeugs synchronisiert und im Parametrierungsglied und Referenzgenerator zur Ermittlung der Soll-Vorschubgeschwindigkeit verwendet.

Ortsbasierte, modell- und wissensbasierte Überwachung und Steuerung | Diese Strategie basiert auf der Merkmalsüberwachung entlang des Ortes des Auftretens im Fertigungsprozess. Aufgrund der erforderlichen Komplexität basieren diese Systeme auf Modellwissen. Die Grenzen zur zeit- und modellbasierten Überwachung sind dabei fließend: Beispielsweise bildet der Ansatz von BINIAM bereits lokale Eingriffsbedingungen in Kombination mit den aktuellen Prozessparametern beim Fräsen modellbasiert ab, um die Überwachungsgrenzen für die zu überwachenden steuerungsinternen Signale anlernfrei zu parametrieren [YOHA13]. Aufgrund der lokalen Eingriffsbedingungen arbeitet der Ansatz ortsbasiert, auch wenn die Überwachung im Zeitbereich stattfindet. Die Analyse und Optimierung geometrisch komplexer Prozesse mit langen Taktzeiten ist aufgrund der indirekten räumlichen Zuordnung der Zeitreihen zu Bauteilen aufwendig. Daher fokussieren ortsbasierte Überwachungslösungen die Transformationen von Zeitreihendaten aus verschiedenen Domänen entlang der CAx-Prozesskette in den kartesischen 3D-Raum. WIESCH, BRECHER ET AL. sowie WELLMANN stellen einen Ansatz vor, der den Werkzeugpfad aus verschiedenen Datenquellen im Raum darstellt [WELL19; BREC21]. Dazu gehört zum einen der programmierte NC-Programmpfad, der CAM-Pfad sowie der Pfad, der sich aus den steuerungsinternen NC-Positionsdaten ergibt. Die NC-Positionsdaten sind unterteilt in die Sollwerte aus dem NC-Interpolator sowie die Ist-Werte über die integrierten Positionsmesssysteme. Auf Basis der Ist-NC-Positionsdaten wird eine dexelbasierte Abtragsimulation des Bauteils generiert, die an die Dexelschnittpunktkoordinaten die für den Schnitt verantwortlichen Informationen anhängt, z. B. den NC-Satz, das verwendete Werkzeug oder die kraftbedingte Werkzeugverlagerung, und anwenderspezifisch einfärbt. Als nachgelagerte Reaktion kann im 3D-Raum jede Dateninstanz, z. B. das Abtragsmodell, per Klick vom Anwender ausgewählt und sogar über mehrere gleiche Prozesse verglichen werden. Liegt ein Fehler, z. B. eine Rattermarke, immer im gleichen Bauteilbereich vor, ist dieser vermutlich systematisch und kann leichter auf die Ursache zurückgeführt werden, z. B. auf den zugehörigen NC-Satz. Der NC-Satz lässt sich im Anschluss gezielt anpassen. VITR zeigt darauf aufbauend einen Ansatz zur bidirektionalen Verbindung zwischen dem CAM-System sowie der CNC-Steuerung [VITR12], wodurch eine gezielte Rückführung der erkannten Fehler und Störungen in die CAM-Programmierung möglich ist. LOHSE erweitert den Ansatz um die NC-Vorschubachsdynamik und Prozess-Maschine-Interaktion. Mithilfe von Expertenregeln und Fuzzy-Logik werden Risikobewertungen den NC-Sätzen zugeordnet, wodurch diese bei Bedarf angepasst werden müssen [LOHS14]. Systemische Ansätze liefern der *MTScope* der MTANALYTICS [FEY24], *Analyze* von SIEMENS [SIEM24], die *Digtial Twin Plattform* von GEMINEERS [GEMI24].

Zusammenfassend benötigen alle Überwachungs- und Steuerungsansätze in der erfolgreichen Anwendung eine korrekte Bewertung des Prozesses, um die richtigen Reaktionen abzuleiten. Konventionelle, zeitbasierte Methoden scheitern oft in komplexen Fertigungsumgebungen aufgrund des fehlenden Modellwissens zur Rückführung auf die richtige Ursache. Auch modellbasierte Ansätze, ob zeit- oder ortsbasiert, benötigen primär in der Einzelteilfertigung breit anwendbare Verhaltensmodelle. Somit sind für die übergreifende, industrielle Anwendung dieser Systeme, wie in der CAM-Planung, Kapitel 2.2, generalisierbare Verhaltensmodelle erforderlich. Da sowohl die CAM-Simulation als auch die Prozesssteuerung diese Forderung teilen, werden die verschiedenen Modellierungsansätze für Prozesskräfte beim Fräsen im Folgenden untersucht.

2.4 Zerspankraftmodelle in der Planung und Steuerung von Fräsprozessen

Cutting force models in the planning and control of milling processes

Zur Gegenüberstellung der verschiedenen Ansätze zur Zerspankraftmodellierung beim Fräsen wird im ersten Schritt die Zerspankraft definiert. Die innerhalb der Dissertationsschrift zu entwickelnde Methodik bezieht sich dabei auf das sog. Stirnfräsen sowie auf die Mischform des Umfang-Stirn-Fräsens, weshalb sich die folgende Definition sowie die darauf aufbauenden Modellansätze auf diese Verfahren beziehen.

Definition der Zerspankraft beim Stirnfräsen | Nach KLOCKE ist das Fräsen ein Fertigungsverfahren mit geometrisch bestimmter Schneide, bei dem Material in Form von Spänen durch die Relativbewegung zwischen einem sich bewegenden Schneidkeil und einem stehenden Rohteil abgetrennt wird [KLOC18]. Die dabei entstehenden Kräfte verantworten nicht nur den Materialabtrag, sondern verursachen auch unerwünschte Effekte wie Werkzeugabdrängung und -verschleiß. Daher ist die Kenntnis über die Ursache-Wirkungs-Zusammenhänge der beim Prozess wirkenden Kräfte ein zentrales Element in der Analyse und Bewertung von Fräsprozessen und deshalb seit Jahrzehnten Gegenstand der Forschung.

Die Modellierung der Zerspankräfte beim Fräsen ist komplexer als beim Drehen, da ein Fräswerkzeug meist mehrere Schneiden besitzt und die Eingriffsverhältnisse während der Fräserumdrehung variieren. Die Schneiden sind einem unterbrochenen Schnitt ausgesetzt, wobei die Schneide nur in einem bestimmten Winkelbereich (von φ_{ein} bis φ_{aus}) in der Stellung φ_j im Eingriff ist und sonst mechanisch unbelastet bleibt [DUBB14; ALTI12]. In Bezug auf die angreifenden Kräfte an der Werkzeugschneide, die ähnlich dem Drehprozess als Schneidkeil betrachtet werden kann, leitet MERCHANT die Kräftezerlegung für den freien Orthogonalschnitt ab [MERC45a; MERC45b]. Dabei wird die Zerspankraft F_{zer} in ihre Komponenten - Schnittkraft F_c, Vorschubkraft F_f sowie Passivkraft F_p - zerlegt, die sich wiederum aus den Span- und Freiflächenkraftanteilen bei der Schneidkeilbetrachtung nach KLOCKE zusammensetzen [KLOC18]. Physikalische Einflüsse auf diese Anteile ergeben sich aus der Spanflächenreibung, aus den Kräften an der Freifläche aufgrund der elastischen Verformung der Werkstückoberfläche sowie aus dem Werkzeugverschleiß [KLAU65]. Überträgt man die Aufteilung der Zerspankraft F_{zer} nach MERCHANT auf den Stirnfräsprozess, lassen sich die Kräfte für eine Schneide j im Eingriff an beliebigen Punkten $P_{e,j}$ zerlegen, Abbildung 2.6.

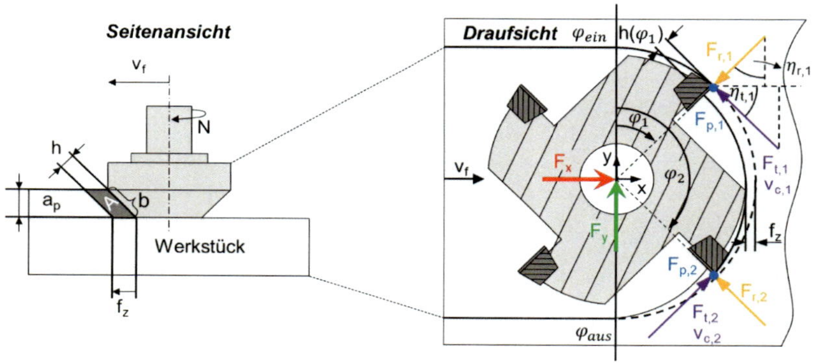

Abbildung 2.6: Charakteristische Größen und Zerspankraftanteile beim Stirnfräsen nach [KLOC18]
Characteristic variables and cutting force components in face milling to [KLOC18]

Die Richtungen der Vorschubgeschwindigkeit v_f und der Schnittgeschwindigkeit v_c spannen die Arbeitsebene "Draufsicht" auf. Der Winkel zwischen diesen Vektoren wird als Vorschubrichtungswinkel $\eta_{t,j}$ bezeichnet. Da der Schnittgeschwindigkeitsvektor $\vec{v}_{c,j}$ tangential an der Schneide anliegt und der Vorschubgeschwindigkeitsvektor $\vec{v}_{f,j}$ konstant bleibt, verändert sich $\eta_{t,j}$ kontinuierlich während des Schneideneingriffs. Die Tangentialkraft $F_{t,j}$ zeigt ebenfalls in Richtung der Schnittgeschwindigkeit $v_{c,j}$, unter anderem als Folge der Spanflächenreibung. Da v_c in der Regel um einige Potenzen größer als v_f ist, ist die resultierende Schnitt- und somit Tangentialkraft F_t in der Regel ebenfalls größer als die resultierende Vorschub- und somit Radialkraft F_r, wodurch sie prozessbestimmend ist. Die Radialkraft $F_{r,j}$ entsteht hingegen durch die Vorschubgeschwindigkeit v_f, zeigt normal zur Schnittrichtung und bildet so die Vorschubkraft. Aus den Anteilen über alle Schneiden J ergibt sich als Gesamtkraft in der Ebene die Aktivkraft F_a, Gleichung 2.1.

$$\vec{F_a} = \sum_{j=1}^{J} \vec{F}_{t,j} + \vec{F}_{r,j} \tag{2.1}$$

Senkrecht zu der Arbeitsebene wirkt die Passivkraft $F_{p,j}$. Die Summe aus resultierender Aktiv- und Passivkraft wird nach Gleichung 2.2 als resultierende Zerspankraft F_{zer} bezeichnet.

$$\vec{F}_{zer} = \vec{F_a} + \sum_{j=1}^{J} \vec{F}_{p,j} \tag{2.2}$$

Die Kraftkomponenten $F_{t,j}$, $F_{r,j}$ und $F_{p,j}$ können durch die abgebildeten kinematischen Zusammenhänge schneidenpositionsabhängig in die Hauptkoordinatenachsen X, Y und Z transformiert werden, Gleichungen 2.3.

$$\begin{aligned} F_x &= \sum_{j=1}^{J} (\vec{F}_{t,j} \cdot \sin\varphi_j - \vec{F}_{r,j} \cdot \cos\varphi_j) \\ F_y &= \sum_{j=1}^{J} (-\vec{F}_{t,j} \cdot \cos\varphi_j - \vec{F}_{r,j} \cdot \sin\varphi_j) \\ F_z &= \sum_{j=1}^{J} \vec{F}_{p,j} \end{aligned} \tag{2.3}$$

Die Modellierung von Zerspankräften beim Fräsen ist aufgrund ihrer großen Anwendungsvielfalt in Simulation und Steuerung von sicheren Fräsprozessen ein intensives Forschungsgebiet mit vielfältigen Ansätzen. Neben in der Regel aufwändigen analytischen und numerischen Ansätzen werden häufig empirische Ansätze auf Kosten der Generalisierbarkeit und Detailtiefe verwendet. Gegenstand der heutigen Forschung sind daher insbesondere datenbasierte Ansätze, die das beschriebene Dilemma aus Parametrierungsaufwand und Generalisierbarkeit durch die Verfügbarkeit von Fertigungsdaten lösen sollen, woraus sich in den Folgekapiteln ein notwendiger Vergleich der Methoden ableitet.

2.4.1 Analytische und numerische Zerspankraftmodelle

Analytical and numerical cutting force models

Analytische Zerspankraftmodelle basieren auf der Plastomechanik. In der Plastomechanik wird mithilfe von werkstofflichen Grundgrößen und der allgemeinen Beschreibung des Stoffverhaltens von der Umformung auf die Prozesskräfte geschlossen. Frühe Vertreter dieser Modellart sind die Scherebenen-Modelle von Ernst [ERNS41] und die Theorie von Hucks [HUCK54]. Ein weiteres Modell auf Grundlage eines "Slip-Line-Fields", das die Spannungsverteilung und den Materialfluss in plastisch verformten Werkstoffen beschreibt, wird von Fang vorgestellt [FANG02]. Als Beispiel basiert das Scherebenen-Modell von Ernst auf der Annahme, dass ein orthogonaler Schnitt vorliegt. Der orthogonale Schnitt ist durch eine ideale rein zweidimensionale Spanbildung, bei der die Schneide durch die Zerspanung eine ebene Fläche erzeugt, definiert. In der Realität tritt dieser Vorgang nahezu ausschließlich beim Hobeln oder Räumen auf sowie näherungsweise beim Außenlängsdrehen, wenn nahezu kein Eingriff der Nebenschneide erfolgt. Die Modelle auf Basis der Plastomechanik eignen sich für das Fräsen aufgrund der vereinfachten Modellvorstellung nicht zur Abbildung komplexer

Prozessvorgänge. Der Hauptvorteil dieser Modelle gegenüber den empirischen Modellen liegt darin, dass diese die Eingangsgrößen eines Prozesses direkt in Beziehung setzen können und damit Handlungsstrategien abgeleitet werden können, mit denen der Prozess verbessert werden kann. Dies gilt insbesondere für die Zusammenhänge bei der Berücksichtigung der Materialeigenschaften wie Festigkeit und Wärmeverhalten, welche so in Verbindung mit den Prozessparametern gesetzt werden können [DENK11; BREC11].

Numerische Zerspankraftmodelle auf Basis finiter Elemente (FE) hingegen erlauben eine weitgehend exakte Berechnung der Zerspankräfte [KLOC18, S. 408-440]. Die numerische Modellierung des Zerspanprozesses ermöglicht die simultane Berücksichtigung plasto-mechanischer und der wechselwirkenden, thermischen Vorgänge sowie die Abbildung komplexer, geometrischer Werkzeuge. Dabei kann die FEM wahlweise auch mit analytischen und empirischen Modellen zur schnellen Prozessabbildung gekoppelt werden. Letztere sind jedoch auf einen begrenzten Prozessraum kalibriert und weniger geeignet für komplexe Prozesse, Kapitel 2.4.2. Der Prozess der numerischen Modellierung erfolgt nach KLOCKE in fünf Schritten: Zuerst werden die am Prozess beteiligten Komponenten wie Werkstück und Werkzeug in finite Elemente unterteilt. Im Anschluss findet die Auswahl einer geeigneten Interpolationsfunktion für den gewählten Elementtyp statt, um den inneren Zustand anzunähern. Danach werden die Elementgleichungen in den Elementmatrizen bestimmt, die die Zusammenhänge zwischen den Unbekannten (z. B. Geschwindigkeit, Temperatur, Verschiebung, kraftbedingte Spannungen) beschreiben und durch Ansätze wie das Prinzip der virtuellen Arbeit gelöst werden sollen. Die Formulierungen für jedes Element werden im nächsten Schritt über die Aggregation der Elementmatrizen zu einer globalen Gesamtmatrix überführt, die zudem die Randbedingungen, z. B. äußere Kräfte, berücksichtigt. Die daraus entstehenden Systemgleichungen werden im letzten Schritt mit geeigneten Verfahren gelöst [ROLL93; HUEB01; ZIEN13; REDD19].

Das Aufstellen der Elementgleichungen ist aufwändig. Dazu sind Werkstoffmodelle für homogene nach [ROLL93] und inhomogene Mikrostrukturen nach [SRIV06] sowie Schädigungsmodelle für die Materialtrennung nach [BREU07] notwendig. Zur Reduzierung des Aufwandes wird in der Regel die Komplexität reduziert, z. B. durch eine zweidimensionale Betrachtung des Zerspanprozesses wie beim freien, orthogonalen Schritt. Aktuelle Forschungsarbeiten zeigen zudem die Kopplung der FEM mit dem CFD-Ansatz (engl.: Computational Fluid Dynamic) zur Berücksichtigung von Kühlmedien mit ihrem Einfluss auf die Temperaturverteilung an der Werkzeugoberfläche [PERV14].

Zur Durchführung numerischer Modellierungsansätze ist gerade beim Fräsen ein hoher manueller Aufwand für die Modellerstellung und -parametrierung notwendig [KLOC18, S. 436-439]. Des Weiteren ist für die anschließende Berechnung und Lösungsfindung des aufgestellten Gleichungssystems ein sehr hoher Rechenaufwand nötig, sodass eine prozessparallele Simulation aktuell selbst auf Hochleistungsrechnern nicht möglich ist. Dies kann sich allerdings mit der Entwicklung der Rechenleistung in Zukunft ändern [DENK11; ARRA13; BREC15].

2.4.2 Empirische Zerspankraftmodelle

Empirical cutting force models

Aufbauend auf den hergeleiteten Kraftzusammenhängen aus der Schneidkeilbetrachtung nach KLOCKE sowie Abbildung 2.6, rechts, sind die Einflussgrößen auf die Zerspankraftanteile empirisch untersucht worden. Die jeweiligen Anteile sowie die Größe und Richtung der Zerspankraft F_{zer} sind von den aktuell wirkenden Schnittbedingungen und Schneidkeilgeometrien abhängig [KLOC18, S.

69]: Die Zerspankraftanteile weisen vorwiegend eine Abhängigkeit von den charakteristischen Zerspanungsgrößen beim Stirnfräsen nach Abbildung 2.6, links, in Form des Vorschubs f_z, der Schnittgeschwindigkeit v_c, dem Einstellwinkel K_r sowie der Schnitttiefe a_p auf.

Vorreiter der empirischen Untersuchung von kraftbedingten Zusammenhängen beim Fräsen sind vordergründig die Arbeiten von KIENZLE und ALTINTAS mit den nichtlinearen Modellansätzen, die eine breite Anwendung aufweisen [KIEN57; ALTI00; SCHW19c]. Der Grund ist nach DENKENA die schnelle Anwendbarkeit auch bei nicht stationären, hochkomplexen Spanbildungsprozessen wie beim Fräsen für schnell rechnende, reaktive und prädiktive Überwachungssysteme [DENK11]. Die schnelle Anwendbarkeit geht allerdings auf Kosten der Modellübertragbarkeit [KLOC18]. Da die spätere Methodik innerhalb der Dissertation den Vergleich zum Kraftmodell nach ALTINTAS als schnell rechnendes Verhaltensmodell für die CAM-Simulation und Prozesssteuerung führt, wird dieses im Detail betrachtet. Das Modell nach ALTINTAS wird dem Modell nach KIENZLE bevorzugt, da zwischen den zu modellierenden Kräften F_i sowie den Eingriffsgrößen, konkret der Spanungsdicke h, kein exponentieller Zusammenhang besteht und seine mathematische Struktur auf integrierbaren Funktionen beruht, die für die angestrebte, statische Prozesskraftermittlung im Rahmen der Arbeit erforderlich sind.

Zerspankraftmodell nach ALTINTAS | ALTINTAS entwickelte 1996 ein vereinfachtes Kraftmodell zur Anwendung für das Umfangs-Stirn-Fräsen. Unter vielen Voraussetzungen und Annahmen, die den Gültigkeitsbereich des Modells einschränken, lassen sich für die drei Kraftkomponenten $F_{t,j}$, $F_{r,j}$ und $F_{p,j}$ nichtlineare Funktionen mit formell beschreibbaren Schnittkonstanten K_{ic}, K_{ie} $(i = t, r, p)$ finden [DENK11; KLOC18]. Die Einzelkräfte bilden sich aus dem Schnittkraftanteil (Index c) und dem Reib- bzw. Pflugkraftanteil (Index e). Der Schnittkraftanteil wird entsprechend der Theorie in der primären und sekundären Scherzone an der Spanfläche erzeugt und ist proportional abhängig vom Produkt der Spanungsdicke h und der Eingriffsbreite b der Hauptschneide. Der Reibkraftanteil hat seinen Ursprung in der sekundären Scherzone an der Freifläche und ist daher unabhängig von der Spanungsdicke h, sondern proportional zur Schneidkantenlänge dS_k [ALTI12]. Überträgt man diese Betrachtungen am orthogonalen Schnitt auf das Umfangs-Stirn-Fräsen mit einem gedrallten Fräswerkzeug mit Helixwinkel λ_{wkz}, resultiert ein schräger Schnitt, bei dem die Schneide über einen Winkelbereich im Eingriff ist und die Spanungsdicke somit nicht mehr konstant über der Schneidenbreite b ist. Deswegen wird ein diskretes Werkzeugmodell entworfen, welches den Fräser in dünne Scheiben k mit der Scheibendicke db_s mit orthogonalen Schneiden zerlegt, Abbildung 2.7.

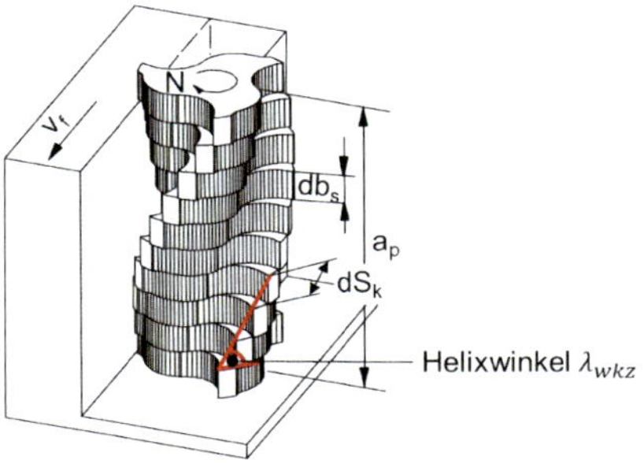

Abbildung 2.7: Approximation der Schneidenhelix in Anlehnung an [BREC19b]

Approximation of the cutting helix following [BREC19b]

Über die Berechnung der schneidpositionsbedingten Schnittkräfte der Einzelscheiben können die Kraftanteile auf das Fräswerkzeug mit Helixwinkel über das vektorielle Aufsummieren approximiert werden [ALTI12]: Für ein infinitesimales, einzelnes Schneidenelement j in der Scheibe k gilt auf Basis der vorherigen Beschreibung der folgende Zusammenhang, Gleichung 2.4.

$$\begin{aligned} dF_{t,j,k}(\varphi_{j,k}) &= K_{tc} \cdot h(\varphi_{j,k}) \cdot db_s + K_{te} \cdot dS_k \\ dF_{r,j,k}(\varphi_{j,k}) &= K_{rc} \cdot h(\varphi_{j,k}) \cdot db_s + K_{re} \cdot dS_k \\ dF_{p,j,k}(\varphi_{j,k}) &= K_{pc} \cdot h(\varphi_{j,k}) \cdot db_s + K_{pe} \cdot dS_k \end{aligned} \tag{2.4}$$

$h(\varphi_{j,k})$ wird dabei über den geometrischen Zusammenhang aus Abbildung 2.6 hergeleitet. φ_0 ist dabei der Stellungswinkel der vorher definierten Referenzschneide am Boden des Fräsers, $\varphi_{p,j}$ der Stellungswinkel der Schneide j am oberen Ende des Eingriffs, Gleichung 2.5.

$$\begin{aligned} h(\varphi_{j,k}) &= f_z \cdot \sin\varphi_{j,k} \cdot g(\varphi_{j,k}) \\ \varphi_{j,k} &= \varphi_0 + \varphi_{p,j} - \frac{\tan\lambda_{wkz}}{D/2}(k \cdot db_s) \\ g(\varphi_{j,k}) &= \begin{cases} 1 & \varphi_{ein,j,k} \leq \varphi_{j,k} \leq \varphi_{aus,j,k} \\ 0 & \text{sonst} \end{cases} \end{aligned} \tag{2.5}$$

Daneben ist dS_k die infinitesimale Schneidenlänge in der betrachteten Schicht, die sich über den Helixwinkel λ_{wkz} und die Schichtdicke db_s berechnen lässt, Gleichung 2.6.

$$dS_k = \frac{db_s}{\sin\lambda_{wkz}} \tag{2.6}$$

Um die Gesamtkraft zu erhalten, werden die einzelnen Kraftkomponenten pro Schneide und Scheibenelement $dF_{i,j,k}(\varphi_{j,k})$ vektoriell addiert. Die Kraftanteile aus dem Vorschubkoordinatensystem können zudem über eine entsprechende kinematische Transformation in die kartesischen Koordinaten x, y und z transformiert werden. Aufgrund der Modellidealisierung vereinen die Modellkonstanten K_{tc}, K_{te}, K_{rc}, K_{re}, K_{pc} und K_{pe} eine Vielzahl möglicher Einflussfaktoren beim Fräsprozess, die nicht explizit berücksichtigt werden, wie z. B. die Werkstück-Schneidstoff-Kombination, den Verschleißzustand von Werkzeugschneiden, die Materialaufweichung durch den Wärme- und Energieeintrag, charakteristische Trennmechanismen bei kleinen Spanungsbreiten h sowie die Geometrie des Schneidkeils. Das bedeutet auf der anderen Seite in der Folge eine geringe Generalisierbarkeit und Anwendbarkeit auf neu zu programmierende Bauteile und Prozesse, selbst bei gleicher Werkstoff-Schneidstoff-Kombination [KLOC18]. Neben den beiden klassischen empirischen Prozesskraftmodellen gibt es in der reinen Wechselwirkung zwischen Werkzeug und Werkstück weitere Modelle, die auf ähnlichen Prinzipien der Vereinfachung basieren.

Adaption von empirischen Zerspankraftmodellen | Zur modell- oder auch wissensbasierten Überwachung von Fräsprozessen ist die Parametrierung bzw. Adaption der empirischen Kraftmodellgleichung nach ALTINTAS, Gleichung 2.4, oder auch nach KIENZLE aufgrund des eingeschränkten Geltungsbereiches zur Anwendung in definierten Arbeitspunkten erforderlich [RUDO14; ALTI12, S. 24]. Daher müssen die Modellkonstanten K_{tc}, K_{te}, K_{rc}, K_{re}, K_{pc} und K_{pe} bestimmt werden. Da sich die Modellkonstanten aufgrund der fehlenden Beobachtbarkeit nicht aus dem betrachteten System ableiten lassen, kann eine Adaption durch den Einsatz von Schätzern erfolgen. Diese Verfahren erfordern keine Beobachtbarkeit des Systems, weil sie keine Eindeutigkeit der Lösung des inversen Problems verlangen und anhand der messbaren Größen die nicht messbaren Größen schätzen. Zwei wesentliche Methoden, die Parameterschätzung sowie die Zustandsschätzung, haben sich zur Modelladaption bei Kraftmodellen durchgesetzt, die alle auf um einen Arbeitspunkt linearisierte Systeme angewendet werden können [RUDO14, S. 25].

Parameterschätzung | Die Schätzung der Modellparameter erfolgt über die rekursive Bestimmung der festen Modellkonstanten, die das Systemverhalten beschreiben. Dazu wird für einen definierten Arbeitspunkt u. a. das Verfahren der kleinsten Fehlerquadrate aus dem modellierten Kraftausgangswert sowie dem gemessenen Istwert der Prozesskraft angewendet. Auf Basis des Zusammenhangs zwischen den Modelleingangs- und -ausgangsdaten können so die Modellkonstanten für den Arbeitspunkt bestimmt werden. STEMMLER zeigt in [STEM20, S. 160] die Adaption der KIENZLE-Modellkonstanten $k_{c,1.1}$, $k_{cN,1.1}$, m_c und m_{cN} nach vorheriger Signalsynchronisierung zwischen Kraftmessung und -vorhersage. STEMMLER verwendet das Verfahren der kleinsten Fehlerquadrate nach Gleichung 2.7 für eine definierte Prozesssituation. Die Berechnung des Optimierungsproblems erfolgt auf Basis des Verfahrens Bound-Optimierung durch quadratische Approximation (BOBYQA) wie in [SCHW19a].

$$\min_{\forall k_i \in k, m_i \in m} \|\vec{F}_{sim}(k_i, m_i) - \vec{F}_{mess}\|^2 \tag{2.7}$$

Im Vergleich dazu zeigen ALTINTAS ET AL. einen ersten Ansatz, die Kraftmodellparameter in einem industriellen Setup unter sich ändernden Prozessbedingungen auf Basis statischer Prozesskräfte über das Lösen eines linearen Gleichungssystems (LGS) eines linearisierten ALTINTAS-Kraftmodells zu ermitteln, was bereits erste Potenziale in der Überführung in die industrielle Anwendung zeigt [LIU22]. Untersucht wurde vor allem die Generalisierbarkeit des Kraftmodells unter variierenden Prozesseingriffsbedingungen beim Taschenfräsen mit dem Ziel, bei ausreichender Übertragbarkeit und Beherrschung der Prozesssituationen eine Aussage über den Werkzeugverschleiß zu ermitteln. Dabei zeigt sich, dass die Modellkonstante K_{te} für ein definiertes Werkzeug mit vier Schneiden bei gleichbleibenden Prozessparametern wie Drehzahl N, Vorschub f_z und Schnitttiefe a_p eine gute Korrelation mit dem Verschleißzustand des Werkzeugs zeigt. Eine weitere Erhöhung der Komplexität mit Blick auf die Prozessvariationen hat nicht stattgefunden, zudem eignet sich das Vorgehen nicht für einen echtzeitfähigen Einsatz innerhalb der modellprädiktiven Regelung. Die Korrelationsanalyse der weiteren Modellkonstanten wie K_{re} lässt zudem die Vermutung aufkommen, dass der vorgestellte Ansatz ebenfalls bei weiterer Komplexitätserhöhung an die Grenzen kommt. Neben den beiden vorgestellten Verfahren sind weitere die Maximum-Likelihood-Schätzung sowie die Bayes'sche Schätzung [STEM20]. Die Parameterschätzung kann in der modell- und wissensbasierten Überwachung nach Abbildung 2.5 innerhalb des definierten Arbeitspunktes auch zur Detektion von Parameteränderungen als Merkmal zur Diagnose für z. B. zunehmenden Werkzeugverschleiß eingesetzt werden. So bekommt sie bereits eine zustandsschätzende Charakteristik.

Zustandsschätzung | Die Methode der Zustandsschätzung ermittelt gegenüber der klassischen Parameterschätzung die aktuellen, zeitabhängigen Zustände des Systems auf Basis von Zustandsraumdarstellungen. Die Zustandsschätzung berechnet prozessparallel einen modellierten Ausgangswert des hinterlegten Kraftmodells und vergleicht diesen mit den aktuellen, realen Kraftmessdaten. Differenzen, die ungleich null sind, sind als auftretende Abweichungen klassifiziert und werden als

Merkmale zur Diagnose verwendet. Im Vergleich zur rekursiven Parameterschätzung, welche Änderungen in der Prozessdynamik erkennen soll und daher häufig globale Schätzalgorithmen einsetzt, wird die Zustandsschätzung meist in der aktuellen Zustandsüberwachung mit Fokus auf lokale, laufzeitparallel arbeitende Schätzverfahren angewendet, mit dem Ziel des schnellen Konvergierens bei hinreichender Genauigkeit. Das Vorgehen eignet sich daher für die modellprädiktive Regelung mittels eines Prozesskraftmodells, welches aufgrund der sich ändernden Randbedingungen, z. B. zunehmender Werkzeugverschleiß, ständig auf die aktuelle Situation adaptiert werden muss. Als Verfahren werden u. a. Kalman Filter, erweiterte Kalman Filter oder allgemein Partikelfilter eingesetzt. SCHWENZER ET AL. untersuchen auf Basis von synthetischen Kraftmessdaten die Eignung verschiedener Optimierungs- und Schätzverfahren, darunter den Ensemble Kalman Filter (EnKF) zur laufzeitparallelen, schnellen Identifikation der KIENZLE-Modellkonstanten für eine spätere modellprädiktive Regelung [SCHW19c]. Die Autoren zeigen, dass der EnKF als lokales, kontinuierlich arbeitendes Zustandsschätzverfahren in der Lage ist, die erforderliche Genauigkeit bei gleichzeitig hoher Konvergenzgeschwindigkeit im Gegensatz zu anderen Adaptionsverfahren zu erreichen. Basis ist die Ensemble- bzw. Zustandsmatrix $K^{[t|t-1]}$, die mit einer Reihe von M Zustandsvektoren $k_1^{[t|t-1]}$,...,$k_M^{[t|t-1]}$ für den Zeitpunkt t basierend auf dem vorherigen Zeitpunkt t-1 initialisiert wird. Der Zustandsvektor basiert dabei auf den KIENZLE-Modellgrößen $[F_t, F_r, k_c, k_{cN}, m_c, m_{cN}]$. SCHWENZER ET AL. zeigen nach der Eignungsuntersuchung des EnKF auf Basis synthetischer Daten in [SCHW22] die Überführung der Anwendung auf die modellprädiktive Regelung der Aktivkraft durch Anpassung des Vorschubs unter variierenden Prozesseingriffsbedingungen, hier a_e. Der Einsatz des EnKF in der modellprädiktiven Regelung bestätigt die vorherigen Untersuchungsergebnisse in Bezug auf die Genauigkeit sowie Konvergenzgeschwindigkeit der KIENZLE-Modellkonstanten. Die Untersuchung der Übertragbarkeit auf neue Prozesssituationen ist nicht erforderlich, da eine kontinuierliche Adaption im Fokus ist.

Die eingeführten Ansätze zur Modelladaption von Prozesskraftmodellen basieren vorwiegend auf wissenschaftlichen Untersuchungen unter idealisierten Bedingungen, wie der Analyse synthetischer Prozesskraftdaten mit variierenden Signal-Rausch-Verhältnissen [SCHW19c]. Diese Ansätze sind daher nur begrenzt für industrielle Anwendungen validiert, da die im Prozesskraftmodell abgebildeten Zusammenhänge reduziert und spezifisch für definierte Arbeitspunkte ermittelt werden müssen. Verändert sich dieser Arbeitspunkt durch neue Prozesssituationen, zeigen die bisherigen Veröffentlichungen, dass reduzierte empirische Kraftmodelle nur bis zu einer bestimmten Komplexitätsstufe in der Lage sind, bei variierenden Prozesssituationen ohne neue Adaption hinreichend genau zu sein. Entsprechend sind diese Modelle lokal auf den aktuellen Prozessbereich beschränkt und fassen alle sonstigen Einflüsse auf die Prozesskraftentwicklung in den Modellkonstanten K_{ic} und K_{ie} zusammen. Angesichts der höheren Komplexität durch eine hohe Varianz in der Einzelteilfertigung besteht daher der Bedarf an wissens- oder datenbasierten Ansätzen.

2.4.3 Wissens- und datenbasierte Zerspankraftmodelle

Knowledge and data-based cutting force models

Wissens- und datenbasierte Methoden werden auch unter dem Begriff "Data Mining" zusammengefasst. Data Mining bezeichnet den Einsatz von Methoden, um empirische Zusammenhänge in Form eines Musters, also einer regelmäßig auftretenden Beziehung in den Daten, zwischen Planungsobjekten weitgehend automatisch aus einer eigens dafür erstellten Datenbasis zu extrahieren [BISS09]. Auch der Forschungsbereich KI inklusive des Teilbereichs ML fällt unter diesen Begriff und ist einem wachsenden Interesse auch innerhalb der Produktions- und Fertigungstechnik ausgesetzt.

Bei Betrachtung der Publikationszahlen für Data Mining und KI im produktionstechnischen Umfeld ist ein deutlicher Anstieg zu verzeichnen [DOGA21]: 2002 lag diese Zahl bei ca. 200, während sie 2019 bei ca. 1250 lag. Dieser Anstieg lässt sich u. a. mit der zunehmenden Datenverfügbarkeit, der Einschränkung bisheriger Methoden zur Komplexitätsbeherrschung, Kapitel 2.4.2, sowie der Vielfältigkeit in der Anwendung begründen [HUAN21; OCHE23, S. 19].

Aufgrund der Vielfältigkeit in der Anwendung wird innerhalb dieses Kapitels der Fokus auf die Modellierung von Zerspankräften mittels wissens- und datenbasierter Methoden gelegt. Ein großer Anteil dieser Methoden kann dabei dem Bereich des Maschinellen Lernens zugesprochen werden. Kategorisieren lässt sich ML dabei in das sog. Überwachte Lernen, das Unüberwachte Lernen sowie das Bestärkende Lernen.

Überwachtes Lernen | Beim Überwachten Lernen wird ein Modell aus einem gekennzeichneten bzw. gelabelten Datensatz trainiert. Jeder Datensatz besteht aus Eingabevektoren und den zugehörigen Ausgabe- oder auch Zielvektoren, wie der vorherzusagenden Prozesskraft. Das Ziel ist es, eine Funktion f_{sl} zu lernen, die Eingaben zu den korrekten Ausgaben abbildet. In der sog. Trainingsphase wird f_{sl} optimiert, sodass f_{sl} den Fehler zwischen Vorhersage- und Zielwert minimiert. Anwendung findet das Überwachte Lernen in der Regression sowie in der Klassifikation von Daten [RUSS07].

Unüberwachtes Lernen | Beim Unüberwachten Lernen werden hingegen unmarkierte Daten genutzt. Das Ziel ist es, Muster oder Strukturen in den Daten zu identifizieren, ohne dass explizite Zielausgaben zur Verfügung gestellt werden. Der Algorithmus versucht, die zugrunde liegenden Strukturen oder Verteilungen der Daten zu verstehen. Anwendungsbeispiel ist z. B. die Clusteranalyse, bei der Datenpunkte in Gruppen oder sog. Cluster unterteilt werden, beispielsweise zur Datensegmentierung [RUSS07].

Bestärkendes Lernen | Beim Bestärkenden Lernen lernt ein Agent durch Interaktion mit seiner Umgebung, Handlungen auszuführen, die die kumulativen Belohnungen maximieren. Der Agent erhält Feedback in Form von Belohnungen oder Strafen und passt sein Verhalten entsprechend an. Anwendungsbeispiel ist z. B. die Robotik, bei der ein Roboter durch Versuch und Irrtum lernt, Aufgaben wie das Gehen oder Greifen zu erlernen [RUSS07].

Künstliche Neuronale Netze | Zur Modellierung von Prozesskräften greifen bisherige Ansätze in der Regel auf Kraftmessdaten über entsprechende Sensoren zurück. Nach der Kategorisierung von ML liegen somit in der Regel gelabelte Datensätze vor, weshalb auch wissens- und datenbasierte Methoden in der Prozesskraftmodellierung in der Regel auf Verfahren des Überwachten Lernens zurückgreifen. Für diese Verfahren im Rahmen des Maschinellen Lernens kommen vor allem Künstliche Neuronale Netze (KNN) zum Einsatz, die nach einem durchgeführten Training anhand der vorliegenden Eingangsdaten den Zielwert, hier die Prozesskraft, in verschiedenen Prozesssituationen ermitteln sollen.

Ein KNN ist ein computergestütztes Modell, das von der Funktionsweise des menschlichen Gehirns inspiriert ist und zur Lösung komplexer Mustererkennungs- und Lernprobleme verwendet wird. Es besteht aus miteinander verknüpften Einheiten, sogenannten Neuronen, die in Schichten organisiert sind. Die Neuronen verarbeiten in Anlehnung an das menschliche Gehirn Informationen, indem diese durch verschiedene mathematische Operationen transformiert werden, Abbildung 2.8. Über den Eingangsvektor $\vec{E}_j$ eines einzelnen Neurons j, bestehend aus n Einträgen e_i, wird ein Signal jeweils mit einem Gewichtungsfaktor $w_{i,j}$ multipliziert. Im Anschluss wird die Summe der gewichteten Signale gebildet und über eine mathematische Aktivierungsfunktion g_j in eine Neuronenausgabe a_j

transformiert. Dabei sind die Ausgaben a_j durch die Verknüpfung mit weiteren Neuronen gleichzeitig die Eingänge e_j eines nächsten Neurons k. So entsteht aus den Eingangsimpulsen ein Informationsstrom, der über die Gewichtungen und Aktivierungsfunktionen verstärkt bzw. geschwächt sowie in die vorherzusagende Information übersetzt wird [RUSS07], Gleichung 2.8.

$$a_j = g_j\left(\sum_{i=0}^{n} w_{i,j} \cdot e_i\right) \tag{2.8}$$

Abbildung 2.8 zeigt neben dem Aufbau eines einzelnen Neurons als beispielhaften Aufbau eines KNN das weitverbreitete Multi-Layer-Perceptron (MLP) in der sog. Feed-Forward-Struktur mit vier Schichten, bestehend aus der Ein- und Ausgabeschicht sowie zwei verdeckten Schichten. Die Stärke und das Vorzeichen der Verknüpfungen bzw. Gewichte sind über die Farben sowie die jeweilige Farbstärke dargestellt. Die Ausgänge der Ausgabeschicht bilden dabei zumeist die vorherzusagenden Zielwerte wie die Prozesskraft. Besteht das KNN aus einer Vielzahl von Schichten, spricht man darüber hinaus vom sog. Deep Learning. Deep Learning hat das Ziel, durch die tiefgehende Netzstruktur komplexe Muster und Zusammenhänge in den Datenmengen zu ermitteln und zu erlernen [TAGS01; RUSS07].

Nach fertiggestelltem KNN-Design sowie Festlegung aller weiteren Modellparameter wird das KNN auf Basis einer einstellbaren Teilmenge der Eingangs- und gelabelten Ausgangsdaten trainiert. Der zentrale Mechanismus des Lernens besteht dabei in der Minimierung der Verlustfunktion, z. B. des mittleren quadratischen Fehlers bei Regressionsproblemen, die die Differenz zwischen den vorhergesagten und den tatsächlichen Werten misst. Die Minimierung erfolgt durch die Anpassung der Gewichtungen zwischen den Neuronen, wobei auch andere Mechanismen wie eine Anpassung der Aktivierungsfunktionsparameter möglich sind. Dabei werden generell die folgenden Schritte durchlaufen: Zunächst werden die Gewichte und Biases zufällig initialisiert, um eine optimale Aktivierung zu gewährleisten. Jeder anschließende, iterative Trainingsschritt beginnt mit einem Vorwärtsdurchlauf, bei dem die Eingabedaten gemäß Gleichung 2.8 durch das Netzwerk geleitet werden, um die Ausgabe zu erzeugen. Die Verlustfunktion quantifiziert im Anschluss den Fehler aus Vorhersage und tatsächlichem Wert. Im Anschluss erfolgt der Rückwärtsdurchlauf, indem die Gradienten der Verlustfunktion berechnet werden, um die Netzwerkparameter anzupassen. Dieser Backpropagation-Prozess ermöglicht die schrittweise Anpassung der Gewichte und Biases [RUSS07].

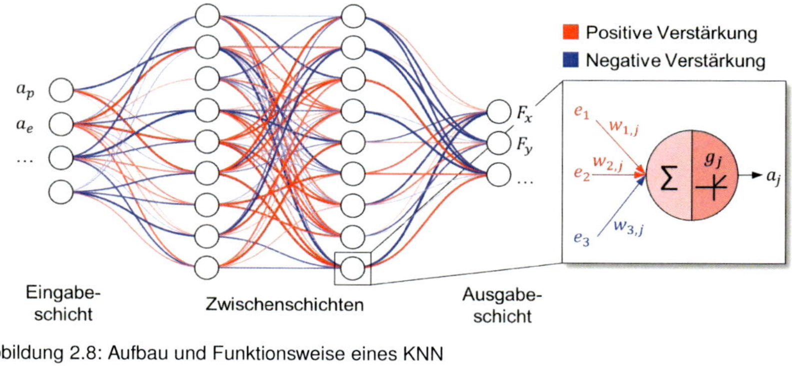

Abbildung 2.8: Aufbau und Funktionsweise eines KNN

Structure and function of an ANN

Ein erfolgreiches Training von KNN hängt neben der eigentlichen Lernaufgabe von einer Vielzahl an Gestaltungsmöglichkeiten ab. So werden innerhalb des Forschungsumfeldes ML die Einflüsse auf die Modellqualität untersucht und teilweise mathematisch ergründet. Neben der eigentlichen Datenqualität und -variabilität haben nach RUSSEL und TAGSCHERER die folgenden Punkte den größten Einfluss auf eine gute Modellqualität [TAGS01; RUSS07]:

1. **Modellarchitektur**: Wahl des Modellgrundtyps (z. B. MLP, CNN, Long Short-Term Memory (LSTM)), Tiefe des Netzes, Breite des Netzes, Aktivierungsfunktionen, Wahl der Verknüpfungen, Einsatz von Bias-Neuronen usw.
2. **Hyperparameter**: Lernrate, Batchgröße, Einsatz von Regularisierungsmethoden wie Dropout, die Lasso-Regression (L1) sowie die Ridge-Regression (L2)
3. **Trainingsverfahren**: Wahl des Optimierungsalgorithmus, Anzahl der Epochen, Datenaufteilung in Trainings und Testdaten
4. **Startbedingungen**: Initialisierung der Startgewichte, Merkmalsauswahl, Merkmalsskalierung bzw. -normalisierung, Wahl der Evaluierungsmetriken

Bei richtiger Wahl aller Einflüsse können Effekte wie Über- oder Unteranpassung vermieden werden: Das erfolgreich trainierte KNN ist in der Lage, die erlernten Zusammenhänge auf neue Eingangsdaten außerhalb von Trainings- und Testdaten anzuwenden, wodurch generelles Verhalten erlernt wurde [RUSS07].

Einsatz von KNN zur Zerspankraftmodellierung | Die bisherigen Modellierungsverfahren zur Vorhersage von Zerspankräften sind entweder komplex und daher aufwändig in der Adaption oder sind aufgrund reduzierter Zusammenhänge einfach, dafür aber nicht generalisierbar. In vielen industriellen Anwendungen entscheidet sich der Erfolg des Einsatzes einer Zerspankraftvorhersage, z. B. für die modellbasierte Überwachung, in der Kombination beider Vorteile: Zur Modellierung soll zum einen kein umfangreiches Expertenwissen für eine korrekte Adaption nötig sein, Kapitel 2.4.1. Zum anderen soll die parametrierungsarme Modellierung eine erhöhte Generalisierungsfähigkeit aufweisen, sodass sie für variable Prozesssituationen angewendet werden kann, Kapitel 2.4.2. Der Einsatz von wissensbasierten Methoden wie ML in Form des Einsatzes von KNN ist daher auch in der Fertigungstechnik Gegenstand der Forschung mit dem Ziel, die definierte Erfolgskombination zu erreichen, Abbildung 2.9, gelb markiert.

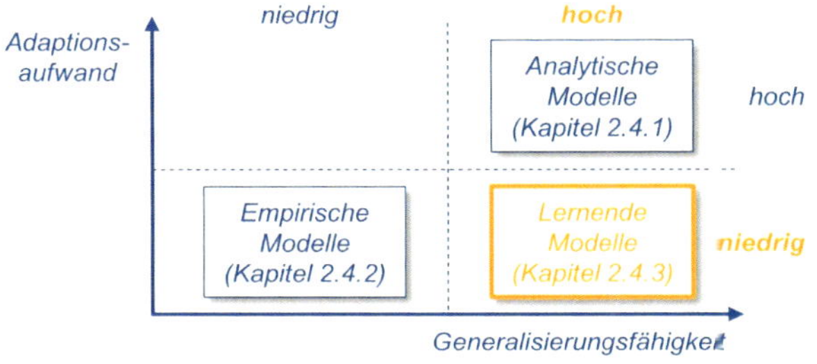

Abbildung 2.9: Potenziale der jeweiligen Modellierungsverfahren nach Kapitel 2.4.1 bis 2.4.3

Potentials of the respective modeling methods according to chapters 2.4.1 to 2.4.3

Um dieses Ziel zu erreichen, wurden eine Vielzahl von Untersuchungen zur Modellierung der Zerspankräfte über datenbasierte Ansätze durchgeführt. SZECSI und RADHAKRISHNAN ET AL. zeigen erste Ansätze zur Nutzung von KNN zur Vorhersage von Prozesskräften beim Drehen und Fräsen [RADH05; SZEC99]. Die Motivation ergibt sich hierbei aus der großen Anzahl miteinander verknüpfter Einflussparameter auf die Prozesskraft, die in konventionellen Modellen zumeist fixiert werden und daher die gesamte Komplexität der Zusammenhänge nicht abbilden. Als grundlegende Netzstrukturen werden MLP-Feed-Forward-Architekturen verwendet. Als Eingangsgrößen des MLP werden rein simulative Prozessgrößen wie die Drehzahl N, der Vorschub v_f oder die Schnitttiefe a_p verwendet, die im Vorfeld des Versuchs bereits festgelegt sind und nicht mittels einer Materialabtragsimulation prozessparallel berechnet werden. CUS ET AL. zeigen darüber hinaus einen ähnlichen Modellierungsansatz mittels KNN-Strukturen zur Vorhersage von dynamischen Kräften beim Fräsen [CUS06]. Dabei wird eine höhere Zahl an Eingangsparametern verwendet, z. B. der Werkstückmaterialtyp, die Materialhärte oder der Flankenverschleiß der Werkzeugschneide. Die aktuelle Position der Schneide als wichtige Eingangsgröße bei dynamischen Kräften wird dagegen nicht ermittelt. ALIQUE ET AL. haben darüber hinaus ein erstes KNN in der Prozessregelung verwendet, um mittlere Prozesskräfte beim Fräsen als Regelgröße vorherzusagen [ALIQ00]. Die Modelle der genannten Autoren, ob statisch oder dynamisch, werden auf Basis einfacher Versuchssetups untersucht und mit konventionellen Modellen abgeglichen. Die Modelle zeigen eine Verbesserung im Vergleich zu konventionellen Ansätzen, jedoch findet keine ausführliche Untersuchung der Modellübertragbarkeit auf neue Prozesssituationen statt. Denn die Testdaten sind in ähnlichen Wertebereichen wie die Trainingsdaten und fallen somit in gleiche Datengruppen.

Die Untersuchung von KNN-Strukturen ist nach wie vor ein breites Forschungsgebiet und fokussiert spezifische Anwendungsfälle vor einer steigenden Datenverfügbarkeit maschinen- und prozessnaher Einflussgrößen. CHAKRADHAR ET AL. vergleichen verschiedene Modellierungsmethoden wie die multiple Regressionsanalyse mit der KNN-Modellierung zur Vorhersage von Prozesskräften beim Fräsen von Mikrostrukturen für Titanlegierungen [CHAK23]. Dabei hat die Größe und somit die Kenntnis der Prozesskräfte entscheidenden Einfluss auf die Oberflächengüte als zentralen Qualitätsparameter. Die KNN-Modellierung erreicht dabei die besten Prozesskraftvorhersagen auf Basis bekannter Eingangsgrößen wie dem Vorschub v_f, der Drehzahl N sowie der Schnitttiefe a_p. IRGOLIC ET AL. zeigt ähnliche Modellierungsergebnisse bezogen auf die Prozesskräfte beim Fräsen von gestuftem Material [IRGO14]. KOVACIC ET AL. erweitern den Ansatz und setzen drei parallele KNN-Strukturen zur Vorhersage der maximalen Schnittkräfte an der Schneide eines helixförmigen Schaftfräsers ein, der in drei Materialschichten arbeitet [KOVA23]. Durch diese Erweiterung können die Einflüsse der mehrlagigen Materialverbunde in der Schnittkraftermittlung durch Kombination berücksichtigt werden. MAKHFI ET AL., MAHJOOB ET AL. sowie KATARAKI ET AL. unterstreichen die bisherigen Ergebnisse in der Modellierung von Prozesskräften beim Drehen und Fräsen mittels KNN-Strukturen [KATA24; MAHJ23; MAKH13]: Der Einsatz dieser Modellierungsmethoden führt zu einer deutlichen Verbesserung in der Vorhersage von Prozesskräften. Als Eingangsgrößen werden immer wieder gleiche Parameter wie der Vorschub v_f, die Drehzahl N sowie die Schnitttiefe a_p genannt. MAKHFI ET AL. und KATARAKI ET AL. befassen sich dabei genauer mit der Auslegung der Netzstruktur zur Verbesserung des Modellierungsergebnisses [KATA24; MAKH13]. Die Untersuchung der Extrapolationsfähigkeit sowie die erforderliche Datenvielfalt und -grundlage zur Übertragung des Modells auf neue Prozesssituationen bleibt in den Untersuchungen aus. Die Testdaten zur Validierung des Modellierungsansatzes mittels KNN-Strukturen werden unter ähnlichen Prozessbedingungen wie die eigentlichen Trainingsdaten generiert.

Eine Erweiterung der bisherigen Ansätze zur Steigerung der Übertragbarkeit und Modellqualität zeigt die vermehrte Nutzung von bereits bekanntem Wissen in der Prozesskraftmodellierung mittels KNN-Strukturen. Als Vorarbeit fließen ebenfalls Publikationen von WIESCH ET AL. als Autor dieser Dissertationsschrift ein. CHARALAMPOUS zeigt das Potenzial der Verknüpfung von ML-Algorithmen mit einer FEM zur Prozesskraftvorhersage beim Fräsen [CHAR21]. WIESCH, KÖNIGS ET AL. nutzen eine prozessparallele Materialabtragsimulation auf Basis von Ist-Positionsdaten aus der NC-Steuerung und kombinieren die daraus ermittelbaren Größen wie das Zeitspanvolumen Q_v mit steuerungsinternen Maschinendaten wie dem prozesskraftbedingten Hauptspindelstrom $I_{prozess,sp}$ (im Folgenden abgekürzt I_{sp}) zur Modellierung der statischen Prozesskräfte in X- und Y-Richtung [KÖNI17]. Zur Modellierung wird eine MLP-Struktur verwendet. Dabei wird nachgewiesen, dass die Nutzung der Eingriffsgrößen aus der Abtragsimulation die Übertragbarkeit auf unbekannte neue Prozesssituationen deutlich steigert. Die Kombination von Simulationsgrößen sowie Sensorgrößen aus der Steuerung bedeutet allerdings die reine Anwendbarkeit in der Prozessüberwachung. HUANG ET AL. zeigen ein ähnliches Vorgehen inklusive der Nutzung von maschineninternen Sensordaten [HUAN22b]. WIESCH ET AL. nutzen den Ansatz von WIESCH, KÖNIGS ET AL. zur Abschätzung von Werkzeugzuständen basierend auf maschineninternen Sensordaten [WIES19]. LEE ET AL. bauen auf dem Ansatz von WIESCH, KÖNIGS ET AL. auf und zeigen den Vorteil von Deep Learning-Strukturen in der Vorhersage von Prozesskräften. Durch die Entwicklung von Hochleistungsrechnern versprechen diese Ansätze eine hohe Leistungsfähigkeit. Durch die Verarbeitung großer Datenmengen aus Live-Sensordaten und Abtragsimulationsdaten zum Training verschiedener KNN-Strukturen wie LSTM oder CNN konnte dieses Potenzial nachgewiesen werden. Dabei zeigt das LSTM-Model die beste Modellqualität [LEE23]. Die Untersuchung von CNN-Strukturen zeigen auch SU ET AL. für das Schlichtfräsen [SU21]. Dazu nutzen sie Bilder des Schneiderahmens als Eingangsgröße und zeigen ebenfalls eine hohe Eignungsfähigkeit in der Nutzung von Bilddaten aus dem digitalen Werkzeugzwilling zur Vorhersage der Schnittkräfte. Eine Verbesserung zu bisherigen Ansätzen kann jedoch nicht nachgewiesen werden. Aufgrund der Modellkomplexität ist auf der anderen Seite vielmehr eine hohe Datenbasis erforderlich, um eine entsprechende Modellqualität zu erreichen. Daher ist dieser Ansatz nicht mittels experimenteller Daten umgesetzt und untersucht worden. Die Frage bleibt somit offen, ob ein deutlich umfangreicheres Deep Learning-Modell wie das CNN-Modell mit den aufgeführten Nachteilen bei entsprechender Datenbasis einen Mehrwert gegenüber schlankeren KNN-Strukturen vordergründig mit Blick auf die Übertragbarkeit auf neue Prozesssituationen aufweist.

Der Einsatz von KNN zur Modellierung von Prozesskräften zeigt gemäß Abbildung 2.9 ein großes Potenzial in Bezug auf den Adaptionsaufwand, insbesondere durch das automatische Training und eine steigende Datenverfügbarkeit im maschinellen Umfeld. Als Nachteil bleibt die fehlende Transparenz hinsichtlich der Abbildbarkeit von Zusammenhängen in der neuronalen Struktur. Hinsichtlich der Generalisierungsfähigkeit von ML-Methoden in der Prozesskraftmodellierung auf neue Prozesssituationen existieren bislang nur wenige Studien, und umfassende Untersuchungen fehlen. Diese Schlussfolgerungen führen zum gelb markierten Untersuchungsbereich in Abbildung 2.9. Aus verwandten Anwendungsfeldern lässt sich jedoch die hohe Eignungsfähigkeit von ML-Methoden zur Verbesserung der Generalisierungsfähigkeit ableiten [KÜHN23; TERC23]. Innerhalb der Werkstattfertigung bleibt dieses Potenzial aufgrund der Komplexität heterogener Maschinen, Prozesse und Produktvarianten bislang ungenutzt. Als größte Herausforderungen gelten die geringe Vergleichbarkeit der Prozesse sowie die heterogene Datenverfügbarkeit. Ein übergreifendes Datenmodell, das die Heterogenität durch eine kontextualisierende Ordnung der Rohdaten adressiert, ist erforderlich. VAN DER AALST ET AL. unterstreichen diesen Bedarf durch die Einführung sog. Data-Models-in-the-Middle im Forschungscluster "Internet of Production" [VAN 24].

2.5 Zwischenfazit und Forschungsbedarf

Interim conclusion and need for research

Die in Kapitel 2 fokussierten Ansätze haben das Ziel einer automatischen, intelligenten Planung und Steuerung von spanenden Fertigungsprozessen in der flexiblen Werkstattfertigung entlang der digitalen Prozesskette. Sie teilen die Absicht, die Qualität, Produktivität und Flexibilität in der Prozessplanung und -steuerung durch die Digitalisierung von bisherigem, meist analogem Erfahrungswissen zu erhöhen. Dadurch tragen sie zu einem resilienten Produktionssystem bei, welches in der Lage ist, schnell auf wechselnde Randbedingungen zu reagieren, wie sie vor allem in der hier betrachteten Einzelteil- sowie Kleinserienfertigung auftreten.

Die Virtualisierung von Planungsaufgaben, bspw. durch die Einführung von CAx-Systemen, hat sowohl zu einer deutlichen Produktivitätssteigerung als auch zu einer zunehmenden Planungsflexibilität geführt, Kapitel 2.1 und 2.2. Die verschiedenen Beispiele zeigen, dass diesem Bereich auch weiterhin ein hohes Innovationspotenzial durch die neuen technischen Möglichkeiten, bspw. der Einzug von KI in heutige CAM-Systeme, zugesprochen wird. Des Weiteren haben Systeme zur Überwachung und Steuerung von Fertigungsprozessen gerade in der Serienfertigung dazu beigetragen, die Prozess- und damit die Bauteilqualität zu sichern, Kapitel 2.3. Nach wie vor liegt in Systemen zur automatischen Planung, Überwachung und Steuerung von spanenden Fräsprozessen im Bereich der Einzelteil- und Kleinserienfertigung ein großer Forschungsbedarf aufgrund der hohen Komplexität. Grund dafür ist die mit der Werkstattfertigung verbundene Vielfalt an Bauteilen und demzufolge verschiedener Prozesssituationen, die von den betrachteten Ansätzen aufgrund der eingeschränkten Generalisierungsfähigkeit bisher nicht abgedeckt werden kann. Als elementar wichtige Größe zur Planung und Überwachung von flexiblen Fräsprozessen verdeutlicht die Kenntnis der Prozesskraft diesen Forschungsbedarf: Bisherige Modellierungsansätze zur Ermittlung der Prozesskräfte beim Fräsen bilden grundsätzlich generalisierbare Zusammenhänge zwischen den Einflussgrößen sowie der Zielgröße ab. Dennoch sind nicht alle Kausalitäten abgebildet, weshalb bestehende Kraftmodelle auf die jeweiligen betrachteten Fertigungsrandbedingungen teils aufwändig adaptiert werden müssen, um valide Vorhersagen zu ermöglichen, Kapitel 2.4. Eine breite Anwendbarkeit dieser Modelle in der Planung und Steuerung von flexiblen Fertigungsprozessen ist bisher ohne großen Aufwand nicht möglich, weshalb viele Unternehmen mit hoher Bauteilvarianz selten Ansätze zur Prozesskraftermittlung in der CAx-Planung und Prozessüberwachung nutzen.

Für einen breiten Einsatz der Prozesskraft als zentrale Auslegungs- und Kenngröße liegt folglich der Forschungsbedarf in neuen Ansätzen zur Prozesskraftmodellierung. Diese müssen befähigt werden, die hohe Komplexität verschiedener Prozesssituationen mittels einer hohen Generalisierungsfähigkeit bei gleichzeitig geringem Parametrierungsaufwand zu durchdringen. Die dadurch steigende Modellübertragbarkeit auf neue Prozesssituationen wird die Akzeptanz solcher Ansätze in der Prozessplanung und -steuerung erhöhen. Primär zeigen datenbasierte Methoden ein hohes Potenzial, die Komplexität mittels der übergreifenden Datenverfügbarkeit in vernetzten Produktionssystemen zu durchdringen, da sie die entscheidenden Informationen aus den Veränderungen der Daten über einzelne Prozesssituationen hinweg entlang der Zeit berücksichtigen. Denn die übergreifenden Ursache-Wirkungs-Zusammenhänge über verschiedene Prozesssituationen sind in den Daten implizit enthalten und können somit von den datenbasierten Ansätzen verarbeitet werden. Kombiniert man diese Ansätze mit bestehendem Modellwissen, kann die zur Durchdringung der Komplexität erforderliche Datenmenge reduziert werden, da die datenbasierten Ansätze diese nicht erst erlernen müssen. Daraus ergibt sich der Bedarf eines hybriden Modellierungsansatzes.

3 Zielstellung und Vorgehensweise

Objective and modus operandi

Ziel der Arbeit ist die Entwicklung einer Prozesskraftmodellierung für das Fräsen, die eine hohe Generalisierungsfähigkeit bei gleichzeitig geringem Parametrierungsaufwand bietet, um eine intelligente, daten- und wissensbasierte Prozessauslegung und -steuerung zu ermöglichen. Aus den zusammengefassten Defiziten im Stand von Forschung und Technik ergibt sich die folgende **Forschungshypothese**:

> *Die Integration datenbasierter Methoden mit etablierten Ursache-Wirkungs-Zusammenhängen ermöglicht einen lernenden, hybriden Modellierungsansatz zur präzisen Ermittlung von Prozesskräften beim Fräsen, der eine breite Anwendbarkeit in der Planung und Steuerung flexibler, werkstattorientierter Fertigungsprozesse unterstützt.*

Die entscheidenden Informationen über bisher unbekannte, übergreifende Zusammenhänge entlang der verschiedenen Prozesssituationen liegen in der Veränderung der Fertigungsdatenbasis und damit in der Produktionshistorie, die für konventionelle Kraftmodellierungsansätze bisher unberücksichtigt bleibt. Daher ergibt sich die folgende **Hauptforschungsfrage**:

> *Wie tragen kontinuierlich lernende Algorithmen unter Berücksichtigung einer wachsenden Daten- und Produktionshistorie dazu bei, die Übertragbarkeit und Generalisierungsfähigkeit des zu entwickelnden, hybriden Prozesskraftmodells für eine breite Anwendbarkeit automatisiert zu erhöhen?*

Für die industrielle Anwendung soll daher die Entwicklung eines datenbasierten, kontinuierlich lernenden Modells zur Prozesskraftermittlung beim Fräsen angestrebt werden, welches im ersten Schritt die jeweilige Fertigungssituation automatisiert bewertet und clustert. Darauf aufbauend lernt das hybride Kraftmodell im zweiten Schritt clusterübergreifend über verschiedene Fertigungssituationen neue Ursache-Wirkungs-Zusammenhänge. Dazu soll das Modell die bestehenden Auftrags- und Fertigungsdaten der digitalen Prozesskette als Grundlage nutzen, um die fortlaufend generierten Rohdaten einerseits durch die Anwendung etablierter Wissenszusammenhänge zu veredeln und andererseits in einen umfassenden Prozesskontext zu integrieren, der Bauteil-, Werkzeug-, Maschinen- sowie Fertigungsinformationen umfasst. Auf diese Weise lassen sich die Rohdaten unter Berücksichtigung ihres jeweiligen Kontexts in Relation zu anderen Prozesskontexten setzen, wodurch eine systematische Vergleichbarkeit verschiedener Prozesssituationen geschaffen wird, die eine grundlegende Voraussetzung für die nachfolgende Modellierung darstellt. Die angestrebte, übergreifende Prozesskraftmodellierung soll den jeweiligen Prozesskontext in den Daten zur Klassifizierung einer Prozesssituation in "bekannt", "ähnlich" oder "neu" nutzen. Mit dieser Klassifizierung wird das lernende Prozesskraftmodell befähigt, den Umgang mit der aktuellen Prozesssituation automatisiert zu bewerten und ein entsprechendes Lernverhalten abzuleiten. Die systematische und kontinuierliche Datennutzung soll die angestrebte Modellübertragbarkeit als Grundlage einer breiten industriellen Anwendbarkeit in Prozessplanung und -steuerung langfristig verbessern.

Daran angelehnt sollen im Rahmen der Dissertation die folgenden **Teilforschungsfragen** beantwortet werden:

1. *Wie kann die wachsende Datenbasis fertigender Unternehmen genutzt werden, um die Übertragbarkeit in der Ermittlung von Prozesskräften kontinuierlich zu erhöhen?*
2. *Wie muss ein lernendes Fertigungssystem konzeptioniert werden, um die stetig wachsende Datenbasis systematisch zu mustern, zu bewerten und zu verarbeiten?*
3. *Wie lässt sich bisheriges Fertigungswissen nutzen, um die korrekte Lernfähigkeit datengetriebener Methoden zu verifizieren und gleichzeitig neues Wissen zu konservieren?*

Zur wissenschaftlichen Beantwortung der Forschungsfragen wird die folgende Gliederung abgeleitet, Abbildung 3.1.

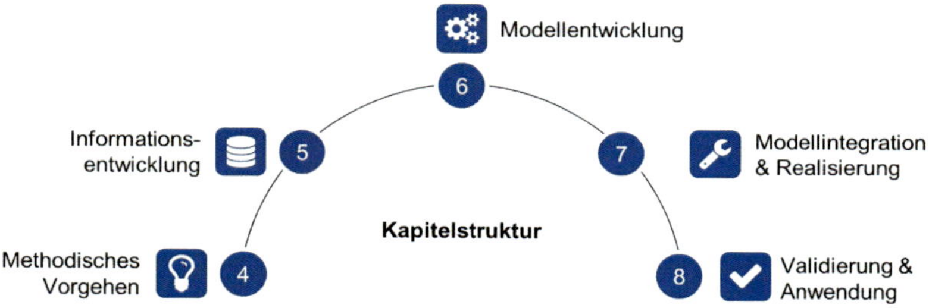

Abbildung 3.1: Gliederung und Struktur zur Erarbeitung des vorgestellten Lösungsansatzes
Outline and structure for developing the solution approach presented

Kapitel 4 erarbeitet im ersten Schritt das methodische Vorgehen. Auf dieser Basis wird im Anschluss in Kapitel 5 die zur späteren Modellentwicklung erforderliche Daten- und Informationsgrundlage entlang der digitalen CAx-Prozesskette entwickelt. Kapitel 6 entwickelt daraufhin den übergreifend lernenden, hybriden Modellansatz zur Prozesskraftvorhersage beim Fräsen. Die Auswahl und Entwicklung eines Künstlichen Neuronalen Netzes erfolgt systematisch auf Grundlage der einschlägigen Forschungsliteratur, wobei die Hintergründe und Details dieser Entscheidung umfassend erläutert werden. Kapitel 7 integriert die Daten- und Modellbasis in eine am WZL entwickelte Frässimulations-Software auf Grundlage einer Materialabtragsimulation und erarbeitet dabei die erforderliche, kontextschaffende Dateninfrastruktur. Grundlagen und Vorarbeiten dieses Vorgehens wurden bereits durch WIESCH, KÖNIGS, BRECHER ET AL. veröffentlicht [KÖNI17; BREC17; BREC21]. Abschließend wird in Kapitel 8 ein auf Validität geprüfter Ansatz vorgestellt, der in der Lage ist, neue Zusammenhänge aus den Daten zu extrahieren und somit quantifizierbare Beziehungen abzuleiten, die sowohl für eine neuartige Live-Prozessüberwachung in der Einzelteilfertigung als auch für eine intelligente a-priori Prozessauslegung zur Verfügung stehen.

4 Methodisches Vorgehen der lernenden Prozesskraftmodellierung

Methodical approach to learning process force modeling

Bisherige Modellierungsansätze zur Prozesskraftermittlung zeichnen sich häufig durch einen hohen Adaptionsaufwand sowie eine geringe Übertragbarkeit aus, Kapitel 2. Allerdings stellen diese Modelle bereits einen funktionalen Zusammenhang zwischen Prozessgrößen und der Zielgröße Prozesskraft her. Beispielsweise werden vereinfachte, empirische Kraftmodelle eingesetzt, die nach ihrer Adaption für einen begrenzten Anwendungsbereich gültig sind. Die zugrundeliegenden (Teil-)Zusammenhänge sind jedoch häufig allgemeingültig, weshalb deren Nutzung die Entwicklung datenbasierter, lernender Modellierungsansätze vereinfachen kann und somit im Rahmen einer möglichen Modellkombination geprüft werden sollte. Denn durch die Digitalisierung nimmt in der vernetzten Produktion die Verfügbarkeit von Produktionsdaten zu, die eine Vielzahl realer Prozessabläufe erfassen und so bewertbar machen. Implizit liegen in diesen Daten entscheidende Informationen über geltende, teils neue Zusammenhänge, die über datenbasierte Algorithmen extrahiert werden können. So hat jede Produktionsumgebung das Potenzial, als eine Art "Reallabor" angesehen zu werden, welches bereits bestehendes Modellwissen nutzt und in Kombination mit der Erfassung produktionsrelevanter Informationen das Potenzial aufweist, aus den in den Daten implizit liegenden Zusammenhängen gezielt neues Wissen zu extrahieren.

Wie die gezielte Verknüpfung von bestehendem Modellwissen mit verfügbaren Live-Daten als Hybrid umgesetzt werden kann, zeigen WIESCH, BRECHER ET AL. am Beispiel *Google Maps* [BREC21]: *Google Maps* berechnet zunächst die kürzeste Route basierend auf digitalen Kartenmodellen (Schritt 1). Es verknüpft diese mit aktuellen GPS-Daten und Verkehrsinformationen, um die Route in Echtzeit an die aktuelle Verkehrslage anzupassen (Schritt 2). Eine Prognose der schnellsten Route für einen zukünftigen Tag X erfolgt erst durch die datenbasierte Auswertung historischer Verkehrsdatenmuster und weiterer Kontextinformationen wie Wetterbedingungen (Schritt 3).

Abbildung 4.1 zeigt die angestrebte Methodik dieser Dissertation, basierend auf der Übertragung der hybriden Funktionsweise von *Google Maps* auf die breit anwendbare Vorhersage von Prozesskräften in einer werkstattorientierten Fertigungsumgebung. Angelehnt an das Kartenmodell aus Schritt 1 existieren physikalische Modelle mit analytischem, numerischem oder empirischem Charakter und sind aufgrund der direkten Transparenz der Zusammenhänge als sog. White-Box-Modelle charakterisiert (Typ A). Durch die Verknüpfung physikalischer Modelle mit Mess- oder Simulationsdaten entstehen sog. clusterbasierte, hybride Modellansätze (Typ B) mit definierten Gültigkeitsbereichen für bestimmte Prozessbereiche. Da diese Modelltypen in der Regel vereinfachte, aber allgemeingültige Zusammenhänge abbilden, werden sie auf neue Prozessbereiche, sog. Cluster, auf Basis der erfassten Daten aus Messung oder Simulation adaptiert, wenn für diesen Prozessbereich noch kein adaptierter Modellzusammenhang vorliegt. Adaptierte Modelle können im Anschluss für den jeweiligen Gültigkeitsbereich mit erfassbaren Daten aus Sensor und/oder Simulation verbunden werden, um die gewünschte Zielgröße wie die Prozesskraft ohne aufwändige Zusatzsensorik zu ermitteln. Dadurch wird eine deutlich verbesserte Vorhersagequalität aufgrund direkt messbarer Effekte aus dem Realprozess erreicht.

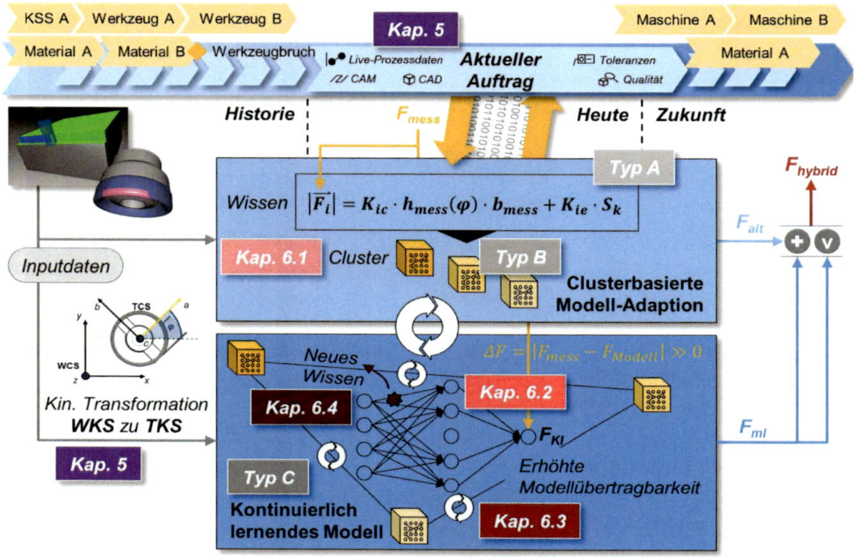

Abbildung 4.1: Methodik des lernenden Ansatzes zur Prozesskraftermittlung

Methodology of the learning approach to process force determination

Clusterbasierte, hybride Modellansätze berücksichtigen Veränderungen in den Daten über die Historie und den darin implizit enthaltenen Zusammenhängen nicht, da die Adaption der reduzierten Verhaltensmodelle nur für definierte Prozesssituationen stattfindet, da eine Vielzahl von Zusammenhängen nicht abgebildet wird. Die dennoch geltenden, für das hybride Modell jedoch unbekannten Zusammenhänge stecken implizit in den adaptierten Modellkoeffizienten, können in der Folge nicht nachvollzogen und somit nicht auf andere Anwendungsbereiche übertragen werden. Dadurch weisen sie eine geringe Übertragbarkeit auf neue Prozesssituationen auf [KLOC18], wie innerhalb von Kapitel 6 nachgewiesen wird. Dennoch liegen entscheidende Informationen in der Veränderung der Daten über einzelne, begrenzte Prozessbereiche hinweg und damit in der Produktionshistorie. Einerseits sollen daher bereits bekannte und abgebildete Zusammenhänge aus bestehenden Modellierungsansätzen zur Prozesskraftermittlung genutzt werden, andererseits mithilfe von datenbasierten Ansätzen aus dem ML-Bereich sukzessive erweitert werden, um neue, unbekannte Zusammenhänge übergreifend und nachvollziehbar zu identifizieren (Typ C). Diese Erweiterung muss in einer werkstattorientierten Fertigung mit hoher Einzelteildichte und Varianz "korrekt" angewendet werden: Maschinelle Lernmodelle wie KNN sind aufgrund ihrer Struktur und Funktionsweise oft schwer nachvollziehbar und werden daher als Black-Box-Modelle bezeichnet. Sie können jedoch unbekannte Zusammenhänge durch die datenbasierte Auswertung von Veränderungen in den Daten über Prozessbereiche hinweg identifizieren. Jedoch besteht ohne korrekte Anwendung das Risiko, dass solche Modelle "falsche" Zusammenhänge in den Daten finden. Das erschwert die Ermittlung der Validität von Modellvorhersagen bei Anwendung auf neue Prozesssituationen, da die Vertrauenswürdigkeit der erlernten Zusammenhänge vorerst unklar ist. Daher müssen bereits bekannte Modellzusammenhänge genutzt werden, um ein Lernen "falscher" Zusammenhänge zu verhindern. In einer werkstattorientierten Fertigung mit hoher Prozessvarianz ist eine heterogene, zeitabhängige Datenverteilung für gleiche Datentypen zu beobachten und führt zudem dazu, dass erlernte (Teil-)Zusammenhänge nicht direkt auf eine neue, veränderte Datenverteilung übertragbar sind. Das verringert das Vertrauen in Vorhersagen für unbekannte Prozessfälle und zeigt die geringe Extrapolationsfähigkeit bei geringen, heterogenen Datenverteilungen. Lernende Black-Box-Modelle sind am effektivsten bei großen, homogen verteilten Datenmengen, die erst gesammelt werden müssen. Um diese Stärke auszuspielen, müssen zuerst die folgenden Herausforderungen bei der Entwicklung des lernenden Black-Box-Ansatzes gelöst werden:

- **Herausforderung 1**: Heterogene, zeitabhängige und lokal gebundene Datenverteilung durch eine hohe Vielfalt und Varianz an Prozesssituationen
- **Herausforderung 2**: Geringe Extrapolationsfähigkeit bei geringen, heterogen verteilten Datenmengen und geringe Erklärbarkeit der gefundenen Zusammenhänge

Zur systematischen Lösung der Herausforderungen werden geeignete Methoden aus der aktuellen KI- und Big Data-Forschung identifiziert und im besten Fall mit herkömmlichen Modellierungsansätzen zur Wissensnutzung kombiniert, um die Vorteile der Modellierungsansätze zu vereinen. Der kombinierte Ansatz bildet wiederum einen lernenden, hybriden Modellierungsansatz vom Typ C und lässt sich als sog. Grey-Box-Modell identifizieren. Abbildung 4.1 zeigt die Methodik zum Gesamtmodellaufbau, die sich aus drei Schritten zur Beantwortung der Forschungsfragen zusammensetzt. Sie bauen auf den Vorarbeiten von WIESCH, BRECHER ET AL. auf [BREC20; SCHU24].

- **Schritt 1:** Automatisiertes Clustering von Prozessdaten zur Unterscheidung von Prozesssituationen, Kapitel 6.1.1
- **Schritt 2:** Clusterbasierte Adaption empirischer Prozesskraftmodelle zum automatisierten Aufbau einer breiten Wissensbasis zur Prozesskraftvorhersage, Kapitel 6.1.2
- **Schritt 3:** Entwicklung und Erweiterung einer kontinuierlich lernenden, hybriden Modellstruktur zur Ermittlung neuer Wissenszusammenhänge als Basis einer erhöhten Modellübertragbarkeit auf neue Prozesssituationen, Kapitel 6.2 bis 6.4

Das automatisierte Clustering in Schritt 1 hat das Ziel, die in Kapitel 5 eingeführte, prozessbezogene Daten- und Informationsgrundlage, u. a. die NC-Signaldaten, unüberwacht auf Ähnlichkeiten zu untersuchen, wodurch der Prozess in vergleichbare Prozessbereiche unterteilt wird, Kapitel 6.1.1. Schritt 2 konzentriert sich auf die automatisierte Adaption des empirischen Prozesskraftmodells nach ALTINTAS auf Basis der Daten- und Informationsgrundlage, u. a. die gemessenen Prozesskräfte. Dieser Schritt definiert eine nicht lernende Prozesscharakteristik, die für neue Prozesssituationen die bisherigen Modellkoeffizienten anpasst und diese unter Kenntnis der zugehörigen Prozesssituation speichert, wodurch mit der Zeit eine "Modelllandkarte" mit einer Vielzahl von spezifisch gültigen Kraftmodellen entsteht, Kapitel 6.1.2. Für die werkstattorientierte Fertigung wird in Schritt 3 die Erweiterung der Kraftmodellierung um datenbasierte Modelle fokussiert. Dazu wird in Kapitel 6.2 die grundlegende Modellstruktur entwickelt und in Kapitel 6.3 in eine kontinuierlich lernende Umgebung überführt, wodurch Prozesskräfte zwischen den bereits identifizierten Clustern valide vorhergesagt werden können. Denn durch das übergreifende Lernen können neue Zusammenhänge über die einzelnen Prozessbereiche hinweg quantifiziert werden, Kapitel 6.4, sodass ein lernendes, hybrides Gesamtmodell zur Prozesskraftermittlung entsteht. Die Umsetzung der Methodik erfolgt für statische Prozesskräfte anhand des folgenden Versuchssetups, Kapitel 4.1.

4.1 Versuchsaufbau

Experimental setup

Kapitel 4.1 beschreibt das zur Methodikentwicklung erforderliche Versuchssetup, die Versuchsbauteile, die verwendeten Werkzeuge, das eingesetzte Bearbeitungszentrum sowie die Prozessvarianten.

Bearbeitungszentrum | Das Referenzbauteil wird inklusive seiner Varianten auf dem 5-Achs-Bearbeitungszentrum des Typs *HF3500* der HELLER MASCHINENFABRIK GMBH durchgeführt, Abbildung 4.2 unten und Anhang A.4. Dieses 5-Achs-Horizontalbearbeitungszentrum mit Kreuzbett und Fahrständer in Torbauweise besitzt fünf Achsen, davon zwei Linearachsen am Werkzeugträger (X- und Y-Achse), eine weitere Linearachse (Z-Achse) sowie zwei rotatorische Achsen über den Dreh-Schwenk-Tisch am Werkstückträger [GEBR24]. Da die Modellentwicklung für das 3D-Fräsen fokussiert wird, werden innerhalb des Versuchssetups ausschließlich die drei Linearachsen bei 90° horizontal angestellter A-Achse genutzt. Das Bearbeitungszentrum ist mit der am WZL entwickelten spindelintegrierten Kraftsensorik ausgestattet, Kapitel 5.3.1.

Versuchsbauteile | Zur Modellentwicklung wird ein Referenzbauteil eingeführt und in verschiedenen Variationen mit Fokus auf die Bewegung der drei translatorischen Hauptachsen gefräst. Das Referenzbauteil allein weist bereits verschiedene Geometriemerkmale auf, die zu unterschiedlichen Eingriffssituationen führen, Abbildung 4.2 links oben. Die Charakteristika der gefertigten Varianten folgen dem Ziel einer Vielzahl verschiedener, werkstatttypischer Prozesssituationen.

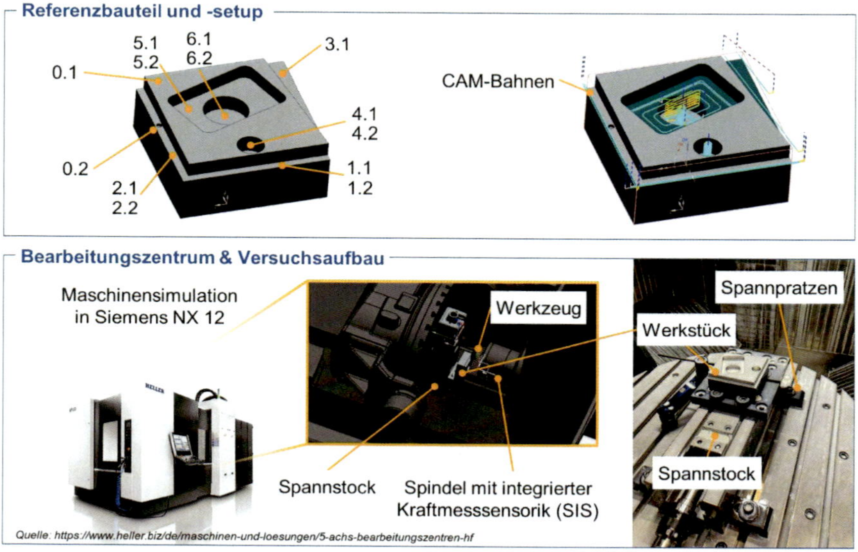

Abbildung 4.2: Versuchssetup zur Modellentwicklung

Experimental setup for model development

Werkzeuge | Innerhalb des Versuchssetups werden zwei zylindrische Schaftfräser der Firma FRAISA verwendet. Beide Werkzeuge sind aus Hartmetall MG10 hergestellt und werden insbesondere beim Schruppen von nichtrostenden Eisenwerkstoffen bis zu einer Härte von 56 HRC eingesetzt. Zudem sind sie mehrlagig mit Polychrom beschichtet, bestehend aus Aluminiumnitrat, Titannitrat, Chromnitrat, Aluminium, Chrom und Titan. Die Werkzeugdaten sind in Tabelle 4.1 aufgeführt.

Tabelle 4.1: Übersicht der verwendeten Versuchswerkzeuge

	Werkzeug 1	**Werkzeug 2**
Herstellerbezeichnung	FRAISA - P8403610	FRAISA - P8403450
Material | Beschichtung	Hartmetall (MG10) | Polychrom	Hartmetall (MG10) | Polychrom
Durchmesser d_{wkz}	16 mm	10 mm
Helixwinkel λ_{wkz}	45°	45°
Schneidenzahl J	3	3
Spanwinkel γ_{wkz}	10°	10°
Länge l_{wkz}	92 mm	72 mm
Kantenverrundung rz_{wkz}	0,2 mm	0,2 mm

Versuchsplan | Fokus des zu untersuchenden Ansatzes sind die variierenden Bauteilgeometrien angelehnt an die typische Werkstattfertigung. Die spätere Untersuchung der Modellübertragbarkeit auf verschiedene Werkzeuggeometrien, -materialien oder -beschichtungen findet innerhalb dieser Arbeit nicht statt. Aus diesem Grund werden zum Aufbau der für den Ansatz notwendigen Datenbasis insgesamt 30 variierende Versuchsbauteile des vorgestellten Referenztyps, Abbildung 4.2, nach der Bearbeitungsreihenfolge in Tabelle 4.2 gefertigt. Für die Versuche werden quaderförmige Rohlinge mit einer Kantenlänge von 100 mm und einer Dicke von 42 mm aus C45-Vergütungsstahl sowie aus der AlSi1MgMn-Legierung verwendet. Zum Erstellen einer definierten Planoberfläche werden alle Versuchsbauteile zuerst mit einem fünf-schneidigen Messerkopffräser mit einem Durchmesser von 50 mm plangefräst. Anschließend wird mit einem VHM-Bohrer mit einem Durchmesser d_{wkz} von 4 mm ein "künstlicher Defekt" an einer Flanke eingebracht, Abbildung 4.2 links oben, Nr. 0.2. Dieser wird so eingebracht, dass der Großteil der Fehlstelle bereits nach dem Schruppen der Flanke 2.1 übergefräst wird und sich damit auf das spätere Schlichten von Flanke 2.2 auswirkt.

Das Versuchsbauteil wurde mittels der CAM-Software Siemens NX 12.0 erstellt, geplant und maschinenseitig simuliert, Abbildung 4.2 unten. Die programmierten Bahnen, ohne das Planfräsen, Nr. 0.1, und Bohren, Nr. 0.2, sowie den örtlichen Bezug zum Referenzbauteil, zeigt Abbildung 4.2, rechts oben. Die Prozessparameter, das Werkstückmaterial, der Einsatz von Kühlschmierstoff (KSS), das Einbringen der Fehlstelle sowie das zufällige Anhalten und Anfahren werden für die einzelnen zu fertigenden Bauteilnummern, Nr. 1 bis 30, variiert, um eine hohe Diversität im Kontext einer werkstattorientierten Einzelfertigung zu erreichen. Eine detaillierte Übersicht über den Versuchsrahmen und die Parameter pro Bauteilnummer ist im Anhang A.5 aufgeführt.

Tabelle 4.2: Fertigungsschritte am Versuchsbauteil

Nr.	Operation	Werkzeug	Schnittrichtung	a_p	a_e
0.1	Planfräsen	MK-D50	Gemischt	2 mm	50 mm
0.2	Bohren Defekt	B-D4	-	-	-
1.1	Schruppen Flanke 1	SF-D16	Gleichlauf	8 mm	4 mm
2.1	Schruppen Flanke 2	SF-D10	Gleichlauf	8 mm	4 mm
1.2	Schlichten Flanke 1	SF-D16	Gleichlauf	8 mm	1 mm
2.2	Schlichten Flanke 2	SF-D10	Gleichlauf	8 mm	1 mm
3.1	Schräge	SF-D10	Gegenlauf, Gemischt	3 mm	0 - 10 mm
4.1	Schruppen Kreistasche 1	SF-D10	Gemischt, Gleichlauf	0,6 - 10 mm	5 - 10 mm
4.2	Schlichten Kreistasche 1	SF-D10	Gleichlauf	10 mm	Rest
5.1	Schruppen Rechtecktasche	SF-D10	Gemischt, Gleichlauf	2 - 8 mm	1,2 - 10 mm
5.2	Schlichten Rechtecktasche	SF-D10	Gleichlauf	8 mm	1 - 6,7 mm
6.1	Schruppen Kreistasche 2	SF-D10	Gemischt, Helix	0,5 - 11 mm	5 - 10 mm
6.2	Schlichten Kreistasche 2	SF-D10	Gleichlauf	11 mm	1,5 mm

Über alle Bauteilnummern wird die in Kapitel 5 einzuführende Daten- und Informationsgrundlage automatisch erfasst. Abbildung 4.3 zeigt etwa den Messschrieb der statischen Prozesskräfte als spätere Zielgröße über die spindelintegrierte Kraftmessung, Kapitel 5.3.1, während der Zerspanung von Bauteilnummer 17. Die einzelnen Fertigungsschritte, ausgenommen das Planfräsen und Bohren, sind rot hinterlegt und entsprechen der Nummerierung aus Tabelle 4.2. In den nicht markierten Bereichen findet keine Bearbeitung statt. Das NC-Programm ist innerhalb des Versuchssetups so programmiert, dass in diesen Zeitbereichen die Kalibrierung der spindelintegrierten Sensorik automatisch über eine leichte künstliche Drehzahländerung angetriggert wird, um z. B. thermische Drifts zu kompensieren.

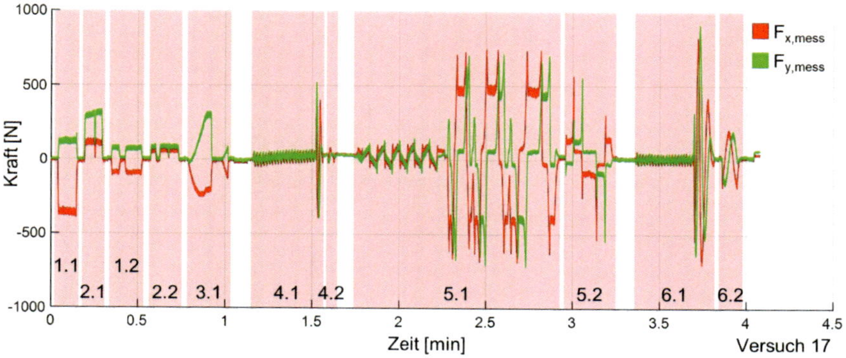

Abbildung 4.3: Gemessene Prozesskräfte mittels SIS von Bauteilnummer 17

Measured process forces by means of SIS of component number 17

5 Informationsentwicklung entlang der CAx-Prozesskette

Information development along the CAx process chain

Zur Prozesskraftmodellierung von Fräsbearbeitungsprozessen ist es erforderlich, die beteiligten physikalischen Komponenten Maschine, Werkzeug und Bauteil inklusive deren Interaktion während des Bearbeitungsprozesses als Grundlage der übergreifenden Informationsentwicklung in eine digitale Repräsentation zu überführen. Die digitale Repräsentation der Betrachtungsobjekte inklusive der gegenseitigen Beziehungen wird auch als digitaler Schatten definiert und umfasst Auskünfte über die Datensemantik sowie über gültige Verhaltensmodelle, wodurch der jeweils geltende Kontext aller betrachteten Komponenten definiert wird. Zur vollständigen Abbildung der Modell- und Kontextinformationen müssen zuerst die für die Methodikentwicklung erforderlichen Daten entlang der *CAx*-Prozesskette entwickelt, Eingangsgrößen Kapitel 5.1, Ausgangsgrößen Kapitel 5.3, und veredelt werden, Kapitel 5.2, bevor sie mit dem Prozesskraftmodell in ein Gesamt-Datenmodell sowie in die am WZL entwickelte Frässimulations-Software überführt werden, Kapitel 7. Kapitel 5 dient somit der Beantwortung von **Forschungsfrage 1**.

5.1 Datenerfassung entlang der CAx-Prozesskette

Data acquisition along the CAx process chain

Im Vorfeld der Fertigung eines Werkstücks liegen entlang der digitalen CAx-Prozesskette eine Vielzahl von Daten für die Planung und Durchführung des Fertigungsprozesses vor. Die CAx-Prozesskette weist aufgrund der einzelnen Datensilos insgesamt eine hohe Datenvielfalt auf, die sich unter anderem in heterogenen Datentypen und -formaten ausdrückt. Teilweise liegen zwischen den einzelnen Datentypen bereits kontextualisierende bzw. semantische Beziehungen vor, teilweise müssen diese Beziehungen für die Prozesskraftmodellierung entwickelt werden, Kapitel 5.2. Die für die anstehende Informationsentwicklung erforderlichen Daten aus der CAx-Prozesskette als Basis der angestrebten Prozesskraftmodellierung werden innerhalb dieses Kapitels definiert.

CAD-Planungsdaten | CAD-Planungsdaten repräsentieren die Sollvorgaben eines zu fertigenden Produkts. Die Bauteilspezifikation aus Geometrie, Werkstoff und Qualitätskriterien wird im rechnerunterstützten CAD-Konstruktionsprozess nach [VDI19] festgelegt. Sie unterstützen den Aufbau einer vollständigen, virtuellen Bauteilrepräsentation im dreidimensionalen Raum nach der [VDI03a], wodurch sie die Grundlage bilden, Informationen und übergreifende Analysen auf den jeweiligen Entstehungsort zurückzuführen, wodurch ein ortsbezogener Kontext entsteht. Beispielsweise werden CAD-Geometrievorgaben ortsbezogen mit Toleranzinformationen, sog. PMI (Product Manufacturing Information), versehen, um definierte Abweichungen vom Sollzustand durch teils nicht vermeidbare stochastische sowie systematische Störeinflüsse im Prozess zu tolerieren.

Die Basis von CAD-Daten besteht aus der Darstellung von Geometrien, Material- und Toleranzinformationen in Form sog. Features. Features sind parametrierbare, semantisch definierte Formelemente oder Produkteigenschaften, die eine einfache Interpretation sowie eine schnelle Anpassung und Wiederverwendbarkeit ermöglichen [VDI03b]. Beispiele für Features im dreidimensionalen Raum sind Grundkörper wie Taschen, Bohrungen oder Fasen. Diese Grundkörper werden mittels boolescher Operationen verknüpft und in eine gewünschte Gesamtgeometrie überführt. Ein Modellierkern übersetzt das Feature in eine interne Bauteilrepräsentation, die die Geometrie und ggf. weitere Produkteigenschaften abbildet. Die Geometrie wird üblicherweise über Flächenmodelle, akkumulative Volumenmodelle, z. B. B-Rep [ZEID05, S. 817], generative Volumenmodelle, z. B. Constructive Solid Geometry (CSG) [PILZ89], oder als Kombination abgebildet. Für die vollständige Beschreibung der Geometrie wird in aktuellen CAD-Systemen auf verschiedene Modellierungskerne zurückgegriffen, wodurch bei der Übersetzung in Basisformate anderer CAx-Systeme oder in neutrale Datenformate, z. B. STEP [ISO24] oder STL [SZIL03], Informationsverluste auftreten können.

Die zu entwickelnde, lernende Prozesskraftmodellierung verarbeitet unter anderem die aus der am WZL entwickelten Materialabtragsimulation zu ermittelnden Eingriffsgrößen. Daher ist die virtuelle Repräsentation des Rohteils in Form der Geometriedaten für die Eingriffsimulation erforderlich. Sie wird daher in den am WZL entwickelten Frässimulation-Demonstrator geladen und im kartesischen 3D-Raum dargestellt. Dazu wird das CAD-Modell des Rohteils im STL-Binärformat im Konstruktionskoordinatensystem (KKS) übergeben. Innerhalb der Materialabtragsimulation bilden die mit der Übergabe des STL-Formats entstehenden Dreiecks-Facetten die Begrenzung der Geometriemodellumwandlung in das erforderliche Multi-Dexel-Modell zur Ermittlung des Materialabtrags und der virtuellen Repräsentation des Fertigteils. Neben den Geometriedaten werden Rohmaterialeigenschaften in Form der Materialkonstanten des ALTINTAS-Kraftmodells wie K_{tc} über eine verknüpfte Materialtabelle in der Frässimulations-Software berücksichtigt. Die Materialkonstanten bilden die Basis für den späteren Adaptionsprozess des ALTINTAS-Kraftmodells. In der Materialtabelle werden die spezifischen Schnittkraftkonstanten, die die Materialeigenschaften berücksichtigen, über den in den CAD-Planungsdaten hinterlegten Werkstoff ermittelt und als numerischer Wert übergeben. Eine Übersicht der erforderlichen CAD-Planungsdaten ist in Tabelle 5.1 aufgeführt.

Tabelle 5.1: Übersicht aller erforderlichen CAD-Planungsdaten

Bereich	**Datentyp**
CAD	3D-CAD-Modelle der Fertig- und Rohteile (STL-Format)
	Materialkennwerte K_{tc}, K_{rc}, K_{pc}
	Lage des Konstruktionskoordinatensystems (KKS)

CAM-Planungsdaten | Der CAM-Planungsprozess hat die zentrale Aufgabe, die im CAD-System definierte Fertigteilgeometrie aus einer definierten Rohteilgeometrie mithilfe des eingesetzten Fertigungsverfahrens computergestützt zu erstellen. Innerhalb der CAM-Planung werden die Geometriedaten von Fertig- und Rohteilgeometrie aus den CAD-Planungsdaten um Stammdaten und 3D-Modelle der innerhalb des Prozesses eingesetzten Betriebsmittel erweitert, darunter Werkzeuge, Spannmittel sowie Maschinen. Eigentlicher Kern der CAM-Programmierung ist die Festlegung der geplanten Fertigungsoperationsfolgen des eingesetzten Verfahrens in Form eines maschinenunabhängigen Werkzeugpfades im 3D-Raum inklusive der gewählten Prozessparameter. Im Anschluss wird der maschinenunabhängige Werkzeugpfad inklusive der weiteren CAM-Daten über den Postprozessor in ein maschinenspezifisches NC-Programm übersetzt. Als Kernaufgabe verantwortet der Postprozessor die kinematische Rückwärtstransformation über das inverse Kinematikmodell der ausgewählten Maschine. Jedes im CAM-System programmierte Pfadsegment des Werkzeugs inklusive der Lage und Orientierung wird in die von der Maschine anzusteuernde Position in Bezug auf die translatorischen sowie rotatorischen Achsen der Maschine oder in eine maschinenspezifische Befehlszeile überführt. Inklusive der Verarbeitung der Prozessparameter in Form der Schnitt- und Technologiedaten erstellt der Postprozessor somit eine maschinenspezifische Syntax und Semantik in Form des NC-Programms, welches von der NC-Steuerung lesbar ist [BREC19a].

Zur Modellierung von Prozesskräften beim Fräsen ist die prozesstechnische Interaktion zwischen Werkstück, Werkzeug und Maschine maßgeblich. Als zentrales Element dieser Interaktion wird die Beschreibung des konturgebenden Werkzeugpfades herangezogen, wodurch ein eindeutiger Bezug von Werkstück und Werkzeug zueinander über die Lage und Orientierung im Raum definiert ist. Dieser maschinenunabhängige CAM-Werkzeugpfad liegt mit seinen Positionskoordinaten, Orientierungen sowie der während dieses Verlaufs gewählten Schnitt- und Technologiewerte im 3D-Raum als CLSF-Datei (Cutter Location Source File) vor [WELL19]. Der CLSF-Standard in der CAM-Software *Siemens NX 12.0* ist ein von der Sprache CLDATA (Cutter Location Data) nach [DIN74] abgeleiteter, herstellerspezifischer Dialekt und bildet die Grundlage zur Erstellung des NC-Programms, welches im Aufbau durch die in [DIN83] festgehaltene Befehlscodierung beschrieben ist und die für die Umsetzung des NC-Prozesses maschinenspezifischen Steuer- und Schaltbefehle als MPF-Datei (Machine Program File) enthält. Bei genauerer Betrachtung des Werkzeugpfads als Kernelement der CAM-Planung wird dieser wie auch das CAD-Bauteil auf ein oder sogar mehrere vom Anwender festgelegte, kartesische Koordinatensysteme im 3D-Raum referenziert. Diese Koordinatensysteme beschreiben dabei den Nullpunkt des Werkzeugpfades im CLSF-Standard und werden als Werkstückkoordinatensysteme (WKS) bezeichnet. Das WKS stimmt nicht zwangsläufig mit dem KKS des CAD-Bauteils überein, weshalb sich der Zusammenhang der beiden Koordinatensysteme über eine Transformationsbeziehung beschreiben lässt, die innerhalb der CLSF-Datei über den Befehl MSYS angegeben wird, Gleichung 5.1. Die MSYS-Werte werden in eine einfache ini-Konfigurationsdatei exportiert. Die Konstruktion wählt das KKS meist aus symmetrischen Überlegungen für eine effiziente Planung, während die CAM-Planung ein WKS definiert, das auf der Bearbeitungsmaschine, etwa durch einen NC-Messzyklus, messbar ist.

$$\text{MSYS} = (l_x, l_y, l_z, r_{0,x}, r_{0,y}, r_{0,z}, r_{1,x}, r_{1,y}, r_{1,z}) \tag{5.1}$$

Die Parameter l_x, l_y und l_z definieren dabei die translatorischen Verschiebungskoordinaten der Translationsmatrix $T_{l,kks\rightarrow wks}$ des WKS in Bezug aufs feststehende KKS. Über die verbleibenden Parameter $r_{i,j\in[x,y,z]}$ aus Gleichung 5.1 werden die ersten beiden Ausrichtungsvektoren des WKS in Bezug auf das KKS beschrieben, wodurch das verschobene Koordinatensystem anhand dieser Parameter über die Rotationsmatrix $T_{r,kks\rightarrow wks}$ rotiert werden kann. In dieser Reihenfolge kommutativ multipliziert ergibt sich daraus die Transformationsmatrix $T_{kks\rightarrow wks}$, wodurch das KKS in das WKS überführt werden kann, Gleichung 5.2.

$$T_{l,kks\rightarrow wks} \cdot T_{r,kks\rightarrow wks} = \begin{bmatrix} 1 & 0 & 0 & l_x \\ 0 & 1 & 0 & l_y \\ 0 & 0 & 1 & l_z \\ 0 & 0 & 0 & 1 \end{bmatrix} \cdot \begin{bmatrix} r_{0,x} & r_{1,x} & r_{0,y} \cdot r_{1,z} - r_{0,z} \cdot r_{1,y} & 0 \\ r_{0,y} & r_{1,y} & r_{0,z} \cdot r_{1,x} - r_{0,x} \cdot r_{1,z} & 0 \\ r_{0,z} & r_{1,z} & r_{0,x} \cdot r_{1,y} - r_{0,y} \cdot r_{1,x} & 0 \\ 0 & 0 & 0 & 1 \end{bmatrix} \tag{5.2}$$

Durch diese Beziehung ist es möglich, dass die spätere Frässimulations-Software die richtige Position des 3D-CAD-Werkstücks im Raum in Bezug auf die im Werkzeugpfad enthaltene Werkzeugbewegung für eine korrekte Eingriffsimulation setzen kann. Das WKS bildet später auch den Nullpunkt des über den Postprozessor erstellten maschinenspezifischen NC-Programms.

Neben dem Werkzeugpfad, der Transformationsmatrix sowie dem NC-Programm werden die im CAM-System benötigten und modellierten Werkzeuge mit ihren 3D-Geometriedaten automatisch im STL-Format in eine einfache Ordnerstruktur exportiert. Dazu wird die in Siemens NX 12.0 mögliche Journal-Technologie in Kombination mit der *NX Open API* nach [SWMS21] auf Basis von C# verwendet: Bei jedem Postprozessorlauf im CAM-System wird im ersten Schritt für jedes angelegte Werkzeug die zugrundeliegende Gesamtgeometrie des NX-internen Werkzeug-CAD-Modells in Bezug auf die Identifikation des Halter- und Schneidenbereichs analysiert. Nach der Identifikation werden die zwei ermittelten Bereiche jeweils einzeln als Facettenkörper im STL-Format mit den Namenskonventionen *NAME-cut.stl* sowie *NAME-nocut.stl* in den angelegten Ordner mit gleichem Namen exportiert. Jedes exportierte Werkzeug hat einen eindeutigen Namen, der gleichzeitig die Werkzeug-ID darstellt, die später auch im Werkzeugmagazin der NC-Steuerung verwendet wird. Die exportierten STL-Dateien werden innerhalb der Frässimulations-Software zur Nachbildung der Werkzeugbewegung verwendet. Die Übersicht aller CAM-Planungsdaten ist in Tabelle 5.2 aufgeführt.

Tabelle 5.2: Übersicht aller erforderlichen CAM-Planungsdaten

Bereich	**Datentyp**
CAM	NC-Programm mit Auftragsnummer (MPF-Format)
	3D-CAD-Modelle der eingesetzten Werkzeuge (STL-Format)
	Kinematische Transformationsmatrix KKS in WKS (ini-Format)

NC-Daten | Steuerungsinterne Daten aus der NC umfassen sämtliche Kontext-, Interpolations- und Sensordaten, die innerhalb der Steuerung einer Werkzeugmaschine erfasst und genutzt werden. Bei diesen Daten handelt es sich um eine Kombination aus den vorgegebenen Führungsgrößen des NC-Interpolators und den über Sensoren messbaren Istgrößen, wie der aktuellen Achspositionen zur Regelung einer definierten Relativbewegung zwischen Werkzeug und Werkstück [BREC19b]. Diese Unterscheidung in der NC-Datenerhebung hat zur Folge, dass die Gesamtmethodik zum einen als **Simulation** zur a-priori Vorhersage von Prozesskräften und zum anderen im **Realbetrieb** auf Basis von Messdaten im Rahmen der Prozessüberwachung eingesetzt werden kann. Es wird zwischen **kontinuierlichen NC-Signaldaten**, die mit fester Taktrate abgetastet werden, und **event-basierten NC-Signaldaten**, die durch spezifische Ereignisse ausgelöst werden, unterschieden. Für eine stabile Prozessführung benötigt die NC zusätzliche **NC-Kontextinformationen**. Dazu zählen Konfigurationsdaten, Nullpunktverschiebungen sowie Werkzeugdaten.

NC-Signaldaten | Die Erfassung der NC-Signaldaten als zentrale Grunddatenquelle für die weitere Modellierung wird anhand des Steuerungstyps *SINUMERIK 840D sl 4.8* an der Demonstrator-Maschine *Heller HF3500* erläutert, Kapitel 4.1. Über die herstellerspezifische Schnittstelle *SINUMERIK Integrate Create MyHMI* können NC-Signaldaten auf ein sog. Edge-Device übertragen werden. Konkret werden die Komponenten und Antriebsachsen der *SINUMERIK 840D sl 4.8* über den Feldbus-Standard *ProfiNET* mit zyklischen Sollwert-Telegrammen im 500 Hz-Lageregeltakt aus dem NC-Kern versorgt. Die Sollwerte sowie die im jeweiligen Takt zurückgesendeten Istwert-Telegramme können über die herstellerspezifische Schnittstelle auf dem Edge-Device mit gleicher Taktrate ausgelesen werden. Die Verbindung zwischen NC und Edge-Device erfolgt über das TCP/IP-Protokoll über die *SINUMERIK*-Schnittstellen *X120* oder *X130*. Hierfür wird ein sog. am WZL entwickelter Trace-Service verwendet. Über diesen Service ist ein kontinuierlicher Zugriff auf die NC-Daten, darunter die NC-Signaldaten sowie die NC-Kontextinformationen, möglich. Über eine lokale Konfigurationsdatei wird festgelegt, welche NC-Signaldaten aufgezeichnet werden. Ebenso unterscheidet der Trace-Service über die Datenschnittstelle nicht zwischen einer Real-NC, hier vom Typ *SINUMERIK 840D sl 4.8*, sowie einer Simulations-NC, hier in Form des virtuellen SIEMENS-Steuerungskerns *VNCK*. Somit kann über die Konfiguration festgelegt werden, ob NC-Sollwerte des Interpolators zur Simulation oder NC-Istwerte aus den maschinenintegrierten Sensoren im Lageregeltakt für den Realbetrieb während des NC-Prozesses erfasst werden. Diese technische Voraussetzung ermöglicht innerhalb der zu erweiternden Frässimulations-Software sowohl den **Simulationsbetrieb** zur Vorhersage von Prozesskräften als auch den **Realbetrieb** im Rahmen der Prozessüberwachung zum Abgleich von gemessenen zu vorhergesagten Prozesskräften. Unterschieden werden die NC-Signaldaten in eventbasierte und kontinuierliche NC-Signaldaten. Die zugehörigen Datenformate werden zum Ende des Abschnitts "NC-Signaldaten" betrachtet.

Eventbasierte NC-Signaldaten sind Ereignisse, die asynchron gemeldet werden, wenn sich ein überwachter Wert verändert. Der Informationsgehalt rechtfertigt dabei keine kontinuierliche Aufzeichnung. Im Rahmen der vorliegenden Arbeit werden die in Tabelle 5.3 aufgeführten Daten bei ihrer Auslösung auf dem Edge-Device erfasst, darunter der aktuelle, absolute Zeitstempel. In Verbindung mit der erfassten Werkzeug-ID des aktuell eingesetzten Werkzeugs ist eine Zuordnung zu den später eingeführten, weiteren Werkzeugdaten möglich.

Tabelle 5.3: Übersicht aller erforderlichen eventbasierten NC-Signaldaten

Bereich	Variablentyp	Datentyp
NC-Eventdaten	Absoluter Zeitstempel	int: {val: 3022029112}
	NC-Programmname	string: {name: ./PName.mpf}
	Override Vorschub	double: {percent: 93,34}
	Override Spindeldrehzahl	double: {percent: 80,65}
	Aktive Werkzeugnummer	int: {uniqueID: 3}
	Nullpunktverschiebungen in X, Y, Z, A, C	double: {fine: 0,0; coarse: -18,817}
	Aktivierter Nullpunkt	int: {val: 55}

Kontinuierliche NC-Signaldaten werden dem Namen inbegriffen kontinuierlich im Lageregeltakt des Lageregelkreises erfasst. Die im Rahmen der Dissertation erfassten, kontinuierlichen NC-Signaldaten sind in Tabelle 5.4 aufgeführt. Alle kontinuierlichen NC-Signaldaten, darunter die Achspositionsdaten, werden dabei im Maschinenkoordinatensystem (MKS) erfasst. Die Daten, die lediglich im Realbetrieb zur Verfügung stehen, sind in der Tabelle gekennzeichnet.

NC-Kontextinformationen | Als Unterkategorie der NC-Kontextinformationen beschreiben die NC-Konfigurationsdaten die Maschinenkonfiguration und fungieren als Mechanismus zur Anpassung der NC an eine individuelle Werkzeugmaschine. Dadurch wird die separate und/oder synchronisierte Steuerung ihrer Komponenten und Achsen ermöglicht. Die späteren NC-Signaldaten berücksichtigen implizit diese Vorab-Konfiguration, beispielsweise durch die Vorgabe von Geschwindigkeits- und Beschleunigungsgrenzen. Sie wird bei der Inbetriebnahme der Werkzeugmaschine erstellt. Zur Sicherung einer erstellten NC-Maschinenkonfiguration kann diese in ein steuerungsabhängiges Dateiformat exportiert werden, wie z. B. das hier verwendete Inbetriebnahme-Archiv (IBN-Archiv) im

ARC-Format für Steuerungen des Typs *SINUMERIK 840D sl 4.8*. Detaillierte Informationen zur Bahnsteuerung beim Steuerungstyp *SINUMERIK 840D sl 4.8* inklusive der relevanten Funktionsumfänge und Achsgrenzen sind in [SIEM18a; BREC19b] beschrieben.

Tabelle 5.4: Übersicht aller erforderlichen kontinuierlichen NC-Signaldaten

Bereich	Variablentyp	Datentyp
NC-Signaldaten	Absoluter Zeitstempel	int
	Positionswert Linearachsen X, Y, Z	double
	Positionswert Drehachsen A, C	double
	Antriebsstrom Linearachsen X, Y, Z (Realbetrieb)	double
	Antriebsstrom Hauptspindel (Realbetrieb)	double
	Drehmomentsollwert Hauptspindel (Realbetrieb)	double
	Spindeldrehzahl	double
	NC-Satznummer	int
	Gemessene Prozesskraft in X, Y, Z	double

Zur Transformation der NC-Daten vom MKS in das WKS ist die Beschreibung der kinematischen Verkettung von Hauptspindel und Vorschubachsen der Werkzeugmaschine zur virtuellen Nachbildung des Werkzeugpfades im Produktionsprozess in der Frässimulations-Software erforderlich. Die strukturierte Darstellung dieser kinematischen Transformationskette ist ebenfalls im IBN-Archiv enthalten und wird detailliert in [SIEM18b] beschrieben. Zur Herleitung der Transformationsmatrix zur Beschreibung der kinematischen Kette der Demonstratormaschine *Heller HF3500* wird diese zusätzlich in Abbildung 5.1 veranschaulicht.

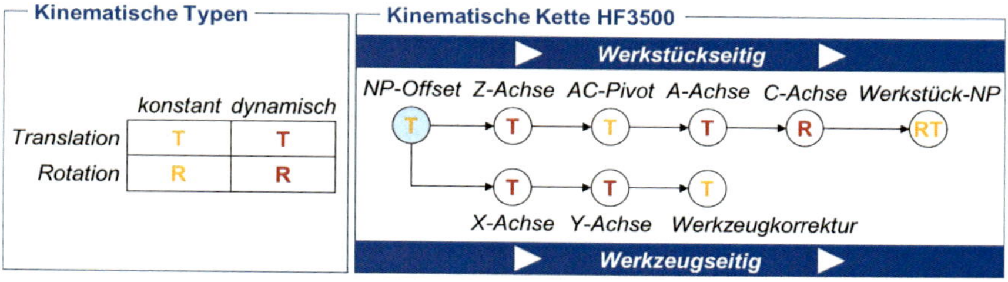

Abbildung 5.1: Kinematische Kette der *Heller HF3500*
Kinematic chain of the Heller HF3500

Ausgehend von einem mechanisch fixierten Wurzelelement wird eine sukzessive Kette definiert, von der parallel verlaufende Teilketten abzweigen. Diese Ketten setzen sich aus Elementen zusammen, die die Transformation vom vorherigen lokalen Koordinatensystem in das aktuelle lokale Koordinatensystem beschreiben. Diese kinematischen Elemente werden in der Frässimulations-Software zur virtuellen Nachbildung des NC-Prozesses durch konstante oder maschinenpositionsabhängige, homogene Translations- und Rotationsmatrizen repräsentiert.

Da die zu erweiternde NC-Prozesssimulation im WKS stattfindet, ist der Startpunkt der Betrachtung der werkstückseitigen kinematischen Kette im Werkstücknullpunkt festgelegt. Wird die in Abbildung

5.1 dargestellte Gesamtkette der Kinematik vom Startpunkt WKS hin zum werkzeugseitigen TCP, der als Zentrum der Werkzeugperspektive und des Fräsprozesses gilt, abgerollt, so lassen sich über die in Gleichung 5.3 formulierten Transformationsmatrizen die Positionen X_{wks}, Y_{wks}, X_{wks}, sowie die Orientierungen $O_{x,wks}$, $O_{y,wks}$, $O_{z,wks}$ des jeweiligen Werkzeugs im WKS aus den Positionen im MKS berechnen. Die Lageberechnung im WKS ist dabei abhängig von den Achspositionen X_{mks}, Y_{mks}, Z_{mks}, A_{mks} und C_{mks}, der Länge $l_{wkz,i}$ des aktuellen Werkzeugs i sowie von der Nullpunktverschiebung j zwischen MKS und WKS, $X_{npv,j}$, $Y_{npv,j}$, $Z_{npv,j}$, $A_{npv,j}$ und $C_{npv,j}$.

$$\begin{bmatrix} O_{x,wks} & X_{wks} \\ O_{y,wks} & Y_{wks} \\ O_{z,wks} & Z_{wks} \\ 0 & 1 \end{bmatrix} = T_{l,wkz_i} \cdot T_{l,y} \cdot T_{l,x} \cdot T_{l,z} \cdot T_{l,ac,piv} \cdot T_{r,a} \cdot T_{r,c} \cdot T_{l\,npv_j} \cdot \begin{bmatrix} 0 & 0 \\ 0 & 0 \\ 1 & 0 \\ 0 & 1 \end{bmatrix} \tag{5.3}$$

Die linearen Transformationsmatrizen $T_{l,x}$, $T_{l,y}$, $T_{l,z}$ der translatorischen Achsbewegungen aus Gleichung 5.3 sind vom Typ linear-dynamisch und verarbeiten als Input die Achspositionen X_{mks}, Y_{mks}, Z_{mks}. Die Positionierung der tischseitigen Dreh-Schwenk-Einheit erfolgt über die Einzeltransformationsmatrizen $T_{l,ac,piv}$, $T_{r,a}$ und $T_{r,c}$ aus Gleichung 5.3, wobei $T_{l,ac,piv}$ die Translationsmatrix zum Pivotpunkt der A-C-Dreh-Schwenk-Einheit bildet. Diese sind sowohl vom Typ linear-konstant als auch vom Typ rotatorisch-dynamisch. Über das IBN-Archiv werden automatisch die für die kinematische Transformation erforderlichen Parameter, z. B. der Aufbau der Kettenelemente mit den maschinenabhängigen Konstantwerten wie der Pivotpunkt, in das ini-Format überführt, wodurch die Frässimulations-Software die Gesamttransformationsmatrix $T_{mks \rightarrow wks}$ erhält, Tabelle 5.5.

Nullpunktverschiebungen werden in der Regel für jeden Prozess individuell angepasst, sodass eine stabile NC-Prozessführung gewährleistet ist. Die Lage des NC-Programm-Nullpunktes wird über die CAM-Programmierung definiert, wodurch die entsprechenden Positionen $X_{npv,j}$, $Y_{npv,j}$, $Z_{npv,j}$, $A_{npv,j}$, $C_{npv,j}$ auf der Werkzeugmaschine eingemessen werden können und die im WKS definierte Lage des Bauteils im Arbeitsraum relativ zum Nullpunkt des feststehenden MKS festgelegt ist. Für jeden Einmessvorgang j können diese Verschiebungen in die Transformationsmatrix T_{lr,npv_j} überführt werden. Die aktiven Nullpunktverschiebungen können sich durch die im NC-Programm definierte Nullpunktwahl über den Prozess verändern. Daher werden die Nullpunktverschiebungen pro Achse als NC-Kontextinformationen direkt über die eventbasierten NC-Signaldaten ausgelesen. Tabelle 5.5 zeigt die für die Nullpunktverschiebungen relevanten Informationen der *HF3500*.

Die NC-Werkzeugdaten in den NC-Werkzeugtabellen müssen in der Regel für jeden durchzuführenden Prozess individuell angepasst und aktualisiert werden. Gerade bei einer hohen Bauteildiversität und Variantenvielfalt wird eine Vielzahl verschiedener Werkzeuge benötigt. Die notwendigen Werkzeuge werden durch die Arbeitsvorbereitung festgelegt und in ein sog. Einrichteblatt inklusive Werkzeugliste überführt. Dort sind Sollinformationen über Hersteller, eine im Unternehmen eingeführte Werkzeug-ID sowie geometrische Informationen wie Radius und Länge hinterlegt. Für die Einrichtung auf der Werkzeugmaschine und der NC-Steuerung wird das erforderliche Werkzeug als Ressource über die Werkzeug-ID nach aktuellem Stand der Technik digital gebucht, im Anschluss mithilfe eines Werkzeugeinstellgerätes zusammengebaut und geometrisch vermessen. Die erhaltenen Ist-Informationen müssen im Anschluss auf der NC-Steuerung hinterlegt werden, da diese unter anderem die Radius- und Längenkompensation der NC-Steuerung beeinflussen. Die Werkzeugdaten auf der NC-Steuerung umfassen dabei Stamm-, Geometrie- und Korrekturdaten.

Da sich die Werkzeugdaten kontinuierlich ändern, werden diese bei jedem NC-Start eines Prozesses automatisch ausgelesen. Konkret handelt es sich dabei um Informationen zur Werkzeuglänge $l_{wkz,i}$, zum Werkzeugradius $r_{wkz,i}$, zum Werkzeugnamen, zum Magazinplatz i, zur Anzahl der Werkzeugschneiden J_i, zum Werkzeugschneidenradius $rz_{wkz,i}$ sowie zum Helixwinkel $\lambda_{wkz,i}$ des Werkzeugs. Anhand von $l_{wkz,i}$ wird die Verschiebung um die Werkzeuglänge in Werkzeugachsrichtung in T_{l,wkz_i} berücksichtigt, Gleichung 5.3. Zuletzt werden die strukturmechanischen, vereinfachten Werkzeugsteifigkeiten ebenfalls an das jeweilige Werkzeug zur späteren Ermittlung der kraftbedingten Pfadabweichung angehängt. Der Datenzugriff auf die notwendigen Werkzeugdaten erfolgt bei Steuerungen vom Typ *SINUMERIK 840D sl 4.8* über die herstellerspezifischen Schnittstellen, vgl. Abschnitt "NC-Signaldaten". Das Datenformat der Werkzeugdaten wird im folgenden Absatz zusammen mit den Formaten der weiteren NC-Signaldaten beschrieben. Dabei werden die letztgenannten Daten direkt innerhalb des Datenformats integriert, da sie bisher nicht über die NC-Steuerung ermittelt werden. Insgesamt zeigt Tabelle 5.5 alle innerhalb der Frässimulations-Software verwendeten NC-Werkzeugdaten.

Tabelle 5.5: Übersicht aller erforderlichen NC-Kontextinformationen

Bereich	**Datentyp**
NC-Konfiguration	Kinematische Transformationsmatrix MKS in WKS (ini-Format)
NC-NPV	Nullpunkt-Positionswerte $X_{npv,j}$, $Y_{npv,j}$, $Z_{npv,j}$, $A_{npv,j}$, $C_{npv,j}$ (JSON-Format)
NC-Werkzeug	Geometriedaten $l_{wkz,i}$, $r_{wkz,i}$, J_i, $rz_{wkz,i}$, $\lambda_{wkz,i}$ (JSON-Format)
	Organisationsdaten: Magazinplatz i, Werkzeugname *name* (JSON-Format)
	Strukturmechanische Werkzeugsteifigkeiten $k_{wkz,i}$ (JSON-Format)

Fügt man die verschiedenen NC-Daten zusammen, die sich in ihren Typen, Werten und Taktraten unterscheiden, bildet sich das sog. Trace-Setup, eine Art ortsbezogene "Spur" der Werkzeugmaschine und damit ein erster Schritt zur Schaffung des ortsbezogenen Kontextes für die spätere Prozesskraftmodellierung. Jedes Trace-Setup kann sowohl "live" als auch bei nicht direkt nachgelagerter Datenverarbeitung "offline" für beide Betriebsarten Simulation und Realbetrieb genutzt werden. Dazu strukturieren die beiden Betriebsarten mit ihren Soll- und Istdaten aus VNCK/NC das Trace-Setup im JSON-Format (engl.: JavaScript Object Notation) und stellen es dem MQTT-Broker (engl.: Message Queuing Telemetry Transport) über zu abonnierende Topics innerhalb der Dateninfrastruktur zur Verfügung, Kapitel 7. Diese Topics werden entweder direkt abonniert ("Live-Betrieb") oder im JSON-Format gespeichert ("Offline-Betrieb"). Über das Topic *Tools* werden die erforderlichen NC-Werkzeugdaten (Durchmesser, Länge, Schneidenzahl etc.) zur Verfügung gestellt. Das Topic *Event* enthält eventbasierte Informationen wie den aktuellen Nullpunkt. Das Topic *Base* enthält die kontinuierlichen NC-Signaldaten. Die JSON-Struktur der drei relevanten NC-Daten zeigt Abbildung 5.2. *Base* beinhaltet für mehrere Zeitschritte im Paket jeweils ein Objekt mit den zwei Eigenschaften *header* und *payload*. Der Wert der Eigenschaft *header* ist dabei ein Array bestehend aus mehreren Zeichenketten, die die Variablentypen der Maschine klassifizieren. Der Wert der Eigenschaft *payload* sind mehrere Arrays in einem zusammengefassten Array, die die jeweiligen Werte der Variablentypen in einem Paket, also für mehrere Zeitschritte, angeben.

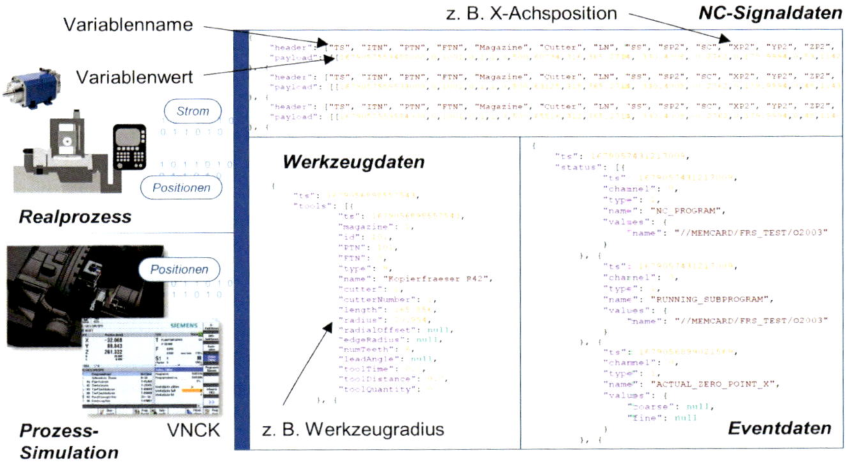

Abbildung 5.2: Aufbau der NC-Daten im JSON-Format für Simulation- und Realbetrieb

Structure of NC data in JSON format for simulation and real operation

CAQ-Daten | Im Rahmen der Dissertation spielt die Bauteilqualität gerade in der NC-Simulation zur Vorauslegung von NC-Prozessen eine große Rolle. Dazu werden die gefertigten Werkstücke mittels taktilem Messverfahren nach [PFEI10; WECK12; KEFE15] entlang definierter Messtasterpfade auf einem Koordinatenmessgerät (KMG) physisch abgetastet. Die mittels KMG erfassten Messpunkte werden in Form von dreidimensionalen kartesischen Punktewolken im Qualitätskoordinatensystem (QKS) gespeichert. Die Messpunkte werden im einfachen txt-Format mit Position und Orientierung im Raum exportiert.

Bei taktilen Messverfahren besteht die Möglichkeit, die 3D-Oberflächenabweichungen des gefertigten Ist-Bauteils zum Sollbauteil mittels der im dreidimensionalen Koordinatenraum $\mathbb{R}^3$ erfassten Messpunkte auszuwerten: Über die erfasste 3D-Punktewolke ist eine Rekonstruktion der Oberflächengestalt über ein geeignetes 3D-Triangulationsverfahren möglich, das implizit alle definierten Maß-, Form- und Lageabweichungen erfasst. Im Rahmen der Arbeit werden Maß- und Formabweichungen von Gestaltabweichungen 1. und 2. Ordnung (Formabweichungen und Welligkeit) berücksichtigt. Als Grundlage dazu haben WIESCH, BRECHER ET AL. Ansätze vorgestellt, die innerhalb der am WZL entwickelten Frässimulations-Software Maß- und Formabweichungen am virtuellen Bauteil über ein virtuelles KMG ermitteln können [BREC19a; BREC19c; HUAN22a]. Dazu werden die Dexelstart- und Endpunkte des virtuellen Bauteils im $\mathbb{R}^3$ als virtuelle 3D-Punktewolke in einen facettierten Dreiecks-Hüllkörper aus verbundenen Hüllflächen überführt, sodass die Bauteiloberfläche virtuell rekonstruiert wird. Gleiches wird für die mittels KMG real abgetastete 3D-Punktewolke des gefertigten Bauteils durchgeführt, wodurch ebenfalls eine virtuelle Bauteilrepräsentation entsteht. Im Anschluss können die infinitesimalen 3D-Flächenabstände der beiden virtuellen 3D-Bauteilrepräsentationen zum Sollbauteil bestimmt werden. Das hier gewählte Verfahren zur Facettierung der Punktewolke ist die Triangulation nach DELAUNAY [DELA34], welche WELLMANN bereits auf 3D-Punktewolken von Werkstücken angewendet hat [WELL19, S. 86-90].

Liegen triangulierte Hüllkörper nach der DELAUNAY-Triangulation im $\mathbb{R}^3$ vor, werden die geometrischen Abweichungen im $\mathbb{R}^3$ von mindestens zwei 3D-Oberflächen-Rekonstruktionen ermittelt. Für das Realbauteil wird die KMG-Messung auf Basis des 3D-CAD-Modells des Sollbauteils eingestellt, wodurch eine kinematische Transformation vom QKS ins KKS möglich ist. Die erfassten Messpunkte als 3D-Punktewolke liegen im QKS vor und werden über die analog zu Kapitel 5.1 aufgebaute Transformationsbeziehung ins KKS und von dort über die bereits bekannte Beziehung aus Gleichung 5.1 ins WKS überführt, wodurch beide 3D-Objekte im virtuellen Raum eine eindeutige Bezugsreferenz aufweisen. Beim anschließenden geometrischen Abgleich zwischen dem triangulierten Hüllkörper und dem ebenfalls facettierten STL-Modell des Sollbauteils wird für jeden Punkt aus der ersten Punktewolke der nächstgelegene Punkt der zweiten Punktewolke bestimmt, womit es sich um ein "Nearest-Neighbour-Problem" handelt. Zur Lösung wird ein k-dimensionaler Baum (kurz: KD-Baum) nach BENTLEY verwendet, der diesen Suchvorgang aufgrund seiner definierten Datenstruktur deutlich beschleunigt, indem er erlaubt, Punkte aus dem k-dimensionalen Raum organisiert zu speichern [BENT75]. Der Betrag der ermittelten Distanzen im $\mathbb{R}^3$ wird im Anschluss an die Koordinaten des gewählten Vergleichsobjektes als vierte Dimension angeheftet und im Anschluss als sog. C-Map mittels Farbskala farblich hervorgehoben, Abbildung 5.3. In der gewählten Farbskala bedeutet die Farbe Grün eine geringe bis keine Abweichung an der jeweiligen lokalen Stelle zum räumlichen Referenzobjekt. Die Farben Blau und Rot bedeuten jeweils eine erhöhte Abweichung an der Betrachtungsstelle. Rot bedeutet, dass mehr Material im Vergleich zum Referenzobjekt übrig ist, blau, dass zu viel Material entfernt wurde.

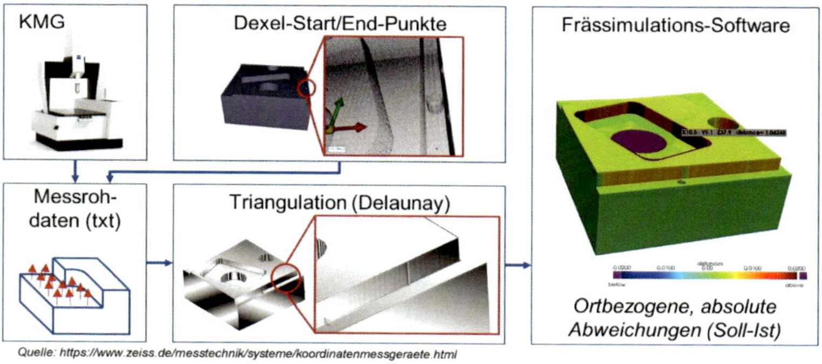

Quelle: https://www.zeiss.de/messtechnik/systeme/koordinatenmessgeraete.html

Abbildung 5.3: KMG-Messverfahren und Informationsnutzung von CAQ-Daten

CMM measurement process and information utilization of CAQ data

Das Verfahren zum 3D-Abgleich wird ebenfalls für die in der Frässimulations-Software generierte 3D-Punktewolke aus Dexelstart- und -endpunkten des virtuell gefertigten Bauteils angewendet. Über die Anpassung der Dexelauflösung können dabei die generierten Dreiecks-Facettenflächen minimiert werden, wodurch die Anfälligkeit für einen "falschen" Flächenvergleich zweier zu vergleichender Bauteile minimiert wird. Solch ein Risiko entsteht bei größeren Dreiecks-Facettenflächen mit unterschiedlichen Orientierungen im Raum, wodurch sich nicht zu vergleichende Flächenelemente eventuell schneiden und somit als geringste Abweichung falsch identifiziert werden. Die in der Frässimulation ermittelten 3D-Koordinaten liegen bereits im WKS vor und können somit ohne weitere Transformation mit dem Sollbauteil abgeglichen werden. Auch der direkte Abgleich zwischen beiden 3D-Objekten aus realer KMG-Messung und virtueller Messung in der Frässimulation ist möglich. Im Nachgang bilden die ermittelten, absoluten Maßabweichungen in der NC-Simulation die Grundlage, erwartbare Prozesskräfte für nächste Fertigungsoperationen, wie z. B. den Schlichtschnitt, vorherzusagen. Dadurch können Auswirkungen von stehen gebliebenem Material, beispielsweise durch eine erhöhte kraftbedingte Werkzeugabdrängung oder durch einen Programmfehler, realitätsnah bestimmt werden. Die Übersicht aller erforderlichen CAQ-Daten ist in Tabelle 5.6 aufgeführt.

Tabelle 5.6: Übersicht aller erforderlichen CAQ-Daten

Bereich	Datentyp
CAQ	Triangulierte 3D-Werkstückgeometrien von Fertig- und Sollbauteil (STL-Format)
	Positionsbedingte, absolute Maßabweichungen als C-Map (txt-Format)
	Kinematische Transformationsmatrix QKS in WKS (ini-Format)

Übersicht CAx-Daten | Abbildung 5.4 zeigt die für die Modellentwicklung relevanten Daten und Informationen entlang der CAx-Prozesskette in ihrer Darstellung und Nutzung innerhalb der zu erweiternden Frässimulations-Software auf Basis der am WZL entwickelten Materialabtragsimulation. Der zu erweiternde Demonstrator nutzt das definierte Trace-Setup inklusive der vorherigen Konfigurationsdaten zur virtuellen Abbildung des NC-Fräsprozesses, möglich im Real- und Simulationsbetrieb sowie im direkten Live- sowie Offline-Betrieb. Beispielsweise wird innerhalb der Abbildung der prozesskraftbedingte Hauptspindelstrom I_{sp} aus den NC-Signaldaten auf der virtuellen Bauteiloberfläche farblich markiert, wodurch die Belastung auf das Werkzeug in bestimmten Prozesssituationen, z. B. in den Taschenecken, analysiert werden kann. Über die bereits (teil-)gekoppelten Daten und Informationen aus den verschiedenen Quellen besteht die Möglichkeit, auf die in den NC-Signaldaten enthaltene NC-Satznummer des NC-Programms sowie auf das eingesetzte Werkzeug zu schließen. Eine Prozessabweichung, z. B. eine erhöhte Prozesskraft oder qualitative Formabweichung, kann schnell ortsbezogen auf den aktuellen Kontext, z. B. den aktiven NC-Satz oder Vorschub-Override, geschlossen werden. Diese kontextgebende Gesamtdatenstruktur innerhalb der Frässimulations-Software ist Basis für das übergreifend lernende Vorhersagesystem für Prozesskräfte beim Fräsen. Dazu müssen diese Grunddaten weiterverarbeitet und synchronisiert werden, Kapitel 5.2.

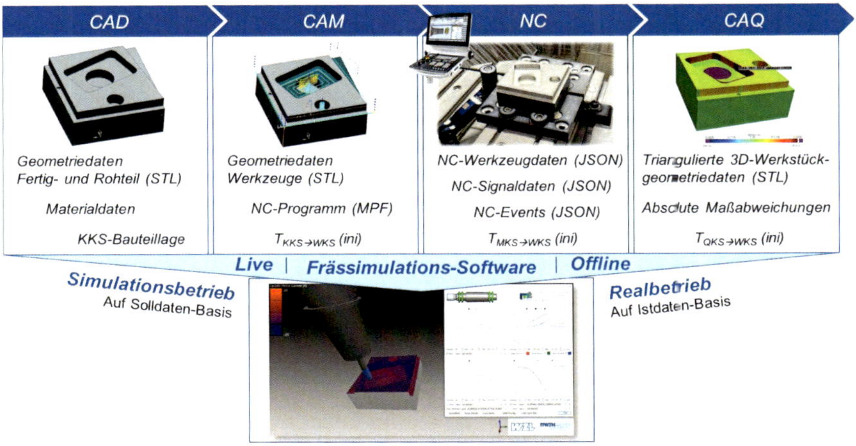

Abbildung 5.4: Informationsnutzung entlang der CAx-Prozesskette
Information utilization along the CAx process chain

5.2 Datenveredelung der CAx-Daten aus der Werkzeugperspektive

Data refinement of CAx data from the tool perspective

Prozesskräfte beim Fräsen entstehen aufgrund der mechanischen Reib- und Trennenergie sowie der überlagerten kinematischen Bewegung von Vorschub und Rotation in Bezug auf die Schneiden. Demnach spielen die Werkzeug- und Schneidengeometrie sowie die Werkstoff-Schneidstoff-Kombination eine entscheidende Rolle bei der Ausbildung von Prozesskräften. Damit bildet die Interaktion des Werkzeugs und der Werkzeugschneide mit der Umgebung das zentrale Betrachtungsobjekt bei der Ermittlung von Prozesskräften. Daher fokussiert Kapitel 5.2 die Veredelung des im vorherigen Kapitel eingeführten Datenfundaments, sodass alle Daten mit ihrem jeweiligen Erfassungskontext auf das zentrale Betrachtungsobjekt, das Werkzeug, bezogen werden können. Durch den gemeinsamen Bezug auf das Werkzeug werden die Daten übergreifend vergleich- und auswertbar und bilden die Basis zur übergreifend lernenden Prozesskraftmodellierung.

Betrachtet man nach Abbildung 5.5 die Werkzeugperspektive von innen nach außen, indem man um das Werkzeug eine Bilanzhülle zieht, kann die Analogie eines sich bewegenden Objektes in einem nicht leeren Raum hergestellt werden, welches mit Einflüssen von außen interagieren muss. Durch die Schaffung der Perspektive "Werkzeug" kann eine Vielzahl an verschiedenen Prozesssituationen je Werkzeug übergreifend analysiert werden, wodurch die Datengrundlage geschaffen wird, die die Komplexität des Modellansatzes der Prozesskraftvorhersage durchdringen kann.

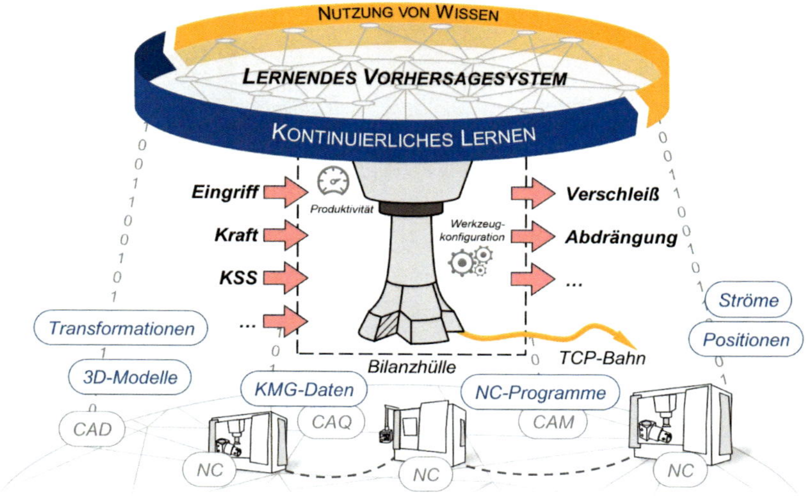

Abbildung 5.5: Eingeführte Perspektive in Form des Betrachtungsobjekts Werkzeug

Introduced perspective in the form of the viewing object Tool

Die direkt mit dem Werkzeug interagierenden Größen weisen die erforderliche Informationsgrundlage zur Beschreibung der wirkenden kraftbedingten Zusammenhänge auf, die aus den Rohdaten hergestellt werden müssen. In der Folge muss die in Kapitel 5.1 eingeführte, heterogene Datenbasis auf das Betrachtungsobjekt Werkzeug über die Bilanzhülle als direkte Eingangs- und Ausgangsgrößen sowie indirekte Kontextgrößen projiziert und transformiert werden, Abbildung 5.5. Neben der 3D-Werkzeuggeometrie werden detaillierte Werkzeugspezifikationen wie individuell ausgelegte Grundmaterialien, Beschichtungen, Spanleitstufen oder Spanbrechergeometrien innerhalb der Arbeit nicht berücksichtigt. Begründet wird dies mit dem Fokus der Untersuchung der Modellübertragbarkeit des zu entwickelnden, clusterbasierten Ansatzes auf unterschiedliche Bauteilgeometrien und Prozesssituationen bei gleicher Werkzeug-ID. Durch den hier eingeführten Werkzeugbezug der entstehenden Modelle werden werkzeugspezifische Einflüsse vorerst eliminiert. Eine zukünftige Erweiterung des Ansatzes um detaillierte Werkzeugspezifikationen kann eine differenzierte Rückführung werkzeugsspezifischer Einflüsse auf die vorherzusagende Prozesskraft ermöglichen.

5.2.1 Werkzeugperspektivische Synchronisierung der heterogenen Datenquellen

Tool perspective synchronization of heterogeneous data sources

Für einen eindeutigen Bezug der heterogenen Datenbasis auf die ortsbezogene Werkzeugperspektive ist eine entsprechende räumliche Transformation sowie zeitliche Synchronisierung der Daten erforderlich. Das bedeutet, dass alle heterogenen Datenquellen sowohl über einen zeitlichen Stempel als auch über einen räumlich-zeitlichen Bezug auf das Werkzeug als Betrachtungsobjekt überführt werden müssen. Daraus folgt die Einteilung in **räumliche Daten** im $\mathbb{R}^3$ und **zeitliche Daten** im $\mathbb{R}_t$ sowie deren Mischformen. Gerade über die Mischformen, z. B. die kontinuierlichen NC-Signaldaten mit Positions- und Zeitdaten, sind die heterogenen Datenquellen koppelbar.

Individuelle Koordinatensysteme entlang der CAx-Kette | Räumliche Daten sind Daten mit Raumbezug. Dazu gehören primär Positionsdaten im 3D-Raum, etwa geometrische Flächen und Körper der 3D-Bauteilgeometrie sowie positionsgebundene Kraftwirkrichtungen. In der Regel liegen räumliche Daten in den verschiedenen CAx-Systemen in individuellen Koordinatensystemen im $\mathbb{R}^3$ vor, wodurch bei direkter Datenzusammenführung, z. B. von Sollbauteil, Rohteil, CAM-Werkzeugpfad und NC-Signaldaten, räumliche Distanzen entstehen können, da die Lage der Koordinatensysteme in Bezug auf ein gemeinsames Referenzkoordinatensystem nicht berücksichtigt wird. Demzufolge wird die räumliche Synchronisierung nach Abbildung 5.6 links durchgeführt. In der Konstruktion wird das CAD-Modell des Sollbauteils im KKS erstellt und beim STL-Export implizit mit ausgegeben. Die Achspositionsdaten aus den kontinuierlichen NC-Signaldaten liegen dagegen im MKS vor. Gleiches gilt für die CAQ-Daten, Kapitel 5.1, die im QKS räumlich definiert sind. Die Interaktion des Betrachtungsobjekts Werkzeug mit dem zu zerspanenden Bauteil wird über die vorgegebene Werkzeugbahn im NC-Programm im WKS bestimmt. Somit eignet sich das WKS als Referenzkoordinatensystem, wozu die weiteren Systeme in der CAx-Kette referenzieren müssen, sodass alle räumlichen Daten im $\mathbb{R}^3$ in Bezug zueinander stehen. Zur kinematischen Transformation der heterogenen Koordinatensysteme im $\mathbb{R}^3$ in das WKS als Referenzsystem werden Transformationsmatrizen beschrieben, Kapitel 5.1. Die räumlichen Daten werden im Datenvektor D_{wks} zusammengefasst.

Zeitliche Daten aus dem eindimensionalen Zeitbereich $\mathbb{R}_t$ sind hingegen eine domänenübergreifende Mischform, die kontinuierlichen NC-Signaldaten mit absolutem Zeitstempel t und räumlichen Achspositionen im MKS, und werden in das WKS mit überführt. Im Anschluss wird der in den kontinuierlichen NC-Signaldaten sowie Eventdaten hinterlegte absolute Zeitstempel genutzt, um den Ortsbezug auch bei den weiteren zeitlichen Daten herzustellen. Das eigentliche Bezugsobjekt, das aktuelle Werkzeug, wird über die NC-Kontextdaten, wie die auf der Steuerung hinterlegten Werkzeugdaten, über die Event-Daten anhand der Werkzeugmagazinnummer gekoppelt. Über den Werkzeugnamen auf der Steuerung wird wiederum die Kopplung zu weiteren Werkzeugdaten aus der CAx-Kette, z. B. die 3D-Werkzeuggeometrie im STL-Format, umgesetzt. Dadurch erhalten alle räumlichen Daten die zeitliche Komponente t und ergeben somit den Datenvektor $D_{wks}^{[t]}$.

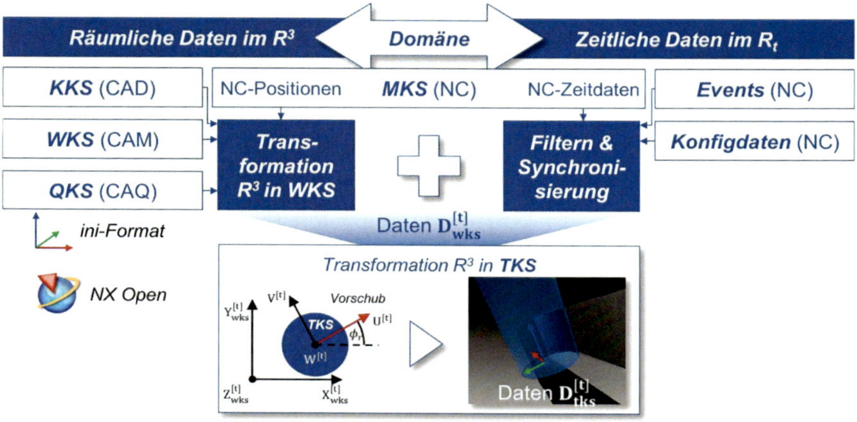

Abbildung 5.6: Transformations-Schema bei den verschiedenen Datentypen
Transformation schema for the various data types

Zur automatischen, kinematischen Transformation der positionsgebundenen, räumlichen Daten im $\mathbb{R}^3$ ins WKS wird das folgende Vorgehen umgesetzt: Innerhalb des Demonstartorszenarios wird für die *HF3500* mit *SINUMERIK 840D sl*-Steuerung das NC-Archiv im ARC-Format, Kapitel 5.1, eingelesen und verarbeitet, um die Transformationsmatrizen zur Überführung der im MKS aufgezeichneten NC-Signaldaten ins WKS automatisch zu generieren. Des Weiteren wird für die automatische Erstellung der weiteren Transformationsmatrizen der räumlichen CAD-, CAM- und CAQ-Daten der folgende Lösungsansatz gewählt: Für die CAD-, CAM- und CAQ-Planung wird *Siemens NX 12.0* eingesetzt. Über die in *Siemens NX 12.0* enthaltene Schnittstelle *NXOpen* besteht die Möglichkeit, die in der Software genutzten Koordinatensysteme und Transformationen mit ihren Parametern, etwa die Transformationsparameter vom KKS ins WKS nach Gleichung 5.1, automatisch zu exportieren. Zur Herstellung der Werkzeugperspektive im kartesischen Koordinatenraum im $\mathbb{R}^3$ wird darüber hinaus das nicht ortsfeste Werkzeugkoordinatensystem (TKS) eingeführt, Abbildung 5.6 unten. Gleichung 5.4 beschreibt die Transformationsmatrix eines zum Zeitpunkt t auf der Werkzeughüllfläche befindlichen Punktes $P_{wks}^{[t]}$ für die vorschubrichtungsabhängige Transformation vom ortsfesten WKS in das sich mit dem TCP bewegende TKS für einen 2,5D-Fräsprozess.

$$\vec{D}_{tks}^{[t]} = \begin{pmatrix} X_{tks}^{[t]} \\ Y_{tks}^{[t]} \\ Z_{tks}^{[t]} \\ 0 \end{pmatrix} = T_{wks \to tks}^{[t]} \cdot \vec{D}_{wks}^{[t]} = \begin{bmatrix} \cos\phi_r^{[t]} & -\sin\phi_r^{[t]} & 0 & 0 \\ \sin\phi_r^{[t]} & \cos\phi_r^{[t]} & 0 & 0 \\ 0 & 0 & 1 & 0 \\ 0 & 0 & 0 & 1 \end{bmatrix} \cdot \begin{pmatrix} X_{wks}^{[t]} - X_{tcp,wks}^{[t]} \\ Y_{wks}^{[t]} - Y_{tcp,wks}^{[t]} \\ Z_{wks}^{[t]} - Z_{tcp,wks}^{[t]} \\ 0 \end{pmatrix} \tag{5.4}$$

Der Koordinatenursprung des TKS bewegt sich mit dem TCP und nimmt kontinuierlich die Positionskoordinaten des WKS $P_{tcp,wks}^{[t]}$ zum Zeitpunkt t an. Im Anschluss wird die Differenz aller im WKS vorliegenden und verknüpften Positionsdaten $P_{wks}^{[t]}$, darunter die auf der Werkzeughüllfläche befindlichen Punkte, und den TCP-Positionskoordinaten $P_{tcp,wks}^{[t]}$ gebildet, wodurch das Werkzeug einen ortsfesten Bezug erhält. Aus Sicht des "mitfahrenden" TKS steht das Werkzeug. Die anschließende kinematische Transformation $T^{[t]}_{wks \to tks}$ der ortsfesten Positionsdaten zum Zeitpunkt t führt die Drehung in Vorschubrichtung um die Werkzeugachse durch, wodurch die Perspektive im TCP ihren Ursprung hat und in Richtung der Hauptvorschubachse U zeigt. Es spannt sich das TKS-Koordinatensystem U, V, W auf. Im Anschluss können alle positionsgebundenen Daten $D^{[t]}_{wks}$, darunter Positionsdaten, die Prozesskraftanteile F_x, F_y und F_z sowie die technologischen Achs- und Bahndaten in den jeweiligen Richtungen aus Kapitel 5.2.2, zur Prozesskraftmodellierung kontinuierlich in das vorschubrichtungsorientierte TKS in Abhängigkeit vom Vorschubrichtungswinkel $\phi^{[t]}_r$ nach Gleichung 5.4 transformiert werden und ergeben $D^{[t]}_{tks}$. Weitere Details sind in Kapitel 5.2.3 aufgeführt.

Filterung von Zeitreihendaten im $\mathbb{R}_t$ | Die für die spätere Prozesskraftmodellierung benötigten Signaldaten aus Kapitel 5.1 werden gefiltert. Die Signalfilterung wird vor allem bei den aufgezeichneten Prozesskraft- und Motorstromverläufen aus den NC-Signaldaten angewendet. Die Prozesskraft- und Motorstromdaten der Hauptspindel sowie der Vorschubachsen beinhalten aufgrund der Prozessdynamik hochfrequente, dynamische Anteile, die in einem ersten Schritt über eine FFT in den Frequenzbereich transformiert werden, sodass die anteiligen Signalfrequenzen und -amplituden im Frequenzspektrum dargestellt sind. Ziel der FFT ist es, den statischen Anteil aller aufgezeichneten Prozesskraftdaten pro Fräserumdrehung zu ermitteln, sodass abhängig von der Drehzahl des Fräsers ein dynamisches Betrachtungsfenster entsteht. Im Anschluss wird der Wert bei der Nullfrequenz f_0 als statischer Anteil ermittelt und als durchschnittlicher Kraftwert für die aktuelle Fräserumdrehung übernommen. Dadurch werden impulsartige Signalanstiege, beispielsweise durch Schneidenein- bzw. -austritte, eliminiert, die für die spätere statische Prozesskraftmodellierung vernachlässigbar sind. Die Filterung ist in der Frässimulations-Software integriert.

Bereinigung maschinenbedingter Störeinflüsse auf Zeitreihendaten im $\mathbb{R}_t$ | Die von den Maschinenantrieben zu bewegenden mechanischen Komponenten der jeweiligen Werkzeugmaschine, die zwischen dem Werkzeug und den Antrieben in Form von Führungen oder Kugelgewindetrieben montiert sind, haben Einfluss auf die NC-Signaldaten wie die momentenbildenden Antriebsströme. RUDOLF und BRECHER ET AL. beschreiben, dass in sog. Leerfahrten der Werkzeugmaschine ausschließlich geschwindigkeits-, beschleunigungs- und positionsabhängige Störanteile, z. B. Reibkraft- oder Haltekraftanteile, in den NC-Signaldaten enthalten sind [RUDO14; BREC15]. Auch ohne Lastwirkung am Werkzeug weisen diese Antriebssignale Werte auf, die dem Verhalten der Maschinenkomponenten im Antriebsstrang geschuldet sind. Innerhalb dieser Arbeit wird daher ein Teilansatz entwickelt, um die für den Aufbau des lernenden Vorhersagesystems im "Real-Betrieb" notwendigen NC-Signaldaten von den verschiedenen Störeinflüssen zu bereinigen. So werden vor allem Anteile abgebildet, die auf die Prozesskraftentwicklung zurückgeführt werden können. Ein wichtiges Element zur Ermittlung von Prozesskräften beim 3-Achs-Fräsen sind die momentenbildenden Antriebsströme der Maschinenachsen im MKS $I^{[t]}_{ges,x}$, $I^{[t]}_{ges,y}$, $I^{[t]}_{ges,z}$ sowie der Hauptspindel $I^{[t]}_{sp}$, die für eine verbesserte Prozesskraftmodellierung um ihre Störanteile bereinigt werden müssen.

Zur Bereinigung der Störanteile wird im einfachsten Fall das NC-Programm einmal als Leer- sowie einmal als Lastfahrt mit Bauteil abgefahren [BREC11]. In beiden Fällen werden die NC-Antriebssignale aufgezeichnet, die jeweils die gleichen Störanteile enthalten. Die bei der Leerfahrt gemessenen Antriebsströme werden dann punktweise von den Antriebsströmen der Lastfahrt mit Bearbeitung subtrahiert. Das Vorgehen setzt allerdings voraus, dass bei jeder Änderung der Prozess- und Bahnparameter eine entsprechende Leerfahrt neu durchgeführt werden muss, bevor ein Bauteil gefertigt werden kann. Deshalb eignet sich dieses Vorgehen nicht zur Prozesskraftmodellierung für unbekannte Fertigungssituationen, in denen die Störanteile in den Antriebssignalen aufgrund der neuen Werkzeugbahnen ohne neue Leerfahrt unbekannt sind.

Zur Modellierung der Störanteile wird ein lernender Modellansatz gewählt, der auf unbekannte Prozessparameter generalisierbar ist und in regelmäßigen Abständen bauteil- und maschinenabhängig neu angelernt werden muss. Zur Umsetzung werden innerhalb des Versuchssetups aus Kapitel 4.1 insgesamt vier Leerfahrten durchgeführt, bei denen die gleichen Werkzeugbahnen wie beim späteren Prozess abgefahren werden. Die einzelnen Leerfahrten unterscheiden sich lediglich in den gewählten Vorschüben und Spindeldrehzahlen. Diese werden auf Basis der Referenz-Prozessparameter aus dem zur Verfügung gestellten bauteilbezogenen NC-Programm variiert. Separate Leerfahrten pro Achse werden nicht durchgeführt. Auf Basis dieses Verfahrens wird ein ausreichender Variablenbereich für eine hinreichend genaue modellbasierte Vorhersage der Störanteile der Achsströme generiert, der sich um die Referenzparameter aus dem NC-Programm aufbaut. Zur Bereinigung der Antriebsdaten werden Entscheidungsbäume (engl.: Decision Trees) in Form von Regressionsbäumen verwendet, die Daten als Entscheidungsregeln abbilden [LOH11]. Dabei wird für jedes Achssignal $I^{[t]}_{ges,x}$, $I^{[t]}_{ges,y}$, $I^{[t]}_{ges,z}$ und $I^{[t]}_{sp}$ ein eigener Regressionsbaum aufgebaut. Als Eingangswerte dienen für die Linearachsen jeweils die Geschwindigkeits- $v^{[t]}_{x,mks}$, $v^{[t]}_{y,mks}$ $v^{[t]}_{z,mks}$ und Beschleunigungsdaten $a^{[t]}_{x,mks}$, $a^{[t]}_{y,mks}$ $a^{[t]}_{z,mks}$, die in Kapitel 5.2.2 aus den NC-Achspositionsdaten ermittelt werden. Für den Hauptspindelstrom $I^{[t]}_{sp}$ wird sowohl die Spindeldrehzahl $N^{[t]}$ als auch die Winkelbeschleunigung $\alpha^{[t]}_{sp}$ für die Berechnung genutzt. Die Regressionsbäume werden jeweils mit drei der durchgeführten Leerfahrten angelernt. Die zuletzt durchgeführte Leerfahrt wird als Testdatensatz genutzt, um die Vorhersagequalität des jeweiligen Regressionsbaums zu bewerten. Abbildung 5.7 zeigt die Vorhersagegenauigkeit der jeweiligen Regressionsbäume in Bezug auf den Testdatensatz.

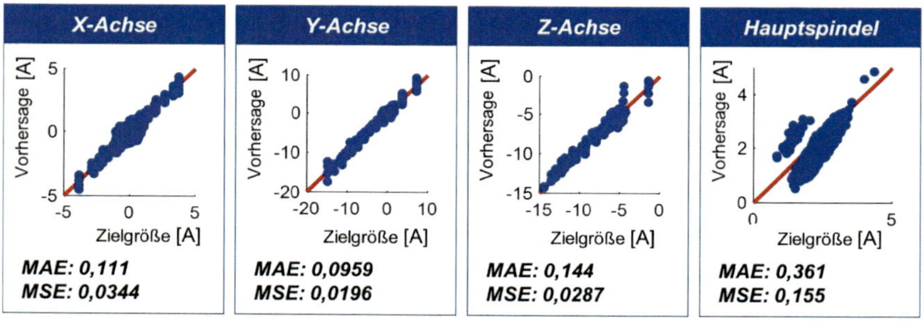

Abbildung 5.7: Modellgüte der Regressionsbäume zur Ermittlung der Störanteile

Model quality of the regression trees for determining the disturbance components

Abgebildet sind die vorhergesagten, achsbezogenen Störanteile $I^{[t]}_{stoer}$ der einzelnen Regressionsbäume gegen die erwarteten Zielwerte für die Demonstratormaschine *HF3500*. Die Regressionsbäume geben eine gute Näherung an die tatsächlich vorliegenden Antriebssignale wieder. Die Fehler in Form des MSE-Wertes der Linearachsen X, Y und Z sind im Verhältnis zum Wertebereich in den Plots klein. Der Fehler für den Hauptspindelstrom $I^{[t]}_{sp}$ liegt mit einem MSE-Wert von 0,155 A im Verhältnis zum Wertebereich im Plot sowie zu teils weit über 20 A bei schruppkraftbedingten Stromanteilen ebenfalls im akzeptablen Bereich. Die Störanteile $I^{[t]}_{stoer}$ werden im Anschluss achsbezogen vom aktuellen Gesamtantriebssignal $I^{[t]}_{ges}$ subtrahiert. Danach ist das verbleibende, prozesskraftbedingte Antriebssignal $I^{[t]}_{prozess}$ je Achse zur Prozesskraftmodellierung verfügbar, Gleichung 5.5.

$$I^{[t]}_{prozess} = I^{[t]}_{ges} - I^{[t]}_{stoer} \tag{5.5}$$

Synchronisierung von Zeitreihendaten verschiedener Quellen im $\mathbb{R}_t$ | Durch das Verknüpfen von Signalen unterschiedlicher Quellen kommt es häufig zu einem zeitlichen Versatz in den verschiedenen Zeitreihendaten. Gründe dafür sind u. a. verschiedene Signallängen durch nicht synchrone Start- und Stop-Befehle der Aufzeichnung sowie unterschiedliche, nicht absolute Zeitstempel. Im Fall der vorliegenden Arbeit gibt es einen zeitlichen Versatz zwischen den über die externe Zusatzsensorik mit 20 kHz erfassten Kraftsignalen, Kapitel 5.3.1, sowie den mit 500 Hz erfassten NC-Signaldaten, Kapitel 5.1. Die Minimierung des Versatzes der verschiedenen Zeitreihendomänen erfolgt automatisch über eine zeitliche Synchronisierung im statisch gefilterten Signalbereich. Das Referenzsignal bildet der prozesskraftbedingte Hauptspindelstrom I_{sp} mit absolutem Zeitstempel. Für die Synchronisierung wird die Kreuzkorrelationsfunktion für Leistungssignale, Gleichung 5.6, angewendet, über die speziell die innere Verwandtschaft zweier unabhängiger zeitverschobener Signale mit der Periodendauer T und der Zeitdifferenz Δt überprüft wird.

$$k_{12}(\Delta t) = \lim_{T\to\infty} \frac{1}{2T} \int_{-T}^{T} S_1(t) \cdot S_2(t + \Delta t)\, dt \tag{5.6}$$

Gleichung 5.6 beruht im Wesentlichen auf einem Faltungsintegral: Bei der Faltung eines Signals S_2 wird dieses jeweils um eine bestimmte Zeitdifferenz Δt verschoben, während das Referenzsignal S_1 festgehalten wird. Für jede Zeitverschiebung wird anschließend das Faltungsintegral gelöst. So kann über die gesamte Beobachtungszeit bei diskreter Zeitverschiebung der Wert der Kreuzkorrelationsfunktion bestimmt werden. Dabei ist der höchste Wert für k_{12} gleichbedeutend mit der höchstmöglichen Ähnlichkeit zwischen den erfassten Signalen S_1, hier der Hauptspindelstrom I_{sp} aus den NC-Signaldaten, und S_2, hier die aus der externen Zusatzsensorik errechnete Aktivprozesskraft F_a. Vor der Faltung wird das mit 20 kHz abgetastete Kraftsignal pro Fräserumdrehung als gleitende Fensterbreite statisch gefiltert und auf 500 Hz reduziert. Die Wahl der beiden Signaltypen beruht auf der Annahme, dass die Schnittkraft F_c einen deutlich höheren Gesamtkraftanteil als die Vorschubkraft F_f einnimmt und daher die Aktivkraft F_a mit der Schnitt- bzw. Tangentialkraft F_t angenähert gleichgesetzt werden kann. Über das aufzubringende Hauptspindeldrehmoment $\vec{M}_{sp}$ korreliert nicht nur die Tangentialkraft F_t, die über F_a angenähert wird, bei konstantem Hebelarm r_{wkz} des Werkzeugs mit diesem, sondern auch der Hauptspindelstrom I_{sp} multipliziert mit dem konstanten Regelfaktor $K_{I,sp}$ in der Regelstrecke zur Berechnung dieses Moments, Gleichung 5.7.

$$\vec{M}_{sp} = K_{I,sp} \cdot I_{sp} \sim F_c \cdot r_{wkz} \sim F_t \cdot r_{wkz} \tag{5.7}$$

Aufgrund der hohen Signalähnlichkeit können die zeitlichen Daten im $\mathbb{R}_t$ für die zu entwickelnde, statische Prozesskraftmodellierung ausreichend synchronisiert werden. Sobald S_1 und S_2 synchron sind, gilt dies auch für die weiteren NC-Daten über den absoluten Zeitstempel t.

5.2.2 Werkzeugperspektivische Veredelung durch technologische Aufbereitung

Tool perspective refinement through technological preparation

Die technologische Aufbereitung der erfassten Daten umfasst die Überführung der NC-Signaldaten aus Kapitel 5.1 in dynamische Achs- und Bahndaten als Grundlage der späteren Prozesskraftmodellierung. Dabei konzentrieren sich die dynamischen Achsdaten auf die Leistungsfähigkeit der individuellen Vorschubachsen, während die dynamischen Bahndaten die Trajektorie des TCP im dreidimensionalen Raum beschreiben, die sich aus der kinematischen Kette ergibt.

Dynamische Achsdaten | Die dynamischen Achsdaten ergeben sich aus der mehrfachen diskreten Ableitung der zeitlich diskret erfassten NC-Positionsdaten $\vec{P}_j$ im Koordinatensystem j zur Geschwindigkeit $\vec{v}_j$, Beschleunigung $\vec{a}_j$ und Ruck $\vec{r}_j$ der jeweiligen betrachteten Einzelachsen. Für beliebige drei- bis fünfachsige Werkzeugmaschinenkinematiken setzen sie sich aus den folgenden vektoriellen Anteilen zusammen, Gleichung 5.8.

$$\vec{P}_j^{[t]} = \begin{pmatrix} X_j^{[t]} \\ Y_j^{[t]} \\ Z_j^{[t]} \\ A_j^{[t]} \\ B_j^{[t]} \\ C_j^{[t]} \end{pmatrix}, \vec{v}_j^{[t]} = \begin{pmatrix} v_{x,j}^{[t]} \\ v_{y,j}^{[t]} \\ v_{z,j}^{[t]} \\ v_{a,j}^{[t]} \\ v_{b,j}^{[t]} \\ v_{c,j}^{[t]} \end{pmatrix}, \vec{a}_j^{[t]} = \begin{pmatrix} a_{x,j}^{[t]} \\ a_{y,j}^{[t]} \\ a_{z,j}^{[t]} \\ a_{a,j}^{[t]} \\ a_{b,j}^{[t]} \\ a_{c,j}^{[t]} \end{pmatrix}, \vec{r}_j^{[t]} = \begin{pmatrix} r_{x,j}^{[t]} \\ r_{y,j}^{[t]} \\ r_{z,j}^{[t]} \\ r_{a,j}^{[t]} \\ r_{b,j}^{[t]} \\ r_{c,j}^{[t]} \end{pmatrix} \tag{5.8}$$

Die zur Ermittlung zugrundeliegenden NC-Achspositionsdaten $\vec{P}_j$ können sowohl auf Basis der Lageist- als auch der Lagesollwerte in den NC-Signaldaten enthalten sein, Kapitel 5.1. Im Anschluss können über das Verfahren der Rückwärtsdifferenzen schrittweise die diskreten zeitlichen Ableitungen aus dem NC-Achspositionsvektor ermittelt werden, Gleichung 5.9.

$$\vec{v}_j^{[t]} = \frac{\vec{P}_j^{[t]} - \vec{P}_j^{[t-1]}}{t^{[z]} - t^{[z-1]}}, \quad \vec{a}_j^{[t]} = \frac{\vec{v}_j^{[t]} - \vec{v}_j^{[t-1]}}{t^{[t]} - t^{[t-1]}}, \quad \vec{r}_j^{[t]} = \frac{\vec{a}_j^{[t]} - \vec{a}_j^{[t-1]}}{t^{[t]} - t^{[t-1]}} \tag{5.9}$$

Dynamische Bahndaten | Die Verläufe der dynamischen Bahndaten ergeben sich aus der Geschwindigkeit, der Beschleunigung und dem Ruck in Bezug auf die TCP-Positionen im WKS, Gleichung 5.10. $\vec{P}_{tcp,wks}^{[t]}$ ist dabei die Position am TCP im WKS für einen bestimmten Zeitpunkt, der über den Zeit-Numerator t definiert wird. Die dynamischen Bahndaten können nach dem Vorgehen in Abbildung 5.6 und Gleichung 5.4 in das TKS transformiert werden.

$$\begin{gathered} \vec{v}_{tcp,wks}^{[t]} = \frac{\sqrt{\left\| \vec{P}_{tcp,wks}^{[t]} - \vec{P}_{tcp,wks}^{[t-1]} \right\|}}{t^{[t]} - t^{[t-1]}} \\ \vec{a}_{tcp,wks}^{[t]} = \frac{\vec{v}_{tcp,wks}^{[t]} - \vec{v}_{tcp,wks}^{[t-1]}}{t^{[t]} - t^{[t-1]}}, \quad \vec{r}_{tcp,wks}^{[t]} = \frac{\vec{a}_{tcp,wks}^{[t]} - \vec{a}_{tcp,wks}^{[t-1]}}{t^{[t]} - t^{[t-1]}} \end{gathered} \tag{5.10}$$

5.2.3 Werkzeugperspektivische Veredelung durch modellbasierte Aufbereitung

Tool perspective refinement through model-based preparation

Die weitere modellbasierte Aufbereitung der erfassten, synchronisierten und in den gemeinsamen Kontext gebrachten Daten führt zur Anreicherung in hochwertige Fertigungs- und Prozessinformationen, die eine zentrale Rolle für die in der Arbeit angestrebte, lernende Prozesskraftmodellierung spielen. Dabei kommen bestehendes Wissen und bestehende Modelle aus der Fertigungs- und Maschinentechnik zum Einsatz, die den realen Fräsprozess in der virtuellen Frässimulations-Software möglichst realitätsnah als Grundlage einer erfolgreichen Prozesskraftmodellierung abbilden können. Denn die Nutzung von veredelten, hochwertigen Fertigungsinformationen ermöglicht eine höhere Modellgüte, eine höhere Generalisierbarkeit sowie eine nachvollziehbare Rückführbarkeit auf Ursache-Wirkungs-Zusammenhänge.

Die modellbasierte Aufbereitung erfolgt weiterhin aus der Werkzeugperspektive. Darunter fällt modellbasiertes Domänenwissen, welches in direkte oder indirekte Interaktion mit dem Werkzeug tritt, Abbildung 5.8.

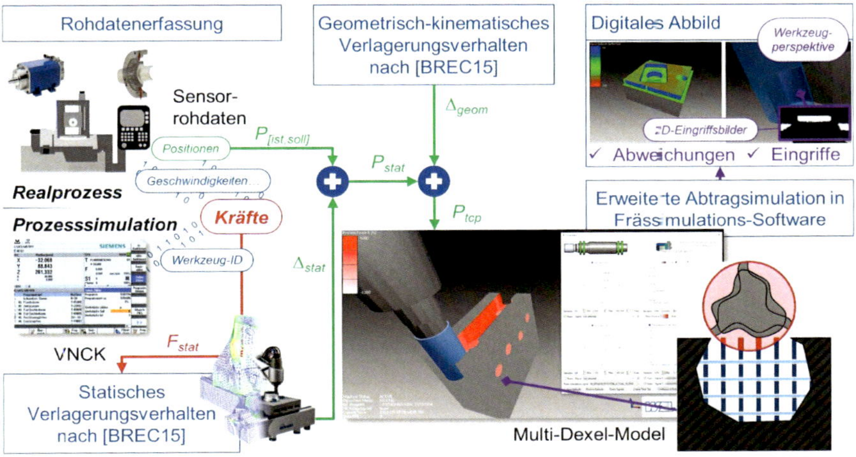

Abbildung 5.8: Modellbasierte Datenaufbereitung aus der Werkzeugperspektive
Model-based data preparation from the tool perspective

Nach Abbildung 5.8 werden die Positionsdaten $P_{[ist,soll]}$ der Achsen X, Y, Z, A und C über die NC-Signaldaten, Kapitel 5.1, sowie die statischen Prozesskräfte F_{stat} in X-, Y- und Z-Richtung, Kapitel 5.3, zur Verfügung gestellt. Die statischen Prozesskräfte werden entweder direkt über die am WZL entwickelte spindelintegrierte Zusatzsensorik gemessen oder über einen im Rahmen dieser Arbeit entwickelten Ansatz modelliert. Die statischen Prozesskräfte F_{stat} auf das Werkzeug werden im Anschluss mit einem Strukturmechanikmodell der *HF3500* inklusive der Werkzeugsteifigkeiten der aktuellen Werkzeuge gekoppelt, wodurch die statischen Verlagerungen Δ_{stat} für die Hauptachsen X, Y und Z ermittelt werden können [BREC17]. Die statische Verlagerung Δ_{stat} wird auf den Positionswert $P_{[ist,soll]}$, der steuerungstechnische Abweichungen implizit enthält, addiert. Anschließend wird die geometrisch-kinematische Verlagerung Δ_{geom} der Struktur über eine für die *HF3500* eingemessene Look-Up-Tabelle addiert, wodurch der reale TCP-Pfad über P_{tcp} approximiert wird [BREC17]. Die eingemessenen und hinterlegten Look-Up-Tabellen inklusive der getroffenen Randbedingungen zur Ermittlung von Δ_{stat} und Δ_{geom} für das Versuchssetup sowie das 5-Achs-Bearbeitungszentrum *HF3500* sind im Anhang unter A.1 und A.2 aufgeführt. Durch die Ermittlung von Δ_{stat} und Δ_{geom} am TCP wird der Einfluss auf den Materialeingriff abgebildet, der wiederum direkte Auswirkungen auf die Entstehung und Modellierung von Prozesskräften aufweist. Details zum Konzept und zur Integration der aufgeführten Verlagerungsmechanismen in die Frässimulations-Software zeigen WIESCH, BRECHER ET AL. in [BREC17; BREC19c; BREC21; HUAN22a]. P_{tcp} geht im Anschluss neben den weiteren Daten aus Kapitel 5.1 bis 5.2.2 in die erweiterte Materialabtragsimulation innerhalb der Frässimulations-Software ein, die einen Multi-Dexel-Modellansatz nutzt. Dadurch wird der Materialabtrag zwischen dem in Relativbewegung befindlichen Werkzeug und dem stehenden Werkstück realitätsnah in der virtuellen Umgebung ermittelt: Es entsteht ein digitales Abbild des Werkzeugs und des Werkstücks, wodurch prozessnahe Fertigungsinformationen wie qualitative Maßabweichungen sowie werkzeugzentrierte Eingriffsgrößen als Grundlage der zu entwickelnden Prozesskraftmodellierung berechnet werden können. Auch das bedingt durch die Werkzeugabdrängungen entstehende Restaufmaß zwischen den einzelnen Fertigungsoperationen am Bauteil wird abgebildet. Output der Materialabtragsimulation sind eingriffstechnische Größen wie a_p, a_e, f_z, Q_v, φ_{ein} und φ_{aus} sowie 2D-Eingriffsbilder, die im Folgenden im Detail definiert werden.

Erweiterte Materialabtragsimulation aus der Werkzeugperspektive | Nach Kapitel 2.4 müssen zur Vorhersage der Prozesskraft die durch den Materialeingriff entstehenden Belastungen im trennenden Verfahren als zentrales Element der gegenseitigen Wechselwirkung zwischen Werkzeug und Werkstück und damit dazu beschreibende Variablen als mögliche Haupteinflussgrößen betrachtet werden. Aus der Geometrie und Bewegung der Werkzeugschneide im Eingriff lässt sich das zerspante Volumen ermitteln, welches sich wiederum aus dem aktuellen **makroskopischen** sowie **mikroskopischen** Werkzeugeingriff beschreiben lässt. Der makroskopische Eingriff ist in diesem Zusammenhang die Ermittlung des sog. Zeitspanvolumens Q_v, welches sich aus den makroskopischen Schnittgrößen a_p, a_e und v_f zusammensetzt. Der mikroskopische Eingriff fokussiert hingegen die einzelne Schneide j und somit die schneidenwinkelpositionsabhängige Größe $h(\varphi_j)$. Bei einfachen Eingriffssituationen lässt sich der Eingriff in der Regel analytisch beschreiben. Die analytische Vorgehensweise führt allerdings zu einem erhöhten Aufwand bei komplexer werdenden Eingriffssituationen, wie dem Überfahren einer bereits eingebrachten Bohrung ins Werkstück. Angesichts dessen wird eine am WZL entwickelte diskrete Materialabtragsimulation verwendet und für das Vorhaben im Rahmen der Dissertation erweitert, sodass der aktuell vorliegende Werkzeugeingriff prozessparallel bestimmt werden kann.

Die diskrete Simulation basiert auf dem Multi-Dexel-Ansatz von VAN HOOK, der den Ansatz als Trade-Off zwischen ausreichender Modellgüte und verbesserter Rechenleistung gegenüber bestehenden Ansätzen gewählt hat [VAN 86], Abbildung 5.9: So ist das Multi-Dexel-Modell eine Erweiterung des einfachen Dexel-Modells mit dem Ziel, bei ähnlicher Rechenleistung die Nachteile der Diskretisierung eines einfachen Dexel-Modells in die weiteren Raumrichtungen für Berechnungen von volumenabhängigen Größen, z. B. die Ermittlung des Zeitspanvolumens, zu senken.

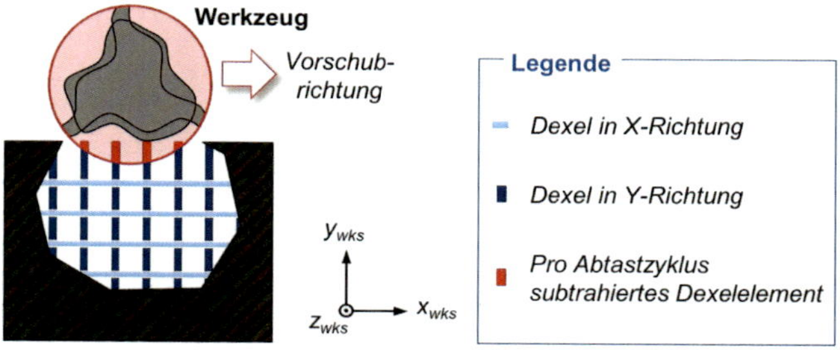

Abbildung 5.9: Funktionsweise der Materialabtragsimulation
Functionality of the material removal simulation

Abbildung 5.9 zeigt Dexel als lineare Stabelemente, die in den drei kartesischen Koordinatenrichtungen X_{wks}, Y_{wks} und Z_{wks} orientiert sind und in der Folge ein 3D-Gitter im $\mathbb{R}^3$ aufspannen, welches durch das 3D-CAD-Modell des Werkstücks begrenzt wird. Im ersten Schritt wird das CAD-Modell als Facettenkörper im STL-Format, Kapitel 5.1, importiert. Im zweiten Schritt werden für die drei kartesischen Raumrichtungen den Dexel-Elementen äquidistante Strahlen verlegt. Im Anschluss überprüft ein Ray-Tracing-Algorithmus, ob und an welcher kartesischen Position die Oberfläche des begrenzenden CAD-Modells geschnitten wird. Der jeweilige Strahl wird an der Außenseite entsprechend gekürzt. Der letzte Schritt ergibt die Materialabtragsimulation: Über die kontinuierliche Ermittlung der TCP-Position nach Abbildung 5.8 wird das 3D-CAD-Modell des Werkzeugs als Gegenkörper relativ zum Werkstück im WKS bewegt. Für die Ermittlung der makroskopischen Eingriffsgrößen wird die 3D-CAD-Repräsentation des Werkzeugs in einen zylindrischen Hüllkörper, bestehend aus approximierten Dreiecksfacetten, transformiert und in die Zonen Schneide und Schaft aufgeteilt. Schneidet der zylindrische Hüllkörper der Schneidenzone im Raum das aufgebaute Multi-Dexel-Modell des Werkstücks, dann werden die innerhalb des Hüllkörpers der Schneidzone liegenden Dexel-Elemente in alle drei kartesischen Raumrichtungen pro Simulationsschritt geschnitten und eliminiert. Die Aktualisierung der Dexel-Schnittpunktberechnung erfolgt dabei in der Abtastfrequenz der NC-Signaldaten. Die Abtastrate der diskreten Dexel-Schnittpunktberechnung kann beliebig angepasst werden, was mit einer Veränderung der Genauigkeit der Materialabtraggrößen, z. B. der Schnitttiefe a_p, einhergeht.

Zur Ermittlung der makroskopischen sowie der mikroskopischen Eingriffsgrößen ist es erforderlich, die mathematische Beschreibung des Dexel-Modells heranzuziehen. In Bezug auf die am WZL entwickelte Materialabtragsimulation wird in [BREC17] auf Arbeiten von KÖNIGS aufgebaut, der die Materialabtragsimulation über die *OpenGL Shading Language* (GLSL) auf dem Grafikprozessor (GPU) ausführen lässt. Nach Abbildung 5.10 werden die einzelnen Dexel in Zellen im WKS angeordnet, die in den gleichen Raumrichtungen wie die Dexel orientiert und als Hüllquader modelliert sind. Durch diese Zellstruktur wird eine hierarchische Unterteilung des kartesischen Raums um das Werkstückrohteil herum ermöglicht, was eine Parallelisierung der Rechenoperationen auf der GPU erlaubt. In jedem Takt kann überprüft werden, welche der vorhandenen Dexel-Zellen aktuell vom Werkzeugmodell geschnitten wird, wodurch nur Dexel berücksichtigt werden, die innerhalb der geschnittenen Zellen liegen.

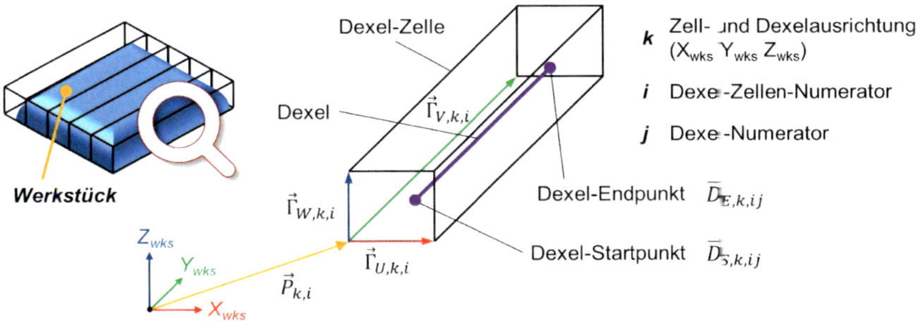

Abbildung 5.10: Aufbau einer Dexel-Zelle
Structure of a Dexel cell

Aus Abbildung 5.10 ergeben sich für jeden Dexel j jeder Zelle i bezogen auf die jeweilige Dexel-Orientierungsrichtung k die Dexelstart- $\vec{D}_{S,k,ij}$ und Dexelendpunkte $\vec{D}_{E,k,ij}$, Gleichung 5.11.

$$\vec{D}_{S,k,ij} = \begin{pmatrix} D_{S,x,k,ij} \\ D_{S,y,k,ij} \\ D_{S,z,k,ij} \end{pmatrix}, \vec{D}_{E,k,ij} = \begin{pmatrix} D_{E,x,k,ij} \\ D_{E,y,k,ij} \\ D_{E,z,k,ij} \end{pmatrix} \tag{5.11}$$

$\vec{D}_{S,k,ij}$ und $\vec{D}_{E,k,ij}$ können über die folgenden geometrischen Berechnungsvorschriften in den Gleichungen 5.12 und 5.13 bestimmt werden.

$$\vec{D}_{S,k,ij} = \begin{pmatrix} P_{x,k,i} \\ P_{y,k,i} \\ P_{z,k,i} \end{pmatrix} + u_{tex,k,ij} \cdot \begin{pmatrix} \Gamma_{U,x,k,i} \\ \Gamma_{U,y,k,i} \\ \Gamma_{U,z,k,i} \end{pmatrix} + v_{tex,k,ij} \cdot \begin{pmatrix} \Gamma_{V,x,k,i} \\ \Gamma_{V,y,k,i} \\ \Gamma_{V,z,k,i} \end{pmatrix} + s_{dep,k,ij} \cdot \begin{pmatrix} \Gamma_{W,x,k,i} \\ \Gamma_{W,y,k,i} \\ \Gamma_{W,z,k,i} \end{pmatrix} \quad (5.12)$$

$$\vec{D}_{E,k,ij} = \begin{pmatrix} P_{x,k,i} \\ P_{y,k,i} \\ P_{z,k,i} \end{pmatrix} + u_{tex,k,ij} \cdot \begin{pmatrix} \Gamma_{U,x,k,i} \\ \Gamma_{U,y,k,i} \\ \Gamma_{U,z,k,i} \end{pmatrix} + v_{tex,k,ij} \cdot \begin{pmatrix} \Gamma_{V,x,k,i} \\ \Gamma_{V,y,k,i} \\ \Gamma_{V,z,k,i} \end{pmatrix} + e_{dep,k,ij} \cdot \begin{pmatrix} \Gamma_{W,x,k,i} \\ \Gamma_{W,y,k,i} \\ \Gamma_{W,z,k,i} \end{pmatrix} \quad (5.13)$$

Bei den Werten für $u_{tex,k,ij}$ und $v_{tex,k,ij}$ handelt es sich um sog. lokale Texturkoordinaten, die Skalierungsfaktoren der jeweiligen Dexel-Zelle parallel zur Orientierungsrichtung der Dexel darstellen und an der Frontfläche der jeweiligen Zelle verlaufen. Bei den Werten $s_{dep,k,ij}$ und $e_{dep,k,ij}$ handelt es sich um die jeweiligen Start- und Endpunkt-Texturen, sodass die Lage des Dexels innerhalb der Zelle bezogen auf das WKS bestimmt werden kann.

Während der Materialabtragsimulation werden nach Abbildung 5.11 kontinuierlich Schnittoperationen an den im Eingriff befindlichen Dexeln durchgeführt, die über die fortlaufende Berechnung der Schnittpunkte von Dexel und Werkzeug-Hüllkörper, der als *OpenGL*-Textur modelliert wird (Schritt 1), umgesetzt werden (Schritt 2). Im Anschluss erfolgt eine Fallunterscheidung, ob der geschnittene Dexel gekürzt, geteilt oder eliminiert werden muss (Schritt 3). Die fortlaufenden Schnittoperationen werden auf der GPU über die *OpenGL* Shader-Struktur ausgeführt [SELL16]. Auch die Ermittlung der Eingriffsgrößen wird auf diese Weise auf der GPU berechnet.

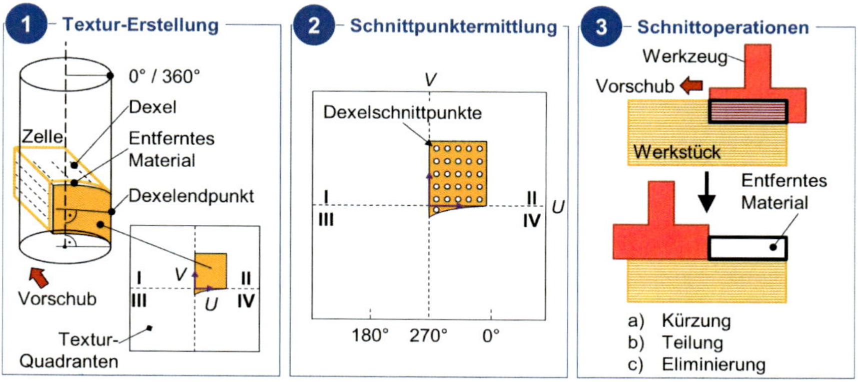

Abbildung 5.11: Darstellung der dexelbasierten Schnittoperationen in GLSL
Representation of the dexel-based cutting operations in GLSL

Die Hüllkörperfläche des Werkzeugs wird im ersten Schritt in vier *OpenGL*-Textur-Quadranten aufgeteilt, jeweils zwei im Innen- und Außenbereich, Abbildung 5.11 - Bereich 1. Eine Textur in GLSL ermöglicht z. B. die Beschreibung einer Grafik, die auf eine Oberfläche in einer 3D-Szene wie die Materialabtragsimulation angewendet wird [VISC19]. In diesem Rahmen wird die Textur als Quelle für einen Zugriff auf die von der Werkzeug-Hüllkörperfläche geschnittenen Dexelelemente genutzt. Liegen die vier Werkzeug-Texturen vor, werden im zweiten Schritt die Dexel-Daten der jeweiligen Zelle in 2D-Texturdaten in U- und V-Koordinaten gemäß dem Vorgehen nach der Gleichungen 5.12 und 5.13 mit $u_{tex,k,ij}$ und $v_{tex,k,ij}$ sowie einem Textur-Offset inklusive ihrer "neuen" Start- und Endwerte, die als "neue" Tiefenwerte $s_{dep,k,ij}$ und $e_{dep,k,ij}$ übergeben werden, überführt. Diese Tiefenwerte können auf den vier Texturen zu jedem Zeitpunkt ermittelt werden. Dabei handelt es sich um den angestrebten Schnittpunkt des jeweiligen Dexels mit der Hüll-Textur des Werkzeugs, Abbildung 5.11 - Bereich 2. Durch diese Vorgehensweise wird auch der Längenbetrag des jeweiligen Dexels ermittelt, um den er gekürzt werden muss. Bereich 3 zeigt die der Berechnung des Dexels-Schnittpunkts folgende, erforderliche Fallunterscheidung zur Ermittlung der richtigen Schnittoperation. Dazu wird auf Basis der Dexelschnittpunkte in Verbindung mit der Einteilung in die vier Werkzeug-Texturen ein wissensbasiertes Fallunterscheidungsprinzip implementiert, das den Umgang mit dem geschnittenen Dexel in Kürzung, Teilung oder Eliminierung unterteilt.

Trotz der parallel angeordneten Berechnungsbasis auf der GPU können je Textur Extremwerte wie Maximum und Minimum bei der Schnittpunktermittlung der Dexelstart- und Endpunkte abgefragt werden, die für die weitere Ermittlung der Eingriffsgrößen notwendig sind. In Bezug auf die makroskopischen Eingriffsgrößen Q_v, a_p, a_e und f_z handelt es sich um Größen, die sich aus der Gesamtheit aller Schnittberechnungen der einzelnen Dexel des aktuellen, diskreten Zeitschritts t ergeben. Dadurch beschreiben sie die Gestalt des zu entfernenden Werkstückmaterials. In Bezug auf die mikroskopischen Eingriffsgrößen, wie die schneidenpositionsbedingte Spanungsdicke $h(\varphi_j)$, handelt es sich um Größen, die hingegen für jeden Dexel pro diskretem Zeitschritt t einzeln berechnet werden, da die zu ermittelnde Größe abhängig von der Lage des einzelnen Dexels ist.

Das Zeitspanvolumen $Q_v^{[t]}$, der Betrag des abgetrennten Materialvolumens pro Zeitschrittlänge $[t] - [t-1]$, ergibt sich aus den ermittelten Längen aller im Eingriff abgetrennten Einzeldexel $l_{u,k,ij}$, $l_{v,k,ij}$, $l_{w,k,ij}$ in die jeweilige Dexel-Orientierungsrichtung multipliziert mit dem quadrierten Dexelabstand r_d^2. Der Dexelabstand r_d^2 nimmt in allen Raumrichtungen den gleichen Wert an und spannt eine infinitesimale, quadratische Fläche zwischen den Dexeln auf, Gleichung 5.14. Die Berechnung erfolgt über eine aufgebaute Shader-Struktur, die die abgetrennten Einzeldexellängen in allen Raumrichtungen summiert. Die summierten Längenbeträge der geschnittenen Dexel werden für die weitere Berechnung pro Zeitschritt auf die CPU überführt.

$$Q_v^{[t]} = \frac{r_d^2 \cdot \sum_k^K \sum_i^I \sum_j^J (l_{u,k,ij} + l_{v,k,ij} + l_{w,k,ij})}{t^{[t]} - t^{[t-1]}} \tag{5.14}$$

Die Berechnungen der zusätzlichen Größen $a_p^{[t]}$, Gleichung 5.15, und $a_e^{[t]}$, Gleichung 5.16, erfolgen über eine baugleiche Shader-Struktur unter Verwendung der gesamten Werkzeug-Hüllkörper-Textur mit anderen Input-Daten aus der Materialabtragsimulation. Basis ist die Ermittlung des Maximums oder Minimums über alle geschnittenen Dexelstart- und -endwerte $\vec{D}_{S/E,k,ij}$ pro Zeitschritt t über die gesamte Werkzeug-Hüllkörper-Textur.

$$\begin{aligned} a_p^{[t]} = &\max\left\{\vec{n}_w^{[t]} \cdot \left(\vec{D}_{S/E,k,ij}^{[t]} - \vec{P}_{tcp,wks}^{[t]}\right)\right\}_{k,i,j}^{K,I,J} \\ &- \min\left\{\vec{n}_w^{[t]} \cdot \left(\vec{D}_{S/E,k,ij}^{[t]} - \vec{P}_{tcp,wks}^{[z]}\right)\right\}_{k,i,j}^{K,I,J} \end{aligned} \tag{5.15}$$

$a_p^{[t]}$ ergibt sich, indem die auf der Werkzeug-Textur geschnittenen Dexelstart- oder -endpunkte pro Zeitschritt t in Richtungsvektoren vom TCP-Zentrum aus überführt und im Anschluss auf die aktuelle Werkzeugachse über $\vec{n}_w^{[t]}$ projiziert werden. Aus allen Projektionen wird der Maximal- und Minimalwert bestimmt. Die Differenz ergibt $a_p^{[t]}$.

$$\begin{aligned} a_e^{[t]} &= \max \left\{ \vec{n}_v^{[t]} \cdot \left(\vec{D}_{S/E,k,ij}^{[t]} - \vec{P}_{tcp,wks}^{[t]} \right) \right\}_{k,i,j}^{K,I,J} \\ &- \min \left\{ \vec{n}_v^{[t]} \cdot \left(\vec{D}_{S/E,k,ij}^{[t]} - \vec{P}_{tcp,wks}^{[t]} \right) \right\}_{k,i,j}^{K,I,J} \end{aligned} \tag{5.16}$$

Die Berechnung für $a_e^{[t]}$ ergibt sich auf die gleiche Weise wie für $a_p^{[t]}$, der Unterschied liegt in der Projektionsrichtung der Richtungsvektoren der abgeschnittenen Dexel. Projektionsrichtung ist die Vorschubnormalenrichtung $\vec{n}_v^{[t]}$, die senkrecht zur Werkzeugachse $\vec{n}_w^{[t]}$ und der Vorschubachse $\vec{n}_u^{[t]}$ liegt. Die Berechnung über die Projektionen in Bezug auf die Werkzeugachse im TKS erlaubt ebenfalls eine korrekte Größenermittlung bei angestellten Werkzeugen innerhalb des 3-, 3+2- sowie 5-Achs-Fräsens. Neben den Größen $a_p^{[t]}$ und $a_e^{[t]}$ ist für den zu entwickelnden Ansatz auch die Ermittlung des Eintritts- $\varphi_{ein}^{[t]}$ und Austrittswinkels $\varphi_{aus}^{[t]}$ als Information zur Belastungsrichtung aus der Werkzeugperspektive relevant, welche im TKS in Vorschubrichtung hergestellt ist, Gleichungen 5.17 und 5.18. Definitionsgrundlage für $\varphi_{ein}^{[t]}$ und $\varphi_{aus}^{[t]}$ ist Abbildung 2.6.

$$\begin{aligned} \varphi_{ein}^{[t]} &= \min \left\{ \frac{\pi}{2} - \operatorname{sgn}(D_{y,S/E,k,ij,wks}) \right. \\ &\left. \cdot \arccos \left(\frac{\vec{n}_u^{[t]} \cdot T_{wks \to tks}^{[t]} \cdot (\vec{D}_{S/E,k,ij}^{[t]} - \vec{P}_{tcp,wks}^{[t]})}{|\vec{n}_u^{[t]}| \cdot |T_{wks \to tks}^{[t]} \cdot (\vec{D}_{S/E,k,ij}^{[t]} - \vec{P}_{tcp,wks}^{[t]})|} \right) \right\}_{k,i,j}^{K,I,J} \end{aligned} \tag{5.17}$$

$$\begin{aligned} \varphi_{aus}^{[t]} &= \max \left\{ \frac{\pi}{2} - \operatorname{sgn}(D_{y,S/E,k,ij,wks}) \right. \\ &\left. \cdot \arccos \left(\frac{\vec{n}_u^{[t]} \cdot T_{wks \to tks}^{[t]} \cdot (\vec{D}_{S/E,k,ij}^{[t]} - \vec{P}_{tcp,wks}^{[t]})}{|\vec{n}_u^{[t]}| \cdot |T_{wks \to tks}^{[t]} \cdot (\vec{D}_{S/E,k,ij}^{[t]} - \vec{P}_{tcp,wks}^{[t]})|} \right) \right\}_{k,i,j}^{K,I,J} \end{aligned} \tag{5.18}$$

Zur Ermittlung von $\varphi_{ein}^{[t]}$ und $\varphi_{aus}^{[t]}$ werden die Richtungsvektoren vom TCP zu allen geschnittenen Dexelstart- und -endpunkten direkt im TKS ermittelt. Dazu wird der jeweilige Dexelrichtungsvektor über die U- und V-Texturkoordinaten von der aktuellen TCP-Position subtrahiert. Dabei liegen alle notwendigen Positionsdaten nach Gleichung 5.4 bereits im TKS transformiert vor. Im Anschluss wird das Skalarprodukt aller Dexelrichtungsvektoren zu den Schnittpunkten entlang der Werkzeugachse ermittelt, wodurch mathematisch alle Richtungsvektoren auf eine 2D-Ebene, die als Mittelpunkt den TCP enthält, projiziert werden, Abbildung 5.13 - Bereich Spanungsdickenberechnung. Im Anschluss werden über die in Vorschubrichtung liegende Werkzeug-X-Achse im TKS sowie die projizierten Richtungsvektoren die Winkel $\varphi_{ein}^{[t]}$ und $\varphi_{aus}^{[t]}$ bestimmt. Wird die Berechnung im WKS ohne die Transformation in das in Vorschubrichtung ausgerichtete TKS durchgeführt, ist die Ermittlung des Ein- und Austrittswinkels von einer möglichen Vorschubrichtungsänderung abhängig. Nach den eingeführten Zusammenhängen in Kapitel 2 besteht ein Zusammenhang zwischen den Ein- und Austrittswinkeln sowie der Gesamtkraftwirkrichtung, die auf das Werkzeug wirkt und es abdrängt. Eine Vorschubrichtungsänderung des Werkzeugs führt dagegen nicht unmittelbar zu einer Kraftwirkrichtungsänderung auf das Werkzeug, weshalb die Transformation vom WKS in das TKS vor den Berechnungen von $\varphi_{ein}^{[t]}$ und $\varphi_{aus}^{[t]}$ durchgeführt wird.

Die hier eingeführte dexelbasierte Ermittlung von a_e, a_p, φ_{ein} und φ_{aus} ist bei bestimmten Fräsbearbeitungsoperationen fehleranfällig, was mit dem Modellierungstyp der dexelbasierten Materialabtragsimulation zusammenhängt. Beispielsweise ist die Ermittlung von a_p beim spiralförmigen Eintauchen zur Fertigung einer Kreistasche fehlerhaft. Die Operation enthält das helixförmige Eintauchen, Bereich 1, sowie das anschließende Flankenschlichten, Bereich 2, Abbildung 5 12. Der Hüllkörper des Werkzeugs kann beim erneuten Abfahren der spiralförmigen Bahn, Bereich 1, kleine Dexelelemente entlang der entstehenden Kreistaschenflanke erneut schneiden, die somit als Maximalwert in die Berechnung von a_p eingehen und das Ergebnis verfälschen. Das zu erkennende Sägezahnprofil im Signal repräsentiert eine vollständige Helixrotation.

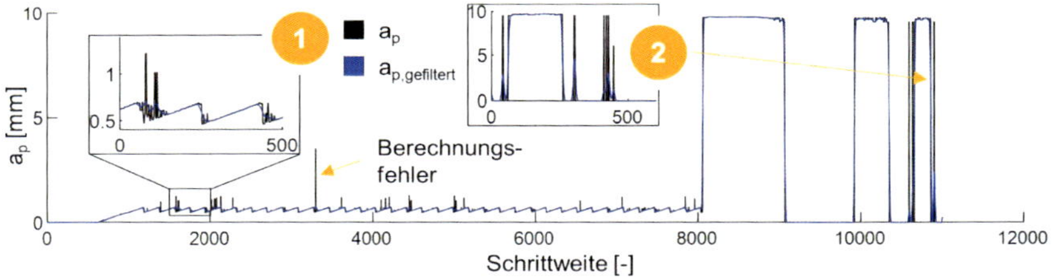

Abbildung 5.12: Numerische Fehler in der Berechnung von Eingriffsgrößen
Numerical errors in the calculation of action values

Um diese Fehler in der Eingriffsgrößenberechnung gering zu halten, lässt sich grundsätzlich die folgende Aussage treffen: Je höher die Dexelauflösung bzw. je geringer der Dexelabstand und je feiner die Facettierung des Werkzeug-Hüllkörpers, desto geringer sind die numerischen Fehler in den Berechnungen, da bei einer hohen Dexelzahl der Diskretisierungsfehler gering bleibt. Diese Feineinstellungen gehen wiederum zulasten der Berechnungszeit. Auch die Abtastrate, die sich wiederum auf die diskrete TCP-Positionierung des Werkzeugs auswirkt, kann zu Ungenauigkeiten in den Berechnungen führen: Eine geringe Abtastrate kann bei gleichzeitig hohem Vorschub zu einer Verfälschung der Zeitspanvolumenberechnung führen, da das Werkzeug keinen zusammenhängenden Pfad abfährt, sondern in diskrete Positionen springt und dort Dexel schneidet. Eine geringe Vorschubgeschwindigkeit bei hoher Abtastung kann wiederum dazu führen, dass z. B. der Eintrittswinkel φ_{ein} fehlerhaft ermittelt wird, da die Länge der Vektoren gering wird und damit die Fehleranfälligkeit bei der Ermittlung der korrekten Orientierung steigt. Eine weitere Fehlerquelle ist die durch die parallelisierte Berechnung auf den Shadern bedingte Suche nach Maximas und Minimas geschnittener Dexel, die bei der Ermittlung von a_p oder a_e von zentraler Bedeutung ist. Ausreißer können durch Maxima und Minima repräsentiert werden und so das Ergebnis verfälschen. Daher wird innerhalb der Dissertation im Anschluss an die Ermittlung der makroskopischen Eingriffsgrößen wie a_p eine Signalglättung durchgeführt, wodurch Ausreißer weniger gewichtet werden und ein Kompromiss aus Rechenzeit und Berechnungsgenauigkeit gefunden wird, Abbildung 5.12 - Bereich 1. Des Weiteren werden diskrete Signalsprünge, hier von a_p, über diskrete Ableitungsfunktionen überwacht und für die weitere Modellierung gekennzeichnet, Abbildung 5.12 - Bereich 2. Die Glättung und Kennzeichnung der Eingriffssignale als Modelleingangsdaten verbessern die zu entwickelnde, lernende Prozesskraftmodellierung, da zum einen Trainingsdaten bewusst ausgewählt werden können und zum anderen in der Modellanwendung das Vertrauensintervall auf potenziell fehlerhafte Daten mit einem weiten Toleranzbereich reagiert.

Die lokalen vektoriellen Einzel-Dexelelemente werden nach der makroskopischen Eingriffsgrößenermittlung nicht weiter betrachtet, wodurch auch ihr Informationsgehalt verloren geht. An welcher lokalen Position der Prozesseinfluss, z. B. das Überfräsen einer Bohrung, stattfindet und wie sich das auf die Wirkrichtung der Prozesskraft auswirkt, bleibt in den makroskopischen Eingriffsgrößen bisher unbeantwortet. Diese lokalen Eingriffsinformationen spielen bei der Ausbildung der Prozesskräfte und resultierenden Prozesskraftrichtungen am Werkzeug im Fräsprozess eine elementare Rolle. Vorbild bleiben auch hier die empirischen Kraftmodelle, z. B. nach ALTINTAS, die sich ebenfalls auf eine lokale Betrachtung der einzelnen Schneiden fokussieren. Angesichts dessen ist es erforderlich, den Informationsgehalt dieser lokalen Ereignisse an der Schneide im Prozess, der implizit in der vektoriellen Dexel-Repräsentation enthalten ist, in Form von mikroskopischen Eingriffsgrößen zu sichern. Um diese Informationen zu ermitteln, bedarf es einer Erweiterung der bisherigen Berechnungsgrundlage sowie einer feineren digitalen Repräsentation des Werkzeugs in einem Schichtmodell nach Abbildung 5.13, um den Einfluss einzelner Schneidenbereiche entlang des Werkzeugschafts abbilden zu können. Die Kenntnis der aktuellen Schneidenposition $\varphi_{j,k}^{[t]}$ in der betrachteten Schichtebene k an der Scheide j in Kombination mit der zugehörigen Spanungsdicke $h(\varphi_{j,k}^{[t]})$ ist erforderlich, um die lokalen Einflüsse auf das Werkzeug inklusive ihrer Wirkrichtung zu erfassen. Dabei wird die 3D-Werkzeuggeometrie als CAD-Modell zur Erstellung des Schichtmodells verwendet. Der Anwender legt dabei die Schichtdicke db_s fest, der Helixwinkel λ_{wkz} ergibt sich aus den Werkzeugdaten aus Kapitel 5.1. Im ersten Schritt wird der bisherige Werkzeug-Hüllkörper zu einem schichtbasierten Hüllkörper reduziert, Abbildung 5.13 - Mitte oben, wodurch sich auch weiterhin die makroskopische Überdeckung als Grundlage des Materialabtrags ergibt. Pro Schichtelement k werden über den gesamten Werkzeugumfang in alle Richtungen vektorielle Strahlen emittiert. Der Winkel zwischen den Strahlen wird durch den Anwender der Simulation im Vorfeld eingestellt und wurde in den durchgeführten Simulationen auf 1° gesetzt. Die emittierten Strahlen ergeben im Anschluss die Randmarkierungen von neuen schichtbasierten Sub-Texturen mit den Sub-Texturkoordinaten su und sv innerhalb der Shader-Modellierung, Abbildung 5.13 unten, analog zum Vorgehen nach Abbildung 5.11. Dadurch kann zur Bestimmung der Spanungsdicke $h(\varphi_{j,k}^{[t]})$ auf eine analoge Berechnung wie bei den Gleichungen 5.17 und 5.18 zurückgegriffen werden, mit dem Unterschied, dass diese für jede Sub-Textur durchgeführt und somit die lokalen Ereignisse berücksichtigt werden. Zuerst wird die aktuelle Spanungsdicke $h_{su,sv}^{[t]}$ für eine einzelne Schicht k in der Sub-Textur über den geometrischen Zusammenhang aus Abbildung 5.13, unten, angenähert ermittelt, Gleichungen 5.19 und 5.20.

$$\begin{aligned}\vec{h}_{su,sv}^{[t]} \approx \frac{1}{2} \cdot \max \Big\{ & T_{wks\to tks}^{[t]} \cdot \left(\vec{D}_{S/E,k,ij}^{[t]} - \vec{P}_{tcp,wks}^{[t]} \right) \\ & \cdot T_{wks\to tks}^{[t]} \cdot \left(\vec{D}_{S/E,k,ij}^{[t]} - \vec{D}_{S/E,k,ij}^{[t-1]} \right) \Big\}_{k,i,j}^{K,I,J} \\ + \frac{1}{2} \cdot \min \Big\{ & T_{wks\to tks}^{[t]} \cdot \left(\vec{D}_{S/E,k,ij}^{[t]} - \vec{P}_{tcp,wks}^{[t]} \right) \\ & \cdot T_{wks\to tks}^{[t]} \cdot \left(\vec{D}_{S/E,k,ij}^{[t]} - \vec{D}_{S/E,k,ij}^{[t-1]} \right) \Big\}_{k,i,j}^{K,I,J}\end{aligned} \tag{5.19}$$

$$h_{su,sv}^{[t]} = \left| f_z^{[t]} \cdot \frac{\vec{h}_{su,sv}^{[t]}}{|\vec{h}_{su,sv}^{[t]}|} \right| \tag{5.20}$$

In der Folge entsteht für alle Sub-Texturen ein gemittelter Wert für die aktuelle, betragsmäßige Spanungsdicke $h_{su,sv}^{[t]}$ in Bezug auf den aktuellen Schneidenvorschub $f_z^{[t]}$ und damit eine Form einer zeitaktuellen Lookup-Tabelle für alle gemittelten Spanungsdicken pro Sub-Textur. Jeder Sub-Textur ist der eingestellte Richtungsstrahlwinkel im TKS-Koordinatensystem angehaftet, weshalb mit der Kenntnis der aktuellen Schneidenposition $\varphi_{j,k}^{[t]}$ über die zeitaktuelle Lookup-Tabelle trivial $h(\varphi_{j,k}^{[t]})$ abgelesen werden kann. Wird in der Sub-Textur kein Dexel geschnitten, liegt ein Nulleintrag für $h(\varphi_{j,k}^{[t]})$ vor. $\varphi_{j,k}^{[t]}$ pro Schneide j und Schichtebene k zum Zeitpunkt t ergibt sich aus dem folgenden Zusammenhang, Gleichung 5.21.

$$\varphi_{j,k}^{[t]} = \frac{2 \cdot s}{d_{wkz} \cdot \tan \lambda_{wkz}} + E_N^{[t]} + \frac{2\pi}{J} \cdot (t-1) + \varphi_0 \tag{5.21}$$

Die lokale, dexelbasierte Ermittlung von $h(\varphi_{j,k}^{[t]})$ und damit auch die Ermittlung der makroskopischen sowie schichtbasierten Eingriffsgrößen wie a_p bzw. da_p lässt sich aufgrund der Sub-Texturierung auf das 3-, 3+2- sowie 5-Achs-Fräsen anwenden. Da sie auf der anderen Seite eine Vielzahl von Texturen parallel auswertet, gilt sie grundsätzlich als rechenintensiv. Daher wird im Folgenden eine weitere Möglichkeit in Form von 2D-Bilddaten zur Ermittlung mikroskopischer Eingriffsgrößen vorgestellt, die den lokalen Informationsgehalt im Prozess beibehält.

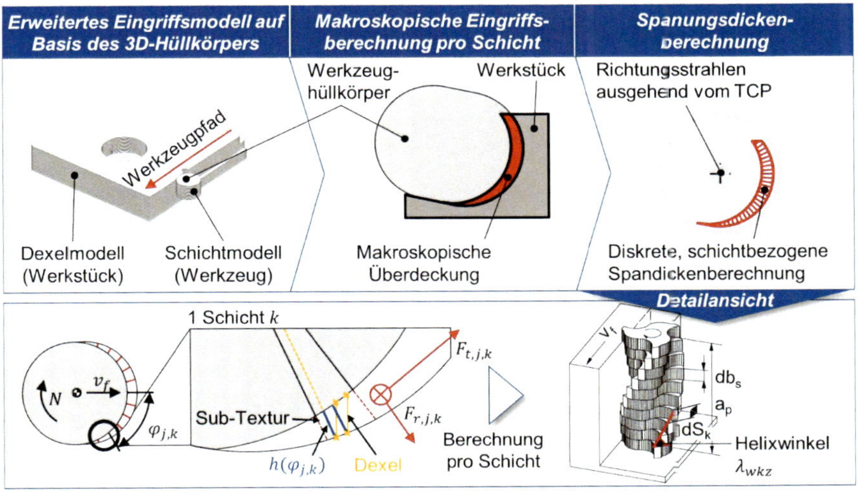

Abbildung 5.13: Erweiterungsprinzip der Materialabtragsimulation
Extension principle of the material removal simulation

Werkzeugperspektivischer 2D-Bild-Eingriffstream | *OpenGL* überführt numerische Daten aus einem Direktinput oder über Berechnungen in Farbwerte einzelner Pixel auf der jeweiligen Textur, wodurch in der dreidimensionalen Szene durch Projektion eine bildliche 2D-Darstellung entsteht. Betrachtet man die einzelnen Texturen des Werkzeug-Hüllkörpers, Abbildung 5.14 links, kann diese als ein verantwortlicher, bildgebender Teil zur Beschreibung des Eingriffs aus der Werkzeugperspektive in der Gesamtszene definiert werden. Auf der Textur des Werkzeug-Hüllkörpers werden die

Schnittpunkte der geschnittenen Dexel pro Zeitschritt t erfasst und als farbgebende Pixel dargestellt, wodurch sich ein 2D-Bild ergibt, welches den aktuellen Eingriff beschreibt.

Der große Vorteil in der Verarbeitung von Bildern ist, dass diese im Gegensatz zu den makroskopischen Eingriffsgrößen lokale Ortsinformationen speichern. Der Informationsgehalt eines Bildes ist nicht nur durch die Menge an Bildpunkten, den sog. Pixeln, hoch. Gerade die räumliche Anordnung der einzelnen Pixel und deren Beziehung zu den Nachbarn steigern den Informationsgehalt um ein Vielfaches. Der Nachteil des Ansatzes ist die Notwendigkeit von großen Datenmengen, um den Fluch der Dimensionalität zu beherrschen und für die Zielgröße relevante Features in den Bildern zu ermitteln [SCHW19b].

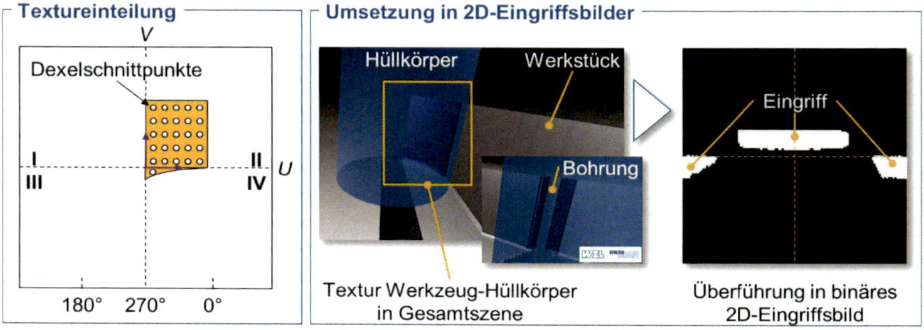

Abbildung 5.14: Aufbau des werkzeugperspektivischen 2D-Bild-Eingriffstreams
Structure of the tool-perspective 2D image input stream

Zur zweidimensionalen, bildlichen Darstellung des Eingriffs auf Basis der oben aufgeführten Schnittpunktberechnung der Dexel, Abbildung 5.11, wird das rotationssymmetrische Werkzeug vom TCP beginnend entlang der Hüllfläche erst orthogonal, dann parallel zur Werkzeugachse geschnitten und in eine Ebene abgerollt, Abbildung 5.14 links. Nach dem Abrollen wird zusätzlich um die untere Werkzeugkante, die nach dem Abrollen eine Gerade darstellt, geklappt, sodass ein Werkzeugaußen- und -innenbereich entsteht, wodurch zwischen Innen- und Außeneingriff wie bei der Fallunterscheidung nach Abbildung 5.11 unterschieden werden kann. In der Folge lässt sich die Ebene in die bekannten vier Textur-Zonen aufteilen. Der Außeneingriff gibt den Eingriff der äußeren Schneiden wieder, oberer horizontaler Bildteil, der Inneneingriff den der inneren Schneiden, unterer horizontaler Bildteil. Zu unterscheiden sind die Auflösung in Form des Abstands der Dexelelemente zueinander sowie die Auflösung des 2D-Bildes. Im Folgenden wird die Auflösung des 2D-Bildes zu 28 x 28 Pixel gewählt. Ist die Dexelauflösung hoch, sollte eine höhere Bildauflösung gewählt werden, sodass die Eingriffsinformationen einzelner, geschnittener Dexel im Bild nicht zu einem einzelnen Pixel aggregiert werden. Die Textur und damit das projizierte Eingriffsbild wird im bewegten Werkzeugkoordinatensystem (TKS) bewegt, wodurch die angestrebte Werkzeugperspektive erreicht ist. Im Anschluss können die aktuellen Eingriffsdaten, die entlang der Shader-Kette in die zugehörigen Pixel zur Visualisierung überführt werden, von der GPU extrahiert werden. Abbildung 5.14 rechts zeigt in der dreidimensionalen Gesamtszene die in Blau dargestellte Schnittfläche auf den Textursegmenten aller Dexelelemente am Werkzeug-Hüllkörper für das Fräsen einer Flanke sowie das Überfräsen einer Bohrung. Überführt man nach dem oben definierten Schema die Schnittfläche auf die textuelle, projizierte 2D-Darstellung, so ergibt sich das 2D-Eingriffsbild. Dabei erhält ein Pixel an einer bestimmten Position des aktuellen Eingriffsbildes entweder den binären Wert 1 (weiß) für „im Eingriff" oder den binären Wert 0 (schwarz) für „nicht im Eingriff“. In der Folge ergibt sich für jeden Zeitpunkt t eine sog. Pixelmatrix mit 28 x 28 Einträgen.

In Bezug auf die Pixelmatrix ist es im Rahmen der späteren, datenbasierten Kraftmodellierung sinnvoll, vorab eine Dimensionsreduktion zu definieren, sodass veredelte Größen mit lokalem Informationsgehalt über den Eingriff als skalares Feature aus den 2D-Rohbilddaten als Modellinput genutzt werden können. Daher wird für jede binäre Pixelmatrix für alle Pixel p im Eingriff (Binärwert = 1) der geometrische Schwerpunkt $sp_{[u,v]}$ innerhalb der 28 x 28 Pixeleinträge in U- und V-Koordinaten nach Gleichung 5.22 bestimmt, wodurch aus den 28 x 28 Einträgen lediglich 2 skalare Einträge sp_u und sp_v im TKS-Koordinatensystem verbleiben.

$$sp_{[u,v]} = \frac{1}{P_x} \sum_{i=1}^{P_x} p_{[u,v],i} \tag{5.22}$$

Bei sich ändernder Kraftrichtung durch eine Veränderung der Eingriffsituation aus Sicht der Werkzeugperspektive kann auch sp_u und sp_v variieren, während a_p, a_e und Q_v konstant bleiben.

Durch die Einführung der Werkzeugperspektive erhalten alle veredelten, auf das Werkzeug bezogenen Daten zur Beschreibung des Eingriffs einen hohen, teils lokalen Informationsgehalt mit einer hohen Korrelation zur Zielgröße Prozesskraft, wodurch sie sich als wichtige Eingangsdaten bei der Entwicklung des lernenden Modellierungsansatzes eignen.

5.3 Datenerfassung der Prozesskraft als Zielgröße

Data acquisition of the process force as a target variable

Für die spätere Modellierung müssen neben den Modelleingangs- auch die Ausgangsdaten ermittelt werden. Neben konventionellen Messverfahren zur Erfassung der Prozesskräfte beim Fräsen wurden am WZL verschiedene Messverfahren entwickelt, von denen im Folgenden zwei mit ihren jeweiligen Vor- und Nachteilen aufgeführt sind, Kapitel 5.3.1 und 5.3.2. Sie werden zur Zielgrößenerfassung im Rahmen des zu entwickelnden Ansatzes eingesetzt.

5.3.1 Spindelintegrierte Prozesskraftmessung

Spindle-integrated process force measurement

Am WZL wurde eine Motorspindel mit integrierter Kraftmesssensorik (engl.: Spindle Integrated Sensor; SIS) auf Basis von sechs induktiven Weggebern entwickelt. Diese Sensorik wurde in mehrere Demonstratormaschinen eingebaut und steuerungstechnisch integriert, darunter auch das 5-Achs-Bearbeitungszentrum *HF3500* [BREC19a; GÄRT24]. Die sechs integrierten, induktiven Weggeber messen relative Verlagerungen der Spindelwelle über einen angefertigten Messring, der auf der Spindelwelle sitzt. Dafür werden am vorderen Spindellager, als Festlager konstruiert, drei Sensoren in radialer Richtung mit einem Winkelversatz von 120° eingebaut. Zusätzlich sind drei Sensoren axial angeordnet, die so die axiale Verlagerung in einer Ebene erfassen können. Mit den axialen Sensorwerten kann die Verkippung der Spindelwelle ermittelt werden. Abbildung 5.15 zeigt den Aufbau der Sensorik. Zusätzlich zu den Verlagerungssensoren ist ein hochauflösender Drehgeber-Encoder eingebaut, der die Drehwinkellage der Spindel erfasst. Vorteile sind zum einen die Nähe der Messstelle zum TCP sowie die durch den spindelintegrierten Aufbau der Sensorik im Kraftnebenfluss geringere Beeinträchtigung der Fertigung, wie es häufig beim Einsatz einer klassischen KMP der Fall ist. Dadurch wird eine hohe Messsensitivität erreicht. Des Weiteren wird keine wesentliche Strukturschwächung zur Erhöhung der Sensitivität vorgenommen, wie es häufig beim Einsatz von Dehnungsmessstreifen (DMS) der Fall ist. Aus den gemessenen Verlagerungen erfolgt eine indirekte Bestimmung der Prozesskräfte über ein hinterlegtes statisches und dynamisches Spindelmodell: Hierzu wird im Vorfeld das Übertragungsverhalten von Werkzeugspitze zur Messstelle der Spindel bestimmt und invers auf die Verlagerungen angewendet, wie BRECHER ET AL. im Detail zeigen [BREC19a]. Aufbauend auf Kapitel 5.1 werden die bisher erfassten NC-Signaldaten um die synchronisierte Erfassung der Prozesskräfte F_x, F_y und F_z mittels SIS erweitert.

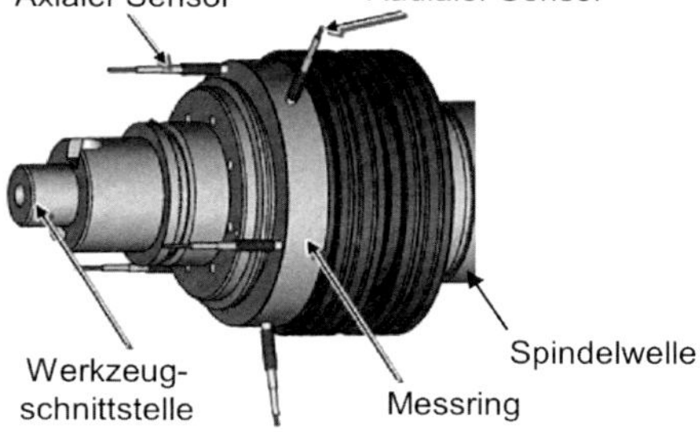

Abbildung 5.15: Spindelintegrierte Kraftmesssensorik nach [BREC19a]
Spindle-integrated force measurement sensors according to [BREC19a]

Nachteilig wirkt sich das trotz Nähe der Messstelle zum TCP von mehreren Störfaktoren abhängige Übertragungsverhalten der externen Sensorik aus, die auf thermische und kinematische Ursachen zurückzuführen sind und für jede Spindel aufwändig ermittelt werden müssen. Zu den kinematischen Störungen während der Messung gehören der sich wiederholende Rundlauffehler der Lagerung, die Form- und Lageabweichungen des Messrings, die Einbauposition der Sensoren sowie die Materialausdehnung durch Zentrifugalkräfte bei hohen Drehzahlen. Zur Kompensation der kinematischen Fehler wird im lastfreien Zustand automatisch ein sog. Runout-Befehl nach jeder Drehzahländerung über das NC-Signal angetriggert, um bei drehender Spindelwelle die kinematischen Offsets zu bestimmen und zu korrigieren. Störungen aufgrund thermischer Ursachen sind die thermische Abhängigkeit sowohl des Spindelsystems als auch der Verlagerungssensoren.

5.3.2 Hybride Prozesskraftmessung mittels NC-Signal- und Eingriffsdaten

Hybrid process force measurement using NC signal and meshing data

Bei der am WZL entwickelten, spindelintegrierten Kraftsensorik müssen zusätzliche, induktive Weggeber in die Motorspindel integriert und parametriert werden, was zu höheren Kosten führt und bisher nicht mehrheitlich in Werkzeugmaschinen im industriellen Feld eingesetzt wird. Daher wird innerhalb der Dissertation in Hinblick auf die industrielle Anwendbarkeit ein weiterer, indirekter Ansatz zur Messung der Prozesskräfte im Rahmen der Zielgrößenermittlung geprüft, der die Schwächen bisheriger indirekter, messtechnischer Ansätze überwindet. Dabei handelt es sich um eine hybride, modellbasierte Messmethode ohne Einsatz von Zusatzsensorik, die das prozesskraftbedingte Hauptspindeldrehmoment M_{sp} aus den NC-Signaldaten, Kapitel 5.1, sowie die verfügbaren Werkzeugeingriffsgrößen, Kapitel 5.2.3, kombiniert und daraus die Prozesskräfte F_x und F_y ermittelt, die zur Beurteilung von 3-Achs-Fräsbearbeitungen häufig ausreichen.

Die für die hybride Messmethode relevanten Messgrößen, das Hauptspindeldrehmoment M_{sp} sowie die Eingriffsgrößen, sind unter der Prämisse ausgewählt, dass sie eine geringe Distanz zum TCP aufweisen, wodurch eine geringere Störgrößenabhängigkeit zu erwarten ist und eine höhere Sensitivität bei der Kraftmessung erreicht werden kann. Eine große Distanz zum TCP führt zu einer langen Einflussstrecke beim Übertragungsverhalten zwischen Kraft am TCP und den an der Messstelle erfassten Auswirkungen, die von den hinterlegten Modellen berücksichtigt werden müssen. FUJITA ET AL. zeigen unter anderem den Modellierungsaufwand für die indirekte Prozesskraftmessung über "entfernte" Achsantriebsströme, wozu Kenntnisse über das Reib- sowie das Trägheitsverhalten, den Spindelsteigungsfehler sowie den Einfluss des Losbrechmoments bei stehender Achse auf die Generierung des resultierenden Antriebsstroms erforderlich sind [FUJI19]. Aufgrund der eingestellten Abtastrate der NC-Signaldaten von 500 Hz eignet sich der modellbasierte, hybride Ansatz zur Messung von statischen Prozesskräften, da die Schneideneintrittsfrequenz in den betrachteten Prozessanwendungen deutlich oberhalb der halben Abtastfrequenz liegt, vgl. Nyquist-Shannon-Abtasttheorem. Die Übertragung des Ansatzes auf die Erfassung dynamischer Prozesskräfte wird innerhalb der Arbeit nicht untersucht, ist aber aufgrund des methodischen Ansatzes unter Berücksichtigung der dynamischen Schneidenposition aus den Eingriffsdaten, Kapitel 5.2.3, erweiterbar.

Zur Messung der Prozesskräfte mittels des hybriden, modellbasierten Ansatzes wird im ersten Schritt die Zusammensetzung des am Hauptspindelantrieb erzeugten Drehmoments betrachtet, welches sich aus statischen und dynamischen Anteilen zusammensetzt. Statische Lasten sind unter anderem durch Reibung in den Lagern gekennzeichnet, die das Reibmoment $M_{r,sp}$ hervorrufen. Dynamische Lasten werden vor allem durch die Systemträgheit sowie die Schnittkräfte hervorgerufen. Die Systemträgheit wird durch das Massenträgheitsmoment der gesamten Spindeleinheit J_{sp} in Kombination mit einer Drehzahländerung hervorgerufen. Resultierend wird das Gesamt-Hauptspindeldrehmoment $M_{ges,sp}$ in Gleichung 5.23 beschrieben, welches durch den Gesamt-Motorstrom $I_{ges,sp}$ im Regelkreis der Werkzeugmaschine generiert wird.

$$M_{ges,sp} = K_{I,sp} \cdot I_{ges,sp} = J_{sp} \cdot \frac{d^2 E_N}{dt^2} + M_{r,sp} + M_{sp} \tag{5.23}$$

Der Gesamt-Motorstrom der Hauptspindel $I_{ges,sp}$ kann über die im Regelkreis der Werkzeugmaschine eingestellte Drehmomentkonstante $K_{I,sp}$ des Motors in das Gesamt-Hauptspindeldrehmoment $M_{ges,sp}$ umgerechnet werden. Die aufgeführten Störeffekte bei der Zusammensetzung des Gesamt-Hauptspindeldrehmoments ähneln der Drehmomentberechnung der Achsantriebe, wobei aufgrund der geringeren Distanz der Messstelle zum TCP weniger Störanteile relevant sind und dadurch eine höhere Sensitivität für prozesskraftbedingte Signalanteile im Vergleich zu herkömmlichen, indirekten Messansätzen auf Basis steuerungsinterner Daten erreicht wird. Im Rahmen der Arbeit werden verbleibende Störanteile, wie hier das Reibmoment $M_{r,sp}$ der Hauptspindel, über im Vorfeld des Versuchssetups aus Kapitel 4.1 durchgeführte Luftschnitte ohne Werkzeugbelastung erfasst. Des Weiteren wird die Drehzahl N während des Werkzeugeingriffs konstant gehalten, sodass Trägheitseffekte im hybriden Messansatz vernachlässigt werden können. Übrig bleibt das durch die Prozesskraft entstehende Drehmoment M_{sp} an der Hauptspindel, welches sich aus der Tangentialkraft F_t sowie dem Werkzeugradius r_{wkz} zusammensetzt, Gleichung 5.24.

$$M_{sp} = F_t \cdot r_{wkz} = K_{I,sp} \cdot I_{ges,sp} - M_{r,sp} \tag{5.24}$$

Die alleinige Betrachtung des drehmomentbildenden Hauptspindelstroms zur Ermittlung der statischen Prozesskräfte erlaubt ohne weitere Informationsgrundlage keinen Rückschluss auf die Kraftrichtungsanteile F_x und F_y. Das prozesskraftbedingte Drehmoment M_{sp} beim Fräsen, das als Drehmomentsollwert der Hauptspindel über die NC-Signaldaten erfasst werden kann, setzt sich geometriebedingt aus dem Betrag der Schnitt- bzw. Tangentialkraftanteile $\vec{F}_{t,j}$ zusammen, Abbildung 2.6. Die Radialkraftanteile $\vec{F}_{r,j}$ zeigen dagegen auf den Werkzeugmittelpunkt und erzeugen kein Drehmoment. Ähnliches gilt geometrisch bedingt für die Passivkraft F_p, weshalb für die im Versuchssetup betrachteten Fräsoperationen keine Kräfte F_z in Z-Richtung ermittelt werden können. Das prozesskraftbedingte Drehmoment M_{sp} kann sich somit aus verschiedenen Kombinationen der Kraftrichtungsanteile zusammensetzen. Daher erfordern die zur Ermittlung der geometrisch relevanten Bauteilabweichungen benötigten Kraftrichtungsanteile F_x und F_y im 3D-Fräsprozess eine zusätzliche Ermittlung der Zusammensetzung der statischen Kraftwirkrichtungsanteile. Zur diskreten Ermittlung der Wirkrichtungen wird auf das erweiterte Materialabtragsmodell aus Kapitel 5.2.3 zurückgegriffen, Abbildung 5.16. Bezogen auf eine Schicht k können über die Kenntnis aller Positionen der einzelnen Schneide j sowie der zugehörigen Berechnung der Spandicken $\vec{h}(\varphi_{j,k})$ im TKS die möglichen Kraftrichtungen der Tangential- $\vec{F}_{t,j,k}(\varphi_{j,k})$ und der Radialkräfte $\vec{F}_{r,j,k}(\varphi_{j,k})$ an der Schneide über den vollen Schneideneingriff ermittelt werden. Ohne Berücksichtigung der Passivkraft F_p ergeben alle Kraftanteile $F_{t,j,k}(\varphi_{j,k})$ und $F_{r,j,k}(\varphi_{j,k})$ inklusive ihrer Wirkrichtungen pro Scheibenelement k, Abbildung 2.7, bei vektorieller Addition die resultierende Gesamtaktivkraft $\vec{F}_a$.

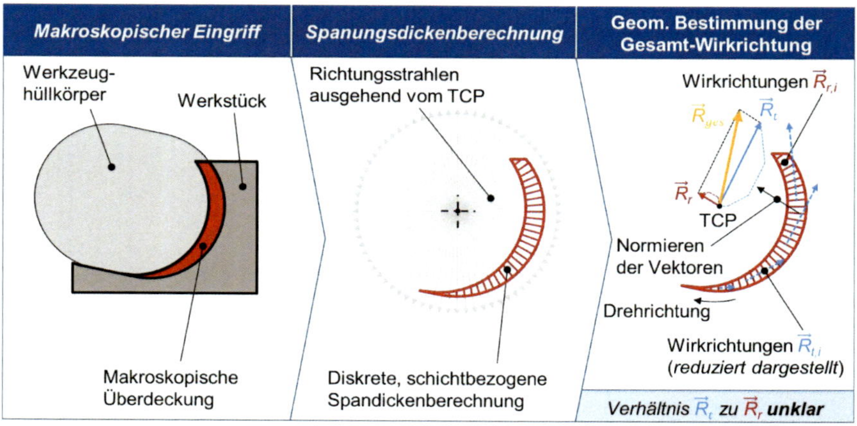

Abbildung 5.16: Ermittlung der Gesamt-Wirkrichtung der Aktivkraft F_a auf das Werkzeug
Determination of the total direction of action of the active force F_a on the tool

In Bezug auf das empirische Prozesskraftmodell nach ALTINTAS können die statischen Prozesskräfte F_x, F_y und infolgedessen F_a mittels Integration der empirischen Modellgleichungen über den Eingriffswinkel mit den Grenzen $\varphi_{ein,k}$ und $\varphi_{aus,k}$ pro Scheibe k sowie der anschließenden vektoriellen Summierung über die Anzahl K_s der diskreten Scheibenelemente gemittelt bestimmt werden, Gleichung 5.25. Die Berechnung beruht somit ebenfalls auf dem Prinzip der Summierung von Kraftrichtungsanteilen.

$$\bar{F}_{[x,y]} = \frac{J}{2\pi} \cdot \sum_{k=0}^{K_s} \left(\int_{\varphi_{ein,k}}^{\varphi_{aus,k}} dF_{[x,y],k}(\varphi_{j,k}) d\varphi \right) \tag{5.25}$$

In Gleichung 5.25 werden alle infinitesimalen Kraftanteile über alle Schneiden j nach Abbildung 5.16 pro Scheibenelement k über die Grenzen der Eingriffswinkel integriert, im Anschluss über alle Scheibenelemente aufsummiert und über eine Spindelumdrehung gemittelt, sodass die dynamischen Kraftanteile durch Schneidenein- und -austritt entfernt werden. Dabei ist J die Schneidenzahl. Somit summiert und gewichtet Gleichung 5.25 alle Kraftrichtungsanteile im Eingriff über alle Schichten in Form der Scheibenelemente k mit ihrem jeweiligen Beitrag zur gemittelten Gesamtkraft. Daher entspricht die Integration in Teilen einer vektoriellen Addition der Kraftrichtungsvektoren zur Bestimmung der Gesamtkraftwirkrichtung, die daher auch diskret über die Materialabtragsimulation nach Abbildung 5.16 rechts bestimmt werden kann: Pro Schicht k zeigt der Richtungsanteil der Radialkraft $\vec{R}_{r,i}$ in Richtung der jeweiligen Spanungsdicke $\vec{h}_i$ pro Berechnungsposition i über den Eingriffsbereich. Der Richtungsanteil der Tangentialkraft $\vec{R}_{t,i}$ zeigt orthogonal zur Richtung der jeweiligen Spanungsdicke $\vec{h}_i$. Somit ergeben sich die Gesamtwirkrichtungen $\vec{R}_r$ für F_r und $\vec{R}_t$ für F_t aus der vektoriellen Addition pro Scheibenelement k inklusive der anschließenden vektoriellen Addition über alle Scheibenelemente, Gleichung 5.26.

$$\vec{R}_{ges,tks} = \vec{R}_t + \vec{R}_r = \sum_{k=0}^{K_s} \sum_{i=0}^{P_i} \left(\vec{h}_{k,i} \times \vec{R}_p + K_{ver} \cdot \vec{h}_{k,i} \right) \tag{5.26}$$

$\vec{R}_p$ ist dabei der Richtungsvektor der Passivkraft F_p. Das nach der Messmethodikvorstellung durchgeführte, erweiterte 3D-Versuchssetup weist einen konstanten Richtungsvektor der Passivkraft $\vec{R}_p$ von [0,0,1] auf. Dabei gilt: Je höher die Anzahl der diskreten, infinitesimalen Kraftrichtungsvektoren entlang der Eingriffsbreite, desto größer ist die Näherung zur Integrationsgleichung 5.25. Der Faktor K_{ver} beschreibt das Betragsverhältnis der infinitesimalen Kraftrichtungsanteile und somit nach Summierung auch der Gesamttangentialkraft F_t zur Gesamtradialkraft F_r. Dieses Verhältnis kann über die rein geometrische Betrachtung nicht bestimmt werden und bleibt zunächst unbestimmt. Zur weiteren Nutzung werden die berechneten Gesamtkraftrichtungsanteile normiert. Im Anschluss werden die Richtungsanteile vom TKS in das WKS transformiert, sodass der Gesamt-Wirkrichtungsvektor $\vec{R}_{ges,wks}$ aus den beiden Wirkrichtungskomponenten $\vec{R}_x$ und $\vec{R}_y$ besteht. Die eingeführte, diskrete Ermittlung der Gesamtkraftwirkrichtung berücksichtigt makroskopische Eingriffsunterbrechungen, z. B. das Überfahren von bereits eingebrachten Bohrungen und deren Auswirkung auf die Kraftrichtung, aufgrund der Betrachtung der infinitesimalen, positionsbedingten Spanungsdicken innerhalb des Eingriffswinkels in der Berechnung.

Über das prozesskraftbedingte Hauptspindeldrehmoment M_{sp} nach Gleichung 5.24 kann lediglich der Schnittkraftanteil F_t bestimmt werden, der Normalkraftanteil F_r zeigt in Richtung TCP-Mittelpunkt und erzeugt ohne Hebelarm kein Drehmoment. In der Regel weist der Radialkraftanteil F_r für gewöhnliche Prozessparameter beim 2,5D- bzw. 3D-Fräsen einen deutlich kleineren Anteil auf, wie viele wissenschaftliche Veröffentlichungen zeigen, indem sie die Schnittkraft F_t mit der Aktivkraft F_a gleichsetzen. Dennoch ist dieser Anteil zur Ausbildung der Kraftanteile F_x und F_y nicht zu vernachlässigen und wird daher in der hybriden Messmethode wie folgt berücksichtigt: In Bezug auf das KIENZLE-Kraftmodell wird in gängiger Literatur für eine Spanfläche mit der Seitenlänge von 1 mm die spezifische Schnittnormal- bzw. Radialkraft $k_{cN,1.1}$ sowie die spezifische Passivkraft $k_{p,1.1}$ bei Stahlwerkstoffen mittlerer Festigkeit mit etwa den Verhältnisfaktoren K_{ver} von $\frac{1}{5}$ bzw. $\frac{1}{6}$

im Vergleich zur spezifischen Schnittkraft $k_{c,1.1}$ angegeben [APPR15]. Untersucht man das Verhältnis der verschiedenen spezifischen KIENZLE-Kraftanteile über verschiedene Materialien unter gleichen Schnittbedingungen (h = 1 mm) auf Basis der Literatur, werden näherungsweise ähnliche Verhältnisfaktoren erreicht, Abbildung 5.17 - roter Bereich. Beispielsweise liegt für den Qualitätsstahl C45 der Verhältnisfaktor bei h = 1 mm bei ca. 0,2. Für einen großen Spanbreitenbereich bleibt der Verhältnisfaktor K_{ver} konstant, da sich die materialbedingten und geometrischen Eigenschaften von Werkstück und Werkzeug durch die Verhältnisbildung größtenteils eliminieren. Eine Veränderung des Vorschubs bewirkt bei sonst gleichen Eingriffsgrößen eine Veränderung der Spanbreite h_{max}. Diese Veränderung wirkt sich unterschiedlich auf die einzelnen Kraftanteile aus, wodurch sich der Verhältnisfaktor K_{ver} verändert. Ursache dafür ist die unterschiedliche Größenordnung der KIENZLE-Steigungsparameter m_c, m_{cN} und m_p. Trägt man die KIENZLE-Parameter aus der Literatur für das jeweilige Material bei unterschiedlichen Spanbreiten h_{max} auf, ergibt sich der von der eingestellten Spanbreite h_{max} und infolgedessen $h(\varphi)$ abhängige Verhältnisfaktor K_{ver}, Abbildung 5.17. Gleiches gilt für eine äquidistante Darstellung anhand der ALTINTAS-Parameter.

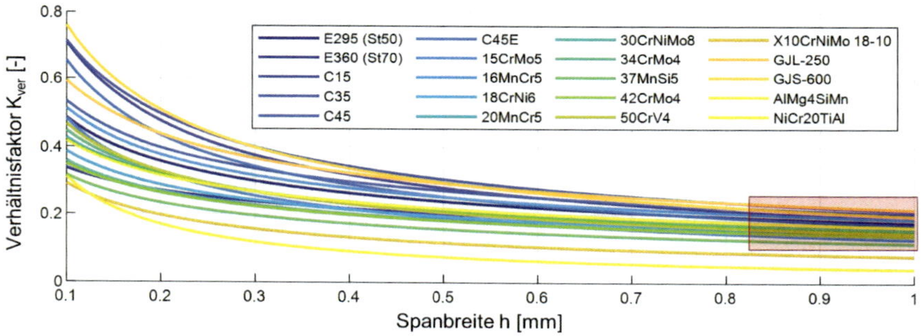

Abbildung 5.17: KIENZLE-Verhältnisfaktoren über verschiedene Werkstoffe nach [APPR15]
KIENZLE *ratio factors across different materials according to [APPR15]*

Hierbei ist zu beachten, dass bereits über die volle Werkzeugeingriffsbreite ohne Vorschubänderung verschiedene Spanbreiten $h(\varphi)$ abhängig von der Schneidenstellung φ auftreten, die sich auf eine Veränderung der Verhältnisfaktoren K_{ver} auswirken. Allerdings bilden näherungsweise die größten Spanbreitenanteile bei h_{max} im aktuellen Werkzeugeingriff den Hauptanteil in der Bildung des Verhältnisfaktors K_{ver}, weshalb eine Näherung des Verhältnisfaktors über die maximale Spanbreite h_{max} gebildet wird, Gleichung 5.27.

$$K_{ver} = \frac{k_{cN}}{k_c} \approx \frac{k_{cN,1.1}}{h_{max}^{m_{cN}}} \cdot \frac{h_{max}^{m_c}}{k_{c,1.1}} \approx \frac{1}{5} \cdot \frac{h_{max}^{m_c}}{h_{max}^{m_{cN}}} \tag{5.27}$$

In der Folge sind alle Größen bekannt, die statischen Kraftanteile F_x und F_y können über das prozesskraftbedingte Hauptspindeldrehmoment $M_{F,sp}$ sowie die Richtungsanteile R_x und R_y aus der Materialabtragsimulation nach Gleichung 5.28 gemessen werden.

$$\begin{pmatrix} \bar{F_x} \\ \bar{F_y} \end{pmatrix} = \frac{M_{sp}}{r_{wkz}} \cdot \begin{pmatrix} 1 + K_{ver} \end{pmatrix} \begin{pmatrix} R_x \\ R_y \end{pmatrix} \tag{5.28}$$

Reduziertes Versuchssetup zur Sensitivitäts-Untersuchung | Die eingriffsbedingte Sensitivität der hybriden, modellbasierten Kraftmessmethode wird in einem reduzierten Versuchssetup aufbauend auf Kapitel 4.1 mit breitem Eingriffsgrößenspektrum für a_p und a_e bei konstanter Drehzahl N von 4.955 Umdrehungen pro Minute sowie einem Vorschub pro Schneide f_z von 0,06 mm im Gleichlauf untersucht, Abbildung 5.18. Als Werkzeug kommt der 16 mm Schaftfräser zum Einsatz, Tabelle 4.1. Die hybride Messmethode wird mit der statischen Prozesskraftermittlung über eine ausgerichtete Referenz-KMP, Anhang A.3, auf der das Rohteil aufgespannt wird verglichen. Dabei wird a_p von 8 mm blockweise mit jeweils vier verschiedenen Eingriffsbreiten a_e über die in Tabelle 5.7 enthaltenen Zwischenstufen auf 0,1 mm verringert, sodass typische Schrupp- und Schlichtoperationen im Stirnfräsprozess abgebildet sind.

Tabelle 5.7: Eingriffsparameter im reduzierten Versuchssetup

Bereiche	a_p	$a_{e,1}$	$a_{e,2}$	$a_{e,3}$	$a_{e,4}$
Bereich 1	8 mm	4 mm	1 mm	0,4 mm	0,1 mm
Bereich 2	4 mm	4 mm	1 mm	0,4 mm	0,1 mm
Bereich 3	2 mm	4 mm	1 mm	0,4 mm	0,1 mm
Bereich 4	1 mm	4 mm	1 mm	0,4 mm	0,1 mm
Bereich 5	0,5 mm	4 mm	1 mm	0,4 mm	0,1 mm
Bereich 6	0,2 mm	4 mm	1 mm	0,4 mm	0,1 mm
Bereich 7	0,1 mm	4 mm	1 mm	0,4 mm	0,1 mm

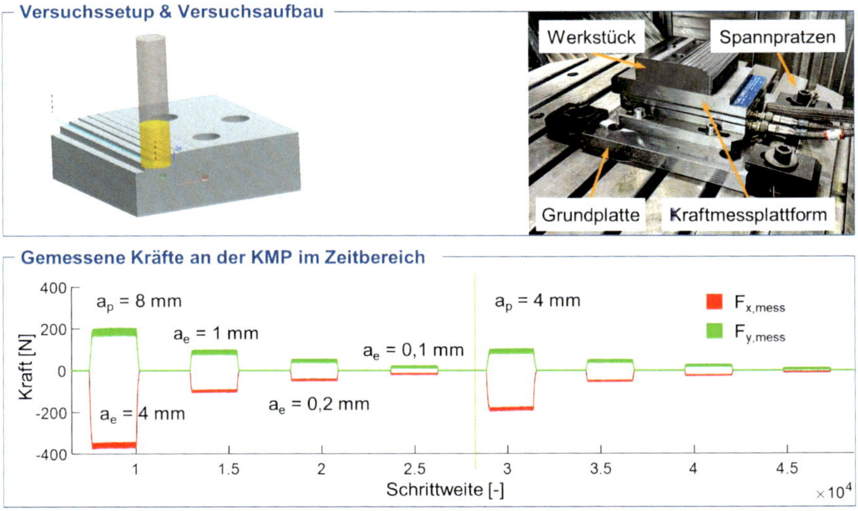

Abbildung 5.18: Reduziertes Versuchssetup zur ersten Sensitivitätsanalyse

Reduced test setup for the first sensitivity analysis

Weitere Untersuchungen hinsichtlich verschiedener Werkstückmaterialien, Werkzeugen, Schnittparametern und Fräsverfahren finden an dieser Stelle nicht statt. Abbildung 5.19 zeigt die für das reduzierte

Versuchssetup nach dem oben beschriebenen Vorgehen ermittelten Richtungsanteile R_x und R_y sowie die Ergebnisse der darauf aufbauenden, hybriden und modellbasierten Kraftmessmethode im Vergleich zu den gemessenen statischen Prozesskräften mittels KMP.

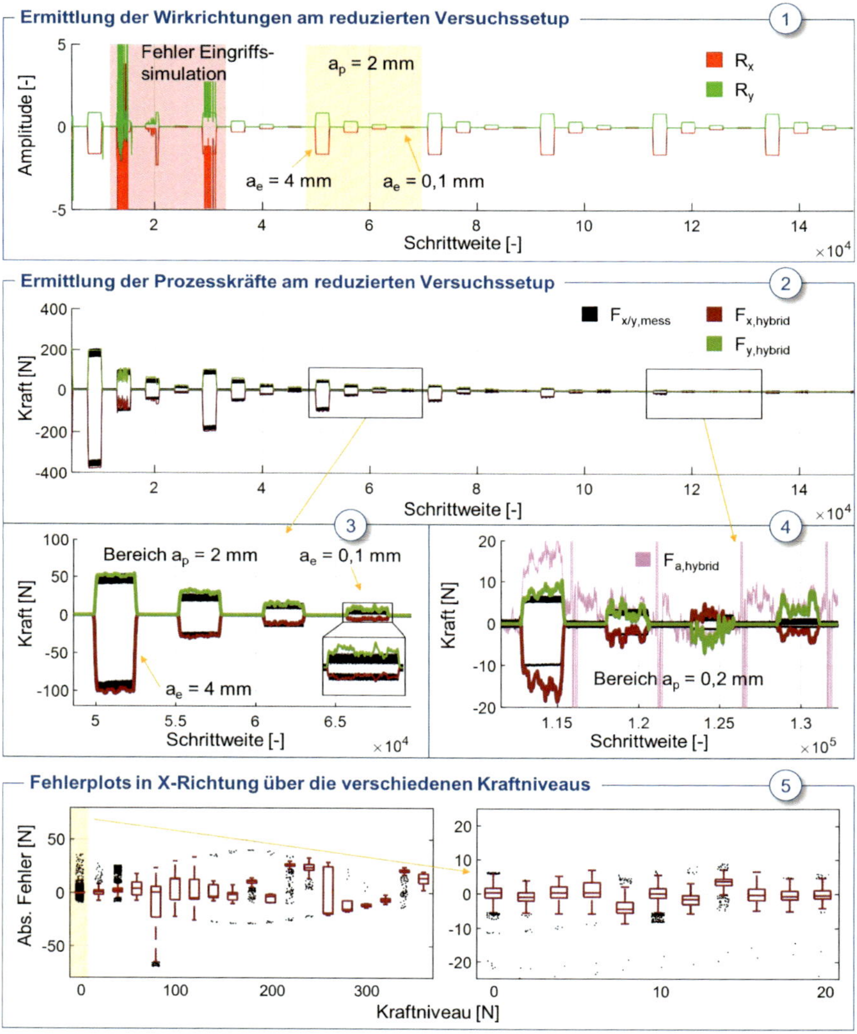

Abbildung 5.19: Ergebnisse der hybriden, modellbasierten Kraftmessmethode

Results of the hybrid, model-based force measurement method

Auswertung der Sensitivitäts-Untersuchung | Für alle Eingriffskombinationen im reduzierten Versuchssetup kann größtenteils eine saubere Ermittlung der makroskopischen Eingriffsgrößen a_p

und a_e nachgewiesen werden. Lediglich bei einzelnen Kombinationen kommt es zu numerischen Fehlern in der diskreten Eingriffsgrößenermittlung aus der erweiterten Materialabtragsimulation, die über eine erhöhte Dexelauflösung sowie eine Signalglättung verringert werden können. Auf der Basis werden im ersten Schritt die Wirkrichtungen der statischen Tangentialkräfte F_t und Radialkräfte F_r ermittelt, wodurch in Verbindung mit der Transformation vom TKS in das WKS die nicht normierten Richtungsanteile R_x und R_y dargestellt werden können, Abbildung 5.19 Plot 1. Die aufgeführten Fehler in der Eingriffsgrößenermittlung haben direkten Einfluss auf eine saubere Ermittlung der Wirkrichtungen, Abbildung 5.19 Plot 1 - roter Bereich.

Die statischen Kraftverläufe in X- und Y-Richtung aus der hybriden Messmethode, Abbildung 5.19 Plot 2, zeigen insgesamt eine gute Übereinstimmung mit den Messungen aus der KMP für Prozesskräfte > 10 N. Stellvertretend sind die Bereiche mit einer Eingriffstiefe von a_p von 2 mm (Plot 3) sowie von 0,2 mm (Plot 4) im Detail dargestellt. Für den Plotbereich 4 ist neben den erfassten Kraftverläufen in X- und Y-Richtung die ermittelte Aktivkraft $F_{a,hybrid}$ aus dem Drehmomentsol wert der Hauptspindel M_{sp} gesondert aufgetragen: Bei geringen Prozesskräften wird zwischen Eingriff und Nicht-Eingriff kaum eine signifikante Veränderung der Signalanteile im Drehmomentsollwert der Hauptspindel M_{sp} festgestellt, die über die Kraftmessung mittels KMP noch vorhanden sind. Bei einer geringen Sensitivität rauscht der Drehmomentsollwert der Hauptspindel M_{sp} um den Nulldurchgang, wodurch ein starker Einfluss auf die Multiplikation mit den ermittelten Richtungsanteilen R_x und R_y besteht, der sich beim Nulldurchgang umkehrt und die X- und Y-Kraftrichtungen vertauscht (z. B. Bereich a_e mit 0,4 mm). Auch wenn die geringe Sensitivität im Drehmomentsollwert der Hauptspindel M_{sp} bei geringen Belastungen keinen Einfluss auf die Richtungsanteilermittlung hat, wird durch die Multiplikation mit M_{sp} nach Gleichung 5.28 der hohe, relative Rauschanteil an die Ermittlung der Kraftanteile F_x und F_y weitergegeben, wodurch die Genauigkeit der hybriden Messmethode sinkt. Eine Detailbetrachtung erfolgt in Kapitel 8.1.2.

Plot 5 in Abbildung 5.19 zeigt den absoluten Fehler der hybriden Kraftmessmethode gegenüber der Kraftmessung der KMP stellvertretend für die X-Richtung über definierte Kraftniveaus mit einer Bandbreite von 20 N, beginnend bei 0 N. Dazu wird rechts die zugehörige Detailansicht für beim Schlichten relevante, kleine Prozesskräfte mit einer Bandbreite von 2 N, beginnend bei 0,5 N, dargestellt. Pro Kraftniveau wird über die Anzahl der in diesem Niveau enthaltenen Datenpunkte eine Verteilung ermittelt, woraus sich der Median, das 25. sowie das 75. Perzentil berechnen lässt. Ferner wird der obere sowie der untere Whisker jeweils auf das 1,5-fache des Perzentilbereichs erweitert. Alle Werte, die darüber hinausgehen, werden als Ausreißer definiert. Diese Ausreißer sind als schwarze Datenpunkte außerhalb der jeweiligen Boxen sichtbar. Die Boxplots werden zur Visualisierung der durchschnittlichen Fehlerabweichungen über den Median und Quartilbereich genutzt.

Kleine Boxbreiten mit einem höheren Median sprechen für einen guten qualitativen Verlauf des Modells mit einem bestimmten Offset im Vergleich zu Messung, etwa Kräfte bei einem Niveau von 340 N bis 360 N. Grund dafür kann die vereinfachte, genäherte Ermittlung von K_ver über verschiedene Spandicken h sein, wodurch nicht alle physikalischen Trennmechanismen bei verschiedenen Eingriffs- und Schnittparametern abgebildet werden. Denn durch die Veränderung von h ändert sich auch der Verhältnisfaktor K_ver, Abbildung 5.17, wodurch sich die Aufteilung von F_t und F_r ebenfalls ändert. Relativ gesehen zu seinen Kraftniveaus ist der Fehler gering. Große Boxbreiten können ein Anzeichen für wenige Datenpunkte sein, beispielsweise in den Übergangsbereichen auf einem bestimmten Niveau. Zudem können es Anzeichen sein, dass in diesem Bereich keine vertrauenswürdige Vorhersage erreicht wird. Eine große Ausreißerzahl unterstützt diese These.

Insgesamt zeigen sich bei allen Kraftniveaus gute Ergebnisse, wenn man den absoluten Fehler im Verhältnis zum Kraftniveau sieht, wie bereits die Verläufe im Zeitbereich belegen. Einige der Kraftniveaus enthalten nur eine sehr geringe Datenmenge, teilweise von unter 20 Datenpunkten, und können Durchgangskraftniveaus beim An- oder Abstieg der Kräfte darstellen. Hier kommt es zu größeren Datenverteilungen, was an einer nicht idealen Datensynchronisierung im statischen Bereich und damit an einem unterschiedlichen Verhalten im An- sowie Abstieg der Kräfte an der Durchgangslinie liegen kann. Dazu gehören beispielsweise alle Niveaus in X-Richtung zwischen 260 N und 340 N. Auch mechanische Einflüsse, die sich auf die Ermittlung von M_{sp} auswirken, sind nicht ausgeschlossen, werden aber im Folgenden nicht betrachtet.

Im hohen Kraftniveaubereich ab 100 N liegt der Großteil der hybrid ermittelten Kräfte in einem Fehlerbereich um 0 N bis 20 N. Für den mittleren Kraftniveaubereich von 20 N bis 100 N gibt es folgende Auffälligkeiten: Bei 60 N Kraftniveau liegt der Median bei -2,23 N, das 25te Perzentil bei -4,01 N und das 75te Perzentil bei -0,61 N, wodurch insgesamt die Niveaus von 60 N gut vorhergesagt werden. Von den insgesamt 7551 Datenpunkten in diesem Niveau liegen allerdings 772, also knapp 10 %, als Ausreißer vor. Zudem zeigt sich eine hohe Menge an Ausreißern bei ca. -22 N Abweichung von 60 N. Das bedeutet auch, dass nur 10 % der Daten diesen Fehler aufweisen. Dieser Fehler liegt in der fehlerhaften Ermittlung von R_x und R_y, die Modelleingänge für die hybride Kraftmessmethode sind, Abbildung 5.19 Plot 2 bei Schrittweite 20.000. Auch die Bearbeitung vor dieser Schrittweite bei einem Kraftniveau von 80 N führt zu einer fehlerhaften Eingriffsimulation, wodurch die modellierten Kraftsignale im Vergleich zur Messung mit KMP einen hohen Fehleranteil aufweisen. In diesem Fall rauscht das modellierte Kraftsignal mit hoher Amplitude um das KMP-Signal, sodass diese Punkte keine Ausreißer darstellen, sondern eine große Boxbreite bilden. Da vor allem die Kenntnis der Prozesskräfte beim Schlichten von Interesse ist und die Datenhäufigkeit im niedrigen Kraftniveau bis 20 N hoch ist, primär begründet durch die Prozesskraftniveauanteile um 0 N (Werkzeug nicht im Eingriff), wird der dadurch klein ausfallende Quartilbereich im Niveau von 0 N bis 20 N unterteilt und detailliert betrachtet (Plot 5 rechts): Die niedrigen Kraftbereiche zeichnen sich in der Regel durch eine breitere Streuung im Verhältnis zu ihrem Niveau aus. So liegt die Breite der Box bei 10 N inklusive des Whiskers bei -5 N bis 5 N exklusiv einer Anzahl an Ausreißern von 5 % bei einem Minimum von -21 N. Das liegt an der geringen Sensitivität von M_{sp} in diesen Kraftniveaubereichen. Der Rauschanteil wirkt sich in diesem Bereich stärker auf die Modellgenauigkeit aus, da das Schnittmoment den immer kleiner werdenden Anteil in M_{sp} ausmacht. Betrachtet man den Fehler von ca. 5 N im Durchschnitt auf das jeweilige Kraftniveau bleibt dennoch festzuhalten, dass auch bei geringen Prozesskräften teils akzeptable Vorhersagen durch die hybride Messmethode möglich sind. Insgesamt weist er somit Vorteile gegenüber der Prozesskraftermittlung über bisherige Ansätze auf, die ohne Zusatzsensorik arbeiten, z. B. über Achsantriebsströme. Nachteil ist die zusätzliche Nutzung und Parametrierung einer prozessparallel laufenden Materialabtragsimulation.

Zusammenfassend kann die hybride Messmethode ohne Zusatzsensorik zur statischen Prozesskraftermittlung in X- und Y-Richtung beim 3D-Fräsen für die Schrupp- und Vorschlichtbearbeitung sowie für bestimmte Schlichtoperationen eingesetzt werden. Die hohe Vorhersagegenauigkeit bei mittleren und hohen Prozesskräften qualifiziert sie zudem als möglichen Datenlieferanten für die Entwicklung des kontinuierlich lernenden Modellierungsansatzes zur Prozesskraftermittlung. Ziel ist es, mithilfe der hybriden Messmethode ohne Zusatzsensorik auch geringe Prozesskräfte beim Schlichten valide vorherzusagen, Kapitel 8.1.

6 Lernender Ansatz zur Prozesskraftermittlung bei NC-Fräsprozessen

Learning approach to process force determination for NC milling processes

Basierend auf dem methodischen Vorgehen aus Kapitel 4 wird mit den zugrundeliegenden Daten und Informationen, Kapitel 5, in diesem Kapitel die lernende Prozesskraftmodellierung mit erhöhter Übertragbarkeit bei gleichzeitig geringem Adaptionsaufwand entwickelt. Auf Basis des Versuchssetups in Kapitel 4.1 fokussiert Kapitel 6.1 die automatische Clusterbildung zur clusterbasierten Adaption des ALTINTAS-Prozesskraftmodells. Kapitel 6.2 und 6.3 setzen darauf auf und entwickeln das kontinuierlich lernende Gesamt-Prozesskraftmodell. Zuletzt fokussiert Kapitel 6.4 die datenbasierte, quantitative Ermittlung von im Modell implizit enthaltenen Ursache-Wirkungs-Zusammenhängen. Kapitel 6 ist somit die Antwort auf **Forschungsfrage 2** und **3**.

6.1 Unüberwachte, clusterbasierte Adaption empirischer Prozesskraftmodelle

Unsupervised, cluster-based adaptation of empirical process force models

Wie in Kapitel 2 und 4 beschrieben, ist die breite Anwendung herkömmlicher Modellierungsansätze zur Prozesskraftermittlung aufgrund des hohen Adaptionsaufwands in Abwägung mit der lokalen Anwendbarkeit für den zugehörigen Prozessbereich in der Prozessplanung und -überwachung bisher ausgeblieben. Dadurch werden zum einen keine übergreifenden Zusammenhänge über die Datenhistorie berücksichtigt, zum anderen sind wechselnde Prozessbedingungen bei der lokalen Modellierung nicht im Fokus, die eine Modellanpassung an neue lokale Gültigkeitsbereiche erfordern. Wechselnde Prozessbedingungen spielen in werkstattorientierten Fertigungssystemen jedoch eine zentrale Rolle und müssen als Teil des lernenden, hybriden Modellierungsansatzes automatisiert aus der Daten- und Informationsgrundlage aus Kapitel 4 ermittelt werden. Dafür wird eine Veränderung in der Wahrscheinlichkeitsverteilung $D(x_{in})$ aller relevanten Inputdaten in Form des Vektors x_{in} entlang der Datenhistorie mit den Zeitpunkten t ermittelt, die sich mathematisch wie folgt beschreiben lässt, Gleichung 6.1.

$$D^{[t]}(x_{in}) \not\sim D^{[t+1]}(x_{in}) \tag{6.1}$$

Demnach werden neue Prozessbereiche im Datenvektor x_{in} erkannt, wenn die Datenverteilung $D^{[t_1]}(x_{in})$ zum Zeitpunkt t_1 ungleich der Datenverteilung $D^{[t_2]}(x_{in})$ zum Zeitpunkt t_2 ist und somit ein zeitlicher Datendrift vorliegt. In der Folge sind die lokalen Prozessbedingungen in der jeweiligen heterogenen Datenverteilung enthalten, wodurch ähnliche Datenmuster in Gruppen, in sog. Datenclustern, zusammengefasst werden. Das zu entwickelnde, algorithmische Vorgehen ist als Clustering definiert und verfolgt das Ziel der automatisierten Identifikation von plausiblen Gültigkeits-

bzw. Prozessbereichen, Kapitel 6.1.1, für die wiederum die lokale, automatisierte Adaption des empirischen Prozesskraftmodells nach ALTINTAS angestoßen wird, Kapitel 6.1.2. Die daraus folgende clusterbasierte Adaption von Prozesskraftmodellen führt direkt zu einer breiteren Modellanwendbarkeit, da die Anzahl adaptierter Kraftmodelle mit Bezug auf identifizierte Prozessbereiche steigt, die in bekannten Prozesssituationen verwendet werden können. Insgesamt ist das in Kapitel 6.1 zu entwickelnde methodische Vorgehen zum automatischen Mustern, Bewerten und Vorverarbeiten der Prozesssituationen die Beantwortung von **Forschungsfrage 2**.

6.1.1 Automatisiertes Datenclustering zur Identifikation von Prozessbereichen

Automated data clustering for the identification of process areas

Die Herausforderung in der automatisierten Clusterung von Daten ist die Festlegung von sinnvollen Grenzbereichen, die über das Eingruppieren eines Datensamples mit einem Inputvektor x_{in} in das Cluster i entscheiden.

Clustering-Methodik | Die grundlegende Clustering-Methodik zeigt Abbildung 6.1 und ist angelehnt an das von WIESCH, BRECHER ET AL. veröffentlichte Vorgehen [BREC23]: In der Abbildung oben werden die statischen Prozesskräfte in X- und Y-Richtung für Versuchsnummer 17 gezeigt. Das Prinzip des Clusterings wird an einem Detailausschnitt des Kraftmessschriebs exemplarisch dargestellt, gelber Rahmen in Abbildung 6.1 oben. Die beiden Detailplots zeigen zum einen die Drehzahl N, Plot Mitte, sowie den Vorschub v_f (schwarz) und den Vorschub in X-Richtung v_x (rot), Plot unten. Bezogen auf das Versuchssetup handelt es sich um die Prozessbereiche 3.1, 4.1 und 4.2, Tabelle 4.2. Geschulte Experten können in diesem Fall bereits eine Klassifizierung in ähnliche Fertigungsbereiche anhand der Kraftverlaufsmuster vornehmen, die letztlich zu einem Einteilen in die oben eingeführte Nummerierung der drei verschiedenen Fertigungsoperationen führt.

Ziel muss es sein, dieses Expertenwissen durch die automatisierte Clustering-Methodik zu ersetzen, indem ähnliche Datenmuster automatisch identifiziert und in definierte Prozessbereiche überführt werden. Da nicht immer Zieldaten wie die Prozesskräfte vorliegen, können auch über die NC-Signaldaten, hier die Drehzahl sowie der Vorschub, Datenmuster charakterisiert werden. Die multidimensionalen NC-Signaldaten werden zunächst unabhängig voneinander ausgewertet, um Prozessbereiche für die nachfolgende Modelladaption zu identifizieren, z. B. Signalkonstantbereiche oder Signalverläufe mit systematischer Veränderung. Nach der Charakterisierung werden die identifizierten Prozessabschnitte als farbliche Balkenfolge entlang des Einzelsignals dargestellt, Abbildung 6.1 orange (N) und blaue (v_f und v_x) Balken. Prozessabschnitte mit hoher NC-Signalveränderung, mit Nullwerten oder Werten ober- sowie unterhalb einer festgesetzten Grenze, z. B. für v_f, werden als schwarze Balken dargestellt, z. B. für kurze Beschleunigungsphasen von v_f in den Eilgang, da hier in der Regel kein Eingriff und somit keine Prozesskraft auftritt. Die pro Einzelsignal gefundenen Prozessabschnittsfolgen sind nicht zwangsläufig identisch. Die einzelnen Prozessabschnittsbalken überlappen teilweise miteinander, Abbildung 6.1, und ergeben unterschiedliche Balkenkombinationen. Je Kombination der sich überschneidenden Einzelbalken ergeben sich aus den Prozessabschnitten über die Multidimensionalität der Einzelsignale die Prozessbereiche bzw. Cluster. Für jeden so identifizierten Cluster wird die nachfolgende Kraftmodelladaption mit Gültigkeit für ebendiesen Prozessbereich durchgeführt.

Aufbauend auf dem Vorgehen von OCHEL teilt sich die konkrete Umsetzung der Clustering-Methodik in die zwei Teilbereiche, das expertenwissensbasierte sowie das modellbasierte Clustering, auf [OCHE23].

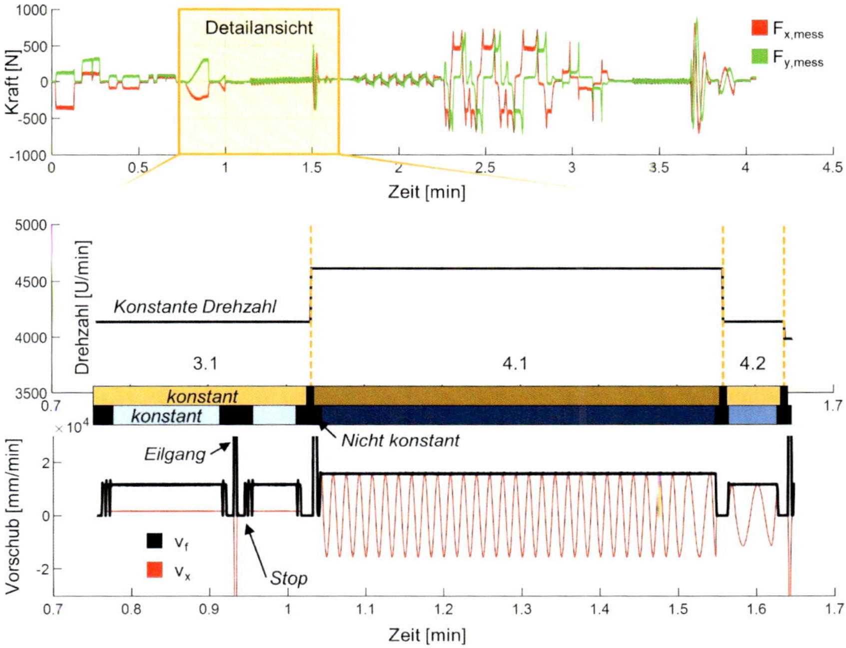

Abbildung 6.1: Clustering von Prozessbereichen aus dem Versuchssetup, Kapitel 4.1
Clustering of process areas from the test setup, chapter 4.1

Automatisiertes, expertenwissensbasiertes Clustering | Die intuitiv über Erfahrungswissen stattfindende Klassifizierung von Signalen in separate Prozessbereiche wird im ersten Schritt in ein automatisiertes Clustering überführt. Dazu generiert der Start eines neuen NC-Programms eine Trace-ID, die maschinen-, bauteil- und werkzeugspezifische NC-Daten sowie Zeitstempel umfasst und so bereits erste grobe Cluster bildet. Diese grobe Einteilung reicht jedoch nicht aus, um Prozessbereiche präzise genug zu identifizieren. Denn die Einzelsignale Drehzahl N und Vorschubgeschwindigkeit v_f können jeweils begründet durch ihre Konstantbereiche nur zwei verschiedene Prozessbereiche in insgesamt vier Balkensegmenten identifizieren. Daher ist die kombinierte Multidimensionalität in den Daten entscheidend, um eine feinere Unterscheidung zu erreichen. Die Analyse der Balkenkombinationen von mehreren Einzelsignalen führt zu einer detaillierten Identifikation von Prozessbereichen, beispielsweise durch die Überlappung der Einzelsignale wie N und v_f. Unterschiede im Musterverlauf eines weiteren Signals, hier durch den sinusförmigen Verlauf der Vorschubgeschwindigkeit v_x ab 1,05 min, ermöglichen diese feine Unterscheidung, wodurch die Identifikation spezifischer Fertigungsoperationen, etwa Flanken-Fräsen (Bereich 3.1) oder Kreistaschenschlichten (Bereich 4.2), ermöglicht wird. Dabei sollen die Fertigungsoperationen die unterste Stufe der Clusterbildung bilden. Die Multidimensionalität, die durch die Kombination mehrerer Einzelsignale entsteht, ist daher ein zentrales Element zur Verfeinerung der Klassifizierungsgrenzen. Um die Prozessbereiche automatisch identifizieren und klassifizieren zu können, sind modellbasierte Clustering-Algorithmen erforderlich, die komplexe Signalmuster analysieren und geeignete Clustergrenzen festlegen, die durch den Menschen nicht mehr möglich sind.

Modellbasiertes Clustering | Das modellbasierte Clustering auf Basis der vorliegenden NC-Signaldaten je Trace-ID zeigt Abbildung 6.2. Grundlage ist der Dateninputvektor x_{in}, bestehend aus den Eingriffs- und Technologiegrößen Q_v, a_p, a_e, φ_{ein}, φ_{aus}, v_f, v_x, v_y, N und M_{sp} für eine neue Trace-ID. Die werkzeugperspektivischen Eingriffs- und Technologiegrößen beschreiben die Interaktion zwischen Werkzeug und Bauteil und somit die jeweilige Situation am besten, weshalb das modellbasierte Clustering auf den werkzeugspezifischen Inputvektor angewendet wird. Dabei sind bewusst keine vorgegebenen angelegten Operationen aus dem CAM-System in die Ermittlung eingeflossen, um dem Algorithmus die Freiheit zu geben, Ähnlichkeiten im gesamten Datensatz zu ermitteln und nicht durch Rahmenbedingungen einzuschränken. Dadurch bleibt die Möglichkeit erhalten, dass im CAM angelegte Operationen fertigungstechnisch gleich bewertet und somit zusammengefasst werden.

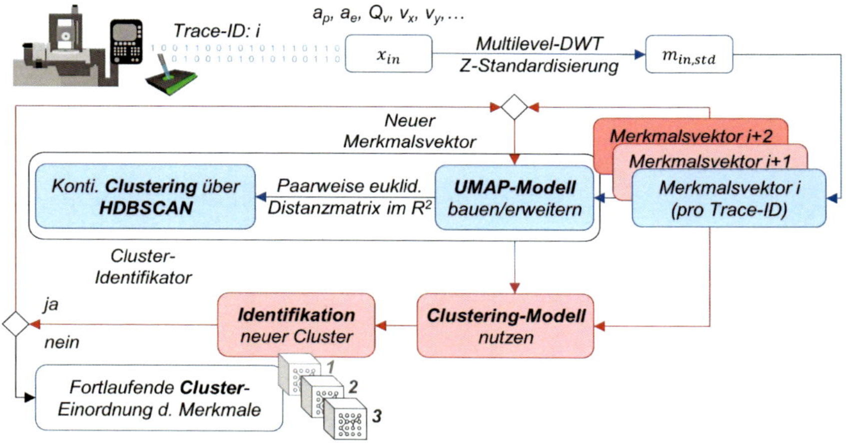

Abbildung 6.2: Automatisiertes Vorgehen des modellbasierten Clusterings von Prozessbereichen

Automated procedure for model-based clustering of process areas

In x_{in} werden für jede Trace-ID i zunächst automatisch über eine diskrete Wavelet-Transformation (DWT) Signalmerkmale ermittelt. Die DWT analysiert ein Signal anders als die Fourier-Transformation sowohl im Frequenzbereich als auch im Zeitbereich, wodurch bekannt ist, welche Frequenzen zu welchem Zeitpunkt im Signal vorhanden sind. So kann die DWT verschiedene Arten von Mustern und Merkmalen im Signal identifizieren, wie zeitlich variierende Frequenzen, Kanten, periodische Muster und Rauschen. Die DWT wird auf jedes Einzelsignal des Dateninputvektors x_{in} angewendet, um das jeweilige Signal in diskrete Komponenten auf verschiedenen Skalen, die sich auf die Breite der sog. verwendeten Wavelet-Basisfunktion beziehen, zu zerlegen, sodass verschiedene Merkmale des Signals inklusive das zeitliche Auftreten zur Analyse extrahiert werden können. Dazu wird die Wavelet-Basisfunktion entlang der Einzelsignale des Dateninputvektors x_{in} in verschiedenen Skalen verschoben. Über eine Faltung eines betrachteten Signals $S_i(t)$ von x_{in} mit den Wavelet-Basisfunktionen $\psi_{m,n}(t)$ wird das Signal in die Koeffizienten m, n auf den verschiedenen Skalen zerlegt, Gleichung 6.2.

$$\mathbb{W}_\psi S_i(m,n) = \int_{-\infty}^{\infty} \psi_{m,n}(t) S_i(t)\, dt \tag{6.2}$$

Kern des Extrahierens ist die sich mit der Skalierung ergebende Frequenzverschiebung der Wavelet-Basisfunktion. Bei einer Frequenzerhöhung (kleine Skala) wird die Zeitauflösung erhöht, im Zeitbereich demnach die Fensterbreite verringert, wodurch sie eine feinere Auflösung für hohe Signalfrequenzen, z. B. Signalsprünge, erhält. Gleichermaßen ist die parallele Analyse von langsamen Signaländerungen und größeren Signalstrukturen möglich, indem die Wavelet-Basisfunktion in der Fensterbreite erhöht wird (große Skala), sodass sich die Frequenzauflösung erhöht und die Zeitauflösung verringert. Die DWT erzeugt bei einfacher Anwendung eine Zerlegung in zwei Komponenten, die kleine und große Skala, und damit eine Reihe von Koeffizienten, die angeben, wie stark die Wavelet-Basisfunktion in den verschiedenen Skalen an den verschiedenen Stellen im Signal vorhanden ist. Dabei repräsentieren die Approximationskoeffizienten die niederfrequenten Anteile des Signals, während die Detailkoeffizienten die hochfrequenten Anteile darstellen. Dadurch werden Signalfeatures in Form sog. Merkmalsvektoren entlang der Zeit extrahiert. Bei iterativer Anwendung spricht man von einer Multilevel-DWT.

Wendet man die DWT auf alle Einzelsignale des Dateninputvektors x_{in} für die jeweilige Versuchsnummer an, so werden über alle Einzelsignale aus x_{in} über die Multilevel-DWT und nach Ausschluss von redundanten bzw. stark korrelierenden Merkmalen sowie deren Detailkoeffizienten insgesamt 38 Merkmale in Form des Merkmalsvektors m_{in} extrahiert. Die Merkmale setzen sich dabei hauptsächlich aus dem Approximationskoeffizientenvektor zusammen und beinhalten sowohl globale als auch feinere Signalstrukturen, die in der folgenden Clusteranalyse untersucht werden sollen. Denn da auch der Approximationskoeffizientenvektor pro Zerlegungsschritt immer feiner wird, sind feinere Signalstrukturen ebenfalls im Merkmalsvektor enthalten. Alle relevanten Koeffizientenvektoren werden aggregiert und ergeben im Anschluss den verbleibenden Merkmalsvektor m_{in} aus dem ursprünglichen Dateninputvektor x_{in}. Zur Verbesserung der Vergleichbarkeit wird jeweils in $m_{in,std}$ über eine z-Transformation standardisiert, Gleichung 6.3.

$$m_{in,std} = \frac{m_{in} - \mu_{m_{in}}}{\sigma_{m_{in}}} \tag{6.3}$$

Im nächsten Schritt muss der Merkmalsvektor $m_{in,std}$ auf zusammenhängende Datenmuster untersucht werden, die stellvertretend für einzelne Prozessbereiche als Cluster stehen. Aufgrund der heterogenen Datenverteilung im Werkstattumfeld ist unklar, wie viele Cluster sich über die Zeit ausbilden. Aus diesem Grund müssen Algorithmen eingesetzt werden, die im Vorfeld keine vorgegebene Anzahl an zu suchenden Clustergruppen benötigen. Die eingestellte Multilevel-DWT je Einzelsignal ist bei Betrachtung der Approximationskoeffizienten pro Zerlegung in der Lage, globale und lokale Merkmale im Einzelsignal zu identifizieren. Diese Strukturen im Einzelsignal sollen bei der multidimensionalen Clusteranalyse ebenfalls berücksichtigt werden, weshalb zur Analyse von $m_{in,std}$ Algorithmen eingesetzt werden, die sowohl lokal als auch global zusammenhängende Strukturen im multidimensionalen Signalraum identifizieren. Hierfür eignet sich im ersten Schritt das algorithmische Vorgehen zur "Uniform Manifold Approximation and Projection for Dimension Reduction UMAP" nach MCINNES ET AL. [MCIN18]. UMAP ist ein nichtlinearer, dimensionsreduzierender Algorithmus, der dazu dient, hochdimensionale Daten auf die zweidimensionale Dimension $\mathbb{R}^2$ zu projizieren. Dadurch wird die Visualisierung und das Erkennen von Mustern in den Daten als Grundlage des darauf aufbauenden, modellbasierten Clustering-Verfahrens erleichtert.

Der UMAP-Algorithmus modelliert die Struktur einer zusammenhängenden Mannigfaltigkeit der Daten im hochdimensionalen Raum, indem er ähnliche Punkte in der niedrig-dimensionalen Darstellung zusammenhält, während unähnliche Punkte auseinandergezogen werden. Dazu modelliert UMAP die hochdimensionale Datenstruktur durch die Annäherung an deren lokale Nachbarschaftsverhältnisse mittels eines gerichteten, gewichteten und symmetrischen Graphen, bei dem Datenpunkte Knoten und die Verbindungen zu den nächsten Nachbarn Kanten darstellen: Für jeden Merkmalspunkt M_i des Vektors $m_{in,std}$ im ursprünglichen Raum $\mathbb{R}^n$ werden innerhalb der Arbeit die euklidischen Distanzen $d_{ek}(M_i, M_j)$ zu allen Nachbarpunkten M_j ermittelt und in die Distanzmatrix D_{ek} überführt, Gleichung 6.4.

$$d_{ek}(M_i, M_j) = \sqrt{\sum_{k=1}^{n}(m_{i,k} - m_{j,k})^2} \tag{6.4}$$

Die Struktur des ursprünglichen Datenraums wird dabei durch die lokale topologische Information bewahrt. Diese Topologie wird durch die Berechnung der gewichteten, symmetrischen Ähnlichkeitsmatrix $P_{ek,ij}$ beschrieben, die die Wahrscheinlichkeit abbildet, dass zwei Merkmalspunkte M_i und M_j im ursprünglichen Raum $\mathbb{R}^n$ in der Nähe zueinander liegen, Gleichung 6.5.

$$P_{ek,ij} = \exp\left(-\frac{d_{ek}(M_i, M_j)^2}{\sigma_i^2}\right) \tag{6.5}$$

Dabei ist σ_i der effektive Nachbarschaftsradius für den Punkt M_i, der so gewählt wird, dass er der Anzahl an betrachteten Nachbarn $n_{neighbors}$ entspricht. In einem zweiten Schritt wird der zweidimensionale Raum $\mathbb{R}^2$ konstruiert, der diese Ähnlichkeitsbeziehungen in der Wahrscheinlichkeitsmatrix $Q_{ek,ij}$ möglichst genau erhält, Gleichung 6.6.

$$Q_{ek,ij} = \frac{1}{1 + h_1 \cdot ||q_i - q_j||^{2h_2}} \tag{6.6}$$

Die Parameter h_1 und h_2 sind Hyperparameter, die die Form der Verteilung kontrollieren und in der hier angewendeten PYTHON-UMAP-Implementierung im Standard mit $h_1 = 1.929$ und $h_2 = 0.7915$ verwendet werden. $||q_i - q_j||$ ist die Distanz zwischen den niedrigdimensionalen Punkten q_i und q_j. Ziel ist es, die Wahrscheinlichkeiten $P_{ek,ij}$ und $Q_{ek,ij}$ einander möglichst anzunähern. Dies geschieht durch die Minimierung der Differenz zwischen den Abständen im hochdimensionalen Raum $\mathbb{R}^n$ und den Abständen im projizierten Raum im $\mathbb{R}^2$ mittels der Optimierungsfunktion Λ, die auf Kreuzentropie beruht, Gleichung 6.7.

$$\Lambda = \sum_{i \neq j} P_{ek,ij} \log\left(\frac{P_{ek,ij}}{Q_{ek,ij}}\right) + (1 - P_{ek,ij}) \log\left(\frac{1 - P_{ek,ij}}{1 - Q_{ek,ij}}\right) \tag{6.7}$$

Diese Funktion wird durch Gradientenabstieg optimiert, um die Positionen der Punkte q_i im niedrigdimensionalen Raum zu aktualisieren. So werden Punkte, die im hochdimensionalen Raum $\mathbb{R}^n$ nah sind, "angezogen" und Punkte, die weit entfernt sind, "abgestoßen". Dabei müssen die folgenden Einstellparameter für den Erfolg des UMAP-Algorithmus mit Blick auf den jeweiligen Anwendungsfall bewusst ausgewählt werden.

- **Anzahl der Nachbarn** $n_{neighbors}$: Die Anzahl der Nachbarn legt fest, wie viele benachbarte Punkte bei der Berechnung der lokalen Struktur eines Datenpunkts berücksichtigt werden. Ein kleinerer Wert führt dazu, dass UMAP sich stärker auf die lokalen Strukturen konzentriert. Ein größerer Wert führt hingegen zu einer globalen Sicht auf die Daten, was zu weniger detaillierten, aber stabileren Clustern führt.

- **Mindestdistanz** dst_{min}: Bestimmt, wie nahe zwei Punkte im projizierten Raum zueinander liegen können. Ein kleiner Wert sorgt dafür, dass ähnliche Punkte enger zusammenliegen, was die Erkennung lokaler Cluster unterstützt, während ein höherer Wert zu größerem Abstand zwischen den Punkten und loser Clusterbildung führt.

Nach der Beschreibung des UMAP-Algorithmus wird dieser auf den Merkmalsvektor $m_{in,std,i}$ von Versuchsnummer i angewendet. Die Anzahl der Nachbarn $n_{neighbors}$ wird nach iterativer Testphase in Bezug auf das Versuchssetup auf einen Wert von 100 festgelegt, der Mindestabstand dst_{min} auf einen Wert von 0,4, wodurch sich klar erkennbare farbliche Strukturbereiche im $\mathbb{R}^2$ ergeben, Abbildung 6.3 unten. Blickt man auf die Zeitreihendaten für die verschiedenen Variablen, die in x_{in} enthalten sind, z. B. das aktuelle Zeitspanvolumen Q_v in der Abbildung oben, so kann die Annahme getroffen werden, dass bereits vor der Multilevel-DWT, die das Signal tiefpassfiltert, das Signalrauschen im Verhältnis zu den Unterschieden in den einzelnen Fertigungsstrategien vernachlässigbar ist. Daher liegt der Fokus auf globalen Strukturen in den Signaldaten zur Erkennung von zusammenhängenden Prozessbereichen, wodurch nach MCINNES ET AL. mit 100 eine hohe Anzahl an Nachbarn sowie mit 0,4 ein mittlerer Wert für dst_{min} gerechtfertigt sind [MCIN18]. Nachdem der jeweilige Merkmalsvektor $m_{in,std,i}$ über UMAP in den zweidimensionalen $\mathbb{R}^2$ überführt ist, kann das einzustellende Fenster des Merkmalsvektors als Punkt auf der zweidimensionalen Ebene dargestellt werden. Ähnliche Merkmale stellen homogene Abschnitte des Datensatzes in Form von dicht separierten Punkteclustern dar, Abbildung 6.3 unten. Sobald ein Optimum des UMAP-Algorithmus gefunden ist und die Merkmalspunkte mit ihrer lokalen Topologie in zweidimensionalen Punktewolken angeordnet sind, werden erneut die euklidischen Distanzen nach Gleichung 6.4 ermittelt und in die symmetrische Distanzmatrix D_{ek} überführt. Die implizit in D_{ek} enthaltene Datenpunktedichte wird mithilfe des von CAMPELLO ET AL. entwickelten, unüberwachten HDBSCAN-Verfahrens ausgewertet, wodurch die Cluster in den bisher topologisch angeordneten Punktewolken im $\mathbb{R}^2$ bestimmt werden können [CAMP13].

HDBSCAN ist eine Erweiterung des DBSCAN als zugrundeliegender Clustering-Algorithmus, der auf dichtebasierten Prinzipien mittels einer hierarchischen, gewichteten Graphenstruktur beruht. Der Vorteil von HDBSCAN gegenüber DBSCAN ist, dass HDBSCAN Cluster mit unterschiedlichen Dichten automatisch erkennen kann, während DBSCAN feste Dichteparameter verwendet, die für alle Cluster global gelten. Über die hierarchische Struktur beim HDBSCAN-Verfahren sind darüber hinaus tiefere dichtebasierte Analysen möglich. HDBSCAN klassifiziert Datenpunkte in drei Hauptkategorien: Kernpunkte, erreichbare Punkte und Ausreißer. Ein Kernpunkt ist ein Datenpunkt o_i, der sich in einem bestimmten Radius σ_i um mindestens eine vordefinierte Mindestanzahl von Nachbarn $n_{neighbors}$ befindet. Erreichbare Punkte sind Datenpunkte, die von einem Kernpunkt aus innerhalb des Radius σ_i erreichbar sind. Um Cluster zu bilden, ermittelt HDBSCAN im ersten Schritt für jeden Datenpunkt o_i die Kernentfernung d_{kern} als euklidische Mindestdistanz, die nötig ist, um von o_i mindestens $n_{neighbors}$ Nachbarn k zu erreichen, analog zu Gleichung 6.4, und ist ein Maß für die lokale Punktedichte. Im Anschluss wird der sog. "Abstand der gegenseitigen Erreichbarkeit" $d_{re}(o_i, o_j)$ ermittelt. Dabei handelt es sich um eine Maßzahl, die die Distanz zwischen zwei Punkten glättet, indem sie die lokale Dichte d_{kern} berücksichtigt, Gleichung 6.8.

$$d_{re}(o_i, o_j) = \max\left(d_{kern}(o_i, k), d_{kern}(o_j, k), d_{ek}(o_i, o_j)\right) \tag{6.8}$$

Nach der Ermittlung von $d_{re}(o_i, o_j)$ wird der vollständige, gewichtete Graph $H = (O, K)$ mit O als Menge aller Datenpunkte und K als Menge aller Kanten zwischen allen Punkten mit den Gewichten $w_{i,j} = d_{re}(o_i, o_j)$ erstellt. Als Untergraph von H verbindet MT alle Datenpunkte und minimiert die Summe der Kantengewichte $w_{i,j}$, Gleichung 6.9.

$$MT = \arg\min_{B \subseteq H} \sum_{(i,j) \in T} d_{re}(o_i, o_j) \tag{6.9}$$

Dabei ist B ein Teilbaum von H, der alle Knoten O von H enthält. MT ist demnach der Teilbaum B von H, bei dem die Summe der Kantengewichte $w_{i,j}$ minimal ist. MT wird im Anschluss schrittweise zerschnitten, indem die Kanten mit den größten d_{re} entfernt werden, wodurch der Graph allmählich in zusammenhängende Komponenten zerlegt wird. Nach aufsteigender Sortierung der Kanten des Baumes nach Abstand unter Einhaltung der Verknüpfungen ergibt sich die hierarchische Struktur von Clustern auf verschiedenen Ebenen, ähnlich einem Dendrogramm. DBSCAN zieht zur Ermittlung der Cluster aus dem Dendrogramm bzw. der hierarchischen Struktur eine horizontale Linie, die über einen unintuitiven Parameter eingestellt wird. Dadurch ist ein individueller Umgang mit Clustern unterschiedlicher Dichte unmöglich, da jede Wahl der Schnittlinie als fester Dichtegrad eine Wahl der gegenseitigen Erreichbarkeitsdistanz, bei der geschnitten wird, darstellt. Ziel ist es, den Strukturbaum an verschiedenen Stellen zu schneiden, um Cluster unterschiedlicher Dichte auszuwählen. Daher berechnet HDBSCAN im vorletzten Schritt die Stabilität St eines Clusters Cl, bestehend aus Kernpunkt und erreichbaren, hierarchisch untergeordneten Punkten, als die Summe der Persistenz dieser Punkte im Cluster über die hierarchische Struktur, Gleichung 6.10, wodurch Cluster mit unterschiedlichen Dichten automatisch ermittelt werden können.

$$St(Cl) = \int_{\lambda_{birth}}^{\lambda_{death}} |Cl(\lambda_{o_i})| d\lambda_{o_i} \tag{6.10}$$

Die Stabilität St beschreibt, wie bedeutend ein Cluster über die verschiedenen Hierarchieebenen ist. Sie wird definiert als die Fläche unter der "Lebensdauer" des Clusters Cl über die untergeordneten Skalenebenen $\lambda_{o_i} = 1/d_{re}$ hinweg. Der minimale Skalenparameter $\lambda_{birth} = 1/d_{re,max}$ ist der Wert, bei dem das Cluster Cl absplittet und erstmals entsteht, der maximale Skalenparameter $\lambda_{death} = 1/d_{re,min}$ der Wert, bei dem das Cluster Cl verschwindet, beispielsweise durch Verschmelzung mit einem anderen Cluster oder durch Auflösung. $Cl(\lambda_{o_i})$ ist die Größe des Clusters bzw. die Anzahl der zugehörigen Punkte, die bei λ_{o_i} existieren. Somit sind alle Baumknoten in der hierarchischen Struktur als mögliche Cluster zu verstehen. Im Anschluss arbeitet sich HDBSCAN durch den Strukturbaum nach oben. Wenn die Summe der Stabilitäten der untergeordneten Cluster größer ist als die Stabilität des aktuell betrachteten Clusters, dann wird die Stabilität dieses Clusters auf die Summe der Stabilitäten der untergeordneten Cluster gesetzt. Ist die Stabilität des aktuell betrachteten Clusters hingegen größer als die Summe seiner Kinder, wird dieser Cluster zu einem ausgewählten Cluster gesetzt und hebt somit die Auswahl aller seiner Nachkommen auf. Cluster mit einer hohen Stabilität werden als endgültige Cluster definiert. Dabei ist der einzige Parameter, der für HDBSCAN vorgegeben wird, die Cluster-Mindestgröße $n_{neighbors}$. Datenpunkte, die weder Kernpunkte noch erreichbare Punkte sind, gelten als Ausreißer und werden nicht in Cluster aufgenommen. Ein Punkt o_i ist ein Ausreißer, wenn er in keiner Hierarchieebene $Cl(\lambda_{o_i})$ enthalten ist. HDBSCAN bestimmt im Gegensatz zu DBSCAN durch seinen hierarchischen Ansatz automatisch geeignete Schwellenwerte für die Dichtekriterien über das Prinzip der "Cluster-Lebensdauern", was die unüberwachte Identifizierung von Clustern mit unterschiedlichen Dichten ermöglicht. Dadurch geht HDBSCAN besser mit heterogen verteilten Prozessdaten um, in denen die Datencluster unterschiedliche Dichten und Grenzen zu anderen Clustern aufweisen.

Auswertung | Abbildung 6.3 zeigt die Ergebnisse des Vorgehens nach Abbildung 6.2. Die Clusteridentifikation über UMAP und HDBSCAN wird für die Datenbasis von Versuchsnummer 17 durchgeführt. Als Ergebnis der Anwendung von HDBSCAN zur Clusterbildung kann den Punkteclustern der UMAP-Darstellung in Abbildung 6.3 unten für jedes gefundene Cluster eine Farbe zur Visualisierung zugeordnet werden. Zu erkennen ist, dass das gesamte Signal aufgrund der gewählten Einstellparameter mit Fokus auf globale Strukturen in einzelne Cluster separiert wird. Da HDBSCAN neben globalen Signalstrukturen ebenfalls Rauschanteile detektiert und in einen Rauschcluster sortiert, werden die einzelnen Fertigungsstrategien in einer Hierarchieebene automatisch als Cluster identifiziert. Die Farbwerte der identifizierten Cluster aus der UMAP-Darstellung werden auf das Kraft- und Zeitspanvolumensignal in Abbildung 6.3 oben übertragen. Dadurch wird deutlich, dass durch HDBSCAN identifizierte Cluster die globale Struktur in den Daten gewichten und so die verschiedenen Fertigungsoperationen identifizieren, die mit den im Vorfeld eingeteilten Operationsnummern (1.1 bis 6.2) größtenteils übereinstimmen, sie sogar verfeinern, wie Beispiele zeigen.

Bei Betrachtung von Operation 5.1 fällt auf, dass innerhalb der Operation verschiedene Unteroperationen vom Algorithmus erkannt werden, die im Vorfeld in der CAM-Programmierung zusammenhängend geplant wurden. HDBSCAN unterteilt die Operation 5.1 in eine Freifahrbewegung, das Eintauchen in das Material mit projizierter Rampe sowie das Ausfräsen der Rechtecktasche. Betrachtet man 4.1 im Detail, sieht man im Kraftverlauf von F_x während des Helixfräsens der Kreistasche einen Wechsel des Clusters, obwohl die Bearbeitung die gleiche bleibt. Betrachtet man parallel das aktuelle Zeitspanvolumen Q_v, so nimmt dieses erst zu einem späteren Zeitpunkt, genau beim farblichen Umsprung, einen Wert > 0 an. Da bei Versuchsnummer 17 kein Planfräsen durchgeführt wurde und somit das Höhenmaß des 3D-CAD-Rohteils nicht mit dem realen Werkstück übereinstimmt, kommt es zu dieser Anomalie, die vom Algorithmus nicht detektiert werden kann. Kreistasche 6.1 ist ähnlich zu 4.1, wird aber innerhalb der bereits eingebrachten Rechtecktasche gefräst. Da hier bereits Material im Vorfeld abgenommen wurde (Operation 5.1 und 5.2), bleibt kein Aufmaß stehen. Dadurch erfolgt hier ein sauberer farblicher Clusterübergang. Die beschriebenen Anomalien führen somit zu einer lokal falschen Einordnung der Cluster, was nicht auf den hierarchischen Algorithmus HDBSCAN zurückzuführen ist, sondern auf die Qualität des Inputdatenvektors x_{in}. Insgesamt wird deutlich, dass ähnliche Bearbeitungen, z. B. das zweifache Fertigen der Schräge (3.1) sowie das Helixfräsen an verschiedenen Stellen (4.1 und 6.1), in die gleichen Cluster fallen. Somit berücksichtigt HDBSCAN unterschiedliche Dichteverteilungen in den Clustern, wodurch ein separates Finden von Clustergrenzen nicht stattfinden muss.

Nach der Identifikation eines Clusters für den Merkmalsvektor $m_{in,std,i}$ pro Trace-ID i werden die identifizierten Cluster fortlaufend inklusive der trainierten Modellversion für UMAP nummeriert und als zusätzlicher Clusterindex $(cl, v$ in die Datenstruktur der NC-Kontextinformationen ergänzt. Konkret wird der Clusterindex (cl, v) als Kombination aus den identifizierten Clustern $Cl_1, ..., Cl_K$ in der angewendeten UMAP-Modellversion $V_1, ..., V_N$ am eingehenden Rohinputvektor x_{in} über eine neue Spalte ergänzt. Das angestrebte Vorgehen zum modellbasierten Clustering bezieht sich nicht auf eine einzelne Trace-ID, hier Versuchsnummer 17. Es muss in eine kontinuierlich wachsende Datenumgebung überführt werden, die kontinuierlich Daten clustert. Daraus ergeben sich zwei Phasen: Neben der oben beschriebenen Trainingsphase (blaue Boxen) des Start-Clustering-Modells für einen ersten Merkmalsvektor $m_{in,std,i}$ pro erster Trace-ID i findet nach dem Speichern des UMAP-Modells eine Anwendungsphase (rote Boxen) für neue Merkmalsvektoren $m_{in,std,i+1}$ statt. In dieser Phase werden die neuen Merkmalsvektoren auf Basis des aktuell gespeicherten UMAP-Modells in den $\mathbb{R}^2$ intern transformiert. Im Anschluss wird das HDBSCAN-Verfahren vollständig durchgeführt und die neuen, zugrundeliegenden Merkmalsvektoren werden erst einmal unabhängig von den alten Merkmalsvektoren, auf deren Basis das UMAP-Modell erstellt wurde, geclustert. Denn HDBSCAN basiert auf dem Minimum Spanning Tree, der von den "Abständen der gegenseitigen Erreichbarkeit" $d_{re}(o_i, o_j)$ zwischen allen Punkten abhängt. Das Hinzufügen eines neuen Punktes würde die Distanzen und den Minimum Spanning Tree, Gleichung 6.9, verändern. Aufgrund der hierarchischen Clusterstruktur und der Stabilitätsanalyse könnte in der Folge ein neuer Punkt bestehende Cluster destabilisieren oder neue Cluster erzeugen, da HDBSCAN alle Punkte im Datensatz berücksichtigt. Allerdings findet HDBSCAN eine Zuordnung zu bestehenden Clustern, wenn die neuen Vektoren im $\mathbb{R}^2$ auf der UMAP-Karte ähnliche Punktewolkenmuster wie die alten Vektoren ergeben.

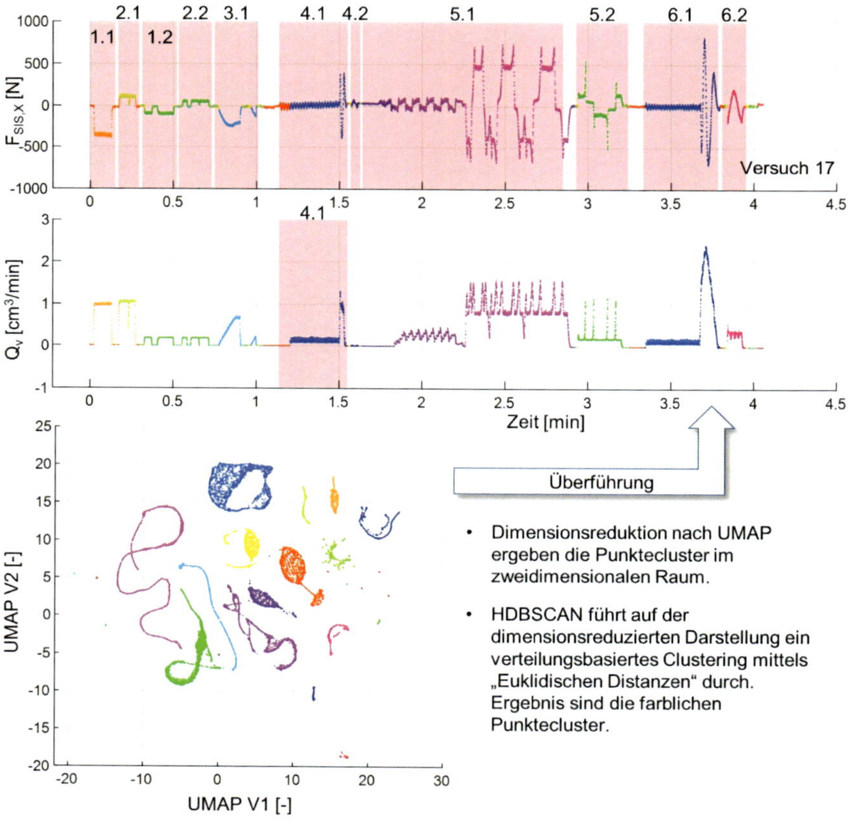

Abbildung 6.3: Ergebnisse des modellbasierten Clusterings von Versuchnummer 17

Results of the model-based clustering of trial number 17

Durch Veränderungen in den Prozesssituationen tritt über die Zeit eine heterogene Dichteverteilung des Merkmalsvektors $m_{in,std,i+1...n}$ für eine neue Trace-ID auf. Führen diese neuen Merkmalsvektoren $m_{in,std,i+1}$ zu neuen Punktewolkenmustern auf der UMAP-Karte, so wird HDBSCAN neue Cluster finden, die stellvertretend für den in den Daten implizit enthaltenen Datendrift stehen und diesen verarbeiten. Bei der Identifikation eines neuen Clusters Cl wird das bisherige UMAP-Modell auf die jetzt größere Datenmenge (Grundmerkmalsvektor $m_{in,std,i}$ und neuer Teilmerkmalsvektor $m_{in,std,i+1,cl}$) trainiert und gespeichert, wodurch das UMAP-Modell mehr globale Strukturen für das anschließende Clustering nach HDBSCAN unterscheiden kann. Durch das Neutraining kann der Fall auftreten, dass bisher separierte Cluster aufgrund kleiner werdender lokaler Unterschiede zusammengefasst werden. Dadurch ist eine fortlaufende Cluster-Nummerierung nicht zielführend, weshalb der Clusterindex für den identifizierten Cluster in Verbindung mit der UMAP-Modellversion in den sog. Cluster-Identifikator überführt wird. Ein Merkmalsvektor, der bereits unter einer vorherigen Modellversionsnummer auf Cluster analysiert wurde, wird bei Anfrage erneut durch die Anwendungs-Pipeline geleitet, wodurch er mit dem aktuellen UMAP-Modell einem neuen Clustering unterzogen wird. Der Cluster-Identifikator wird im Anschluss überschrieben. Zur Reduzierung der Trainingszeit wird aus den wachsenden Datenmengen (i, $i+1$, ..., $i+N$) eine homogen verteilte Vorauswahl ermittelt, die als Grundlage der UMAP-Modellerstellung dient, die innerhalb der Dissertation nicht weiter betrachtet wird.

6.1.2 Automatisierte Adaption empirischer Prozesskraftmodelle

Automated adaptation of empirical process force models

Die in Kapitel 6.1.1 eingeführte Klassifizierung von Prozessbereichen in Form von Clustern, die eine Repräsentation von Frässituationen mit ähnlichem Prozessverhalten darstellen, ist notwendig, um die begrenzten Gültigkeitsbereiche bestehender empirischer Prozesskraftmodelle in der Anwendung auf die jeweilige Prozesssituation zu berücksichtigen. Darauf aufbauend wird innerhalb von Kapitel 6.1.2 der automatisierte Adaptionsprozess zur datenbasierten Übertragung bereits bekannter Zusammenhänge auf ähnliche Anwendungsfälle entwickelt. Der Begriff Adaptionsprozess beinhaltet konkret das Modellfitting eines empirischen Kraftmodells auf Basis der verfügbaren NC-Signaldaten. Grundlage dazu ist das empirische, statische Prozesskraftmodell nach ALTINTAS (Modelltyp A). Anschließend wird Modelltyp A in ein datenbasiert adaptiertes Modell (Modelltyp B) überführt. Zur Umsetzung des Vorgehens steht die in Kapitel 5 erarbeitete werkzeugperspektivische Daten- und Informationsgrundlage zur Verfügung, die auf Basis des Versuchssetups, Kapitel 4.1, generiert wurde. Die für die Modelladaption relevanten Zeitreihendaten in Form der NC-Signaldaten sind auf Basis der in Kapitel 6.1.1 generierten Cluster segmentiert, sodass das empirische Kraftmodell nach ALTINTAS für den entsprechenden Gültigkeitsbereich adaptiert werden kann und als adaptiertes Modell in Form der Modellkonstanten für das identifizierte Cluster vorliegt, wodurch mit der Zeit eine wachsende Modelldatenbank generiert wird. Das empirische Kraftmodell nach ALTINTAS kann sowohl für dynamische als auch für statische Prozesskräfte adaptiert werden. Da die in der Dissertation zu entwickelnde Methodik den Fokus auf die Vorhersage der statischen Prozesskräfte $\overline{F}_x$ und $\overline{F}_y$ legt, wird der statische Adaptionsprozess im Folgenden detailliert.

Adaption des statischen Prozesskraftmodells nach ALTINTAS | In vielen technischen Applikationen ist die für die automatisierte Durchführung des Adaptionsprozesses notwendige hochfrequente Datengrundlage nicht verfügbar. Beispielsweise liegen keine Prozesskräfte in einer hohen Abtastfrequenz vor. Daher wird in Anlehnung an Vorarbeiten von WIESCH, BRECHER ET AL. und LIU ET AL. der Adaptionsprozess für statische Prozesskräfte durchgeführt, der auch ohne zusätzliche Sensorik über die hybride Prozesskraftmessung in Kapitel 5.3.2 bei einer Abtastrate von 500 Hz möglich ist [BREC22; LIU22]. Bei dieser Abtastfrequenz ist eine Ermittlung der aktuellen Spanungsbreite $h(\varphi_{j,k})$

als Modelleingangsgröße aufgrund anwendungsspezifischer, gewöhnlicher Werkzeugdrehzahlen nicht zielführend. Daher nutzt das dem Adaptionsprozess zugrundeliegende Modell nur makroskopische Eingriffsgrößen, um den Bedarf an hoher Abtastfrequenz zu senken.

Ziel der automatisierten Adaption des statischen Prozesskraftmodells nach ALTINTAS ist die Vorhersage der statischen Prozesskräfte $\overline{F}_x$ und $\overline{F}_y$ über mindestens eine Fräserumdrehung. Bei den statischen Prozesskräften handelt es sich um das Kurvenintegral des kurvenförmigen Verlaufs von Tangential- F_t und Radialkraft F_r über ein definiertes Fenster einer Fräserumdrehung. Mathematisch entspricht das einer Mittelung der schneidenpositionsbedingten Prozesskräfte entlang der Kurve und eliminiert so den kurvenförmigen Verlauf der dynamischen Prozesskräfte. Da die aktuelle Schneidenposition $\varphi_{j,k}$ über alle Schneiden integriert wird, ist die Kenntnis der aktuellen Spanungsbreite $h(\varphi_{j,k})$ nicht mehr erforderlich und muss daher nicht hochauflösend simuliert werden. Die makroskopischen Eingriffsgrößen wie φ_{ein}, φ_{aus}, a_p und f_z reichen aus. Das Prozesskraftmodell nach ALTINTAS in Bezug auf ein Schneidenschichtelement j, k eignet sich für die Integration im Gegensatz zum Modell nach KIENZLE aufgrund der mathematischen Struktur, die auf integrierbaren Funktionen beruht, Gleichungen 2.4. Die entsprechende Gleichung ist gültig, wenn der aktuelle Eingriffswinkel $\varphi_{j,k}$ innerhalb der Grenzen φ_{ein} und φ_{aus} liegt. $K_{tc,k}$, $K_{rc,k}$ sind dabei die ALTINTAS-Modellparameter pro Scheibenelement k. Zur Vereinfachung werden die Modellkoeffizienten K_{te} und K_{re} als konstant über die Scheibenelemente k bei einem konstanten Spanwinkel γ_{wkz} angenommen. Diese Annahme beruht auf dem Mechanismus der Pflugkräfte, die durch den Kontakt der Flanke und der runden Kante des Werkzeugs mit der Werkstückoberfläche entstehen. Der passive Pflugkraftanteil $dF^{[e]}_{p,j,k}$ ist nahezu null, da es in axialer Richtung kein Pflügen gibt. In der Folge verteilen sich die Pflugkräfte hauptsächlich entlang der radialen und tangentialen Richtung, wodurch die Pflugkraftkoeffizienten K_{te} und K_{re} unempfindlich gegenüber Änderungen des Helixwinkels λ_{wkz} sind. Transformiert in das WKS ermittelt Gleichung 6.11 die Kraftanteile pro Schneide und Scheibenelement als spätere Grundlage für $\overline{F}_x$ und $\overline{F}_y$.

$$
\begin{aligned}
dF_{x,j,k}(\varphi_{j,k}) &= -dF_{t,j,k}(\varphi_{j,k}) \cdot \cos(\varphi_{j,k}) - dF_{r,j,k}(\varphi_{j,k}) \cdot \sin(\varphi_{j,k}) \\
dF_{y,j,k}(\varphi_{j,k}) &= dF_{t,j,k}(\varphi_{j,k}) \cdot \sin(\varphi_{j,k}) - dF_{r,j,k}(\varphi_{j,k}) \cdot \cos(\varphi_{j,k})
\end{aligned}
\tag{6.11}
$$

Die diskreten Kraftelemente werden entlang der jeweiligen Schneide über die Scheibenelemente k summiert, um die Gesamtkraft der Schneide unter Berücksichtigung der Verdrillung mit dem Helixwinkel λ_{wkz} zu erhalten. Da bei der Summation der diskreten Kraftelemente mehrere Schneiden aufgrund der verdrillten Schaftfräsergeometrie gleichzeitig im Eingriff sein können, muss auch dieser Effekt berücksichtigt werden. Zur Vereinfachung wird die Fräsergeometrie pro Scheibenelement k als konstant angenommen. Denn die im Versuchssetup verwendeten Schaftfräser zeichnen sich durch eine gleichbleibende Geometrie über den Helixwinkel aus. Gleichung 6.11 wird im Anschluss der Addition über alle Scheiben k mit der Anzahl K_s über die Eingriffskurve mit dem Eintritts- φ_{ein} und Austrittswinkel φ_{aus} über eine Umdrehung integriert, sodass die Verdrillung und der mögliche, gleichzeitige Eingriff mehrerer Schneiden j berücksichtigt werden, Gleichung 6.12.

$$
\overline{F}_{x,y} = \frac{J}{2 \cdot \pi} \int_{\varphi_{ein}}^{\varphi_{aus}} \left(\sum_{k=0}^{K_s} dF_{x,y,k}(\varphi_k) \right) d\varphi \tag{6.12}
$$

Formuliert man Gleichung 6.12 vollständig aus, liegen auch innerhalb eines aktuellen Datenclusters trotz Bekanntheit aller infinitesimalen Eingriffsgrößen aufgrund der diskreten Betrachtungsweise noch einige Unbekannte wie $K_{tc,k}$, $K_{rc,k}$, $K_{te,k}$ und $K_{re,k}$ pro Scheibenelement k vor. Die einzelnen Modellparameter wie $K_{tc,k}$ sind nach ALTINTAS abhängig von der Werkzeuggeometrie. Diese Abhängigkeit soll aus den Modellparametern eliminiert werden, um die Anzahl der zu ermittelnden Unbekannten zu reduzieren: Nach Abbildung 6.4 liegt F_t tangential zur Schneidenbahn, F_r in Normalenrichtung und F_p axial zur durch die beiden Hauptkomponenten aufgespannten Ebene. Die Kraftanteile verändern sich unter gleichen Prozessbedingungen maßgeblich durch die Schneidenposition sowie durch die Schneidengeometrie, z. B. durch den Helixwinkel λ_{wkz}, was zu der Aussage führt, dass sich auch diese Anteile durch weitere Kraftanteile bezogen auf die Form und Lage der Schneide ausdrücken und sich durch geometrisch-kinematische Beziehungen beschreiben lassen. Diese Kraftanteile sind im Folgenden als F_U und F_V definiert und spannen die Fläche auf dem Schneidkeil auf, die mit der Zerspankraft F_{zer} den Span am Keil abschert, Abbildung 6.4.

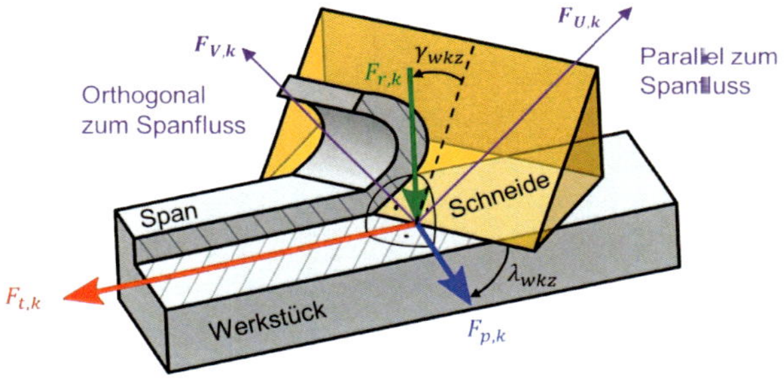

Abbildung 6.4: Angreifende Kräfte am Schneidkeil
Attacking forces on the cutting wedge

Über die Transformationsmatrix T_j werden die Kraftanteile F_t, F_r und F_p über den Span- γ_{wkz} und den Helixwinkel λ_{wkz} in die Hauptkomponenten F_U und F_V überführt, Gleichung 6.13.

$$\begin{bmatrix} T_j \end{bmatrix} = \begin{pmatrix} \cos\gamma_{wkz} & -\sin\gamma_{wkz} \\ \cos\lambda_{wkz}\sin\gamma_{wkz} & \cos\lambda_{wkz}\cos\gamma_{wkz} \\ \sin\lambda_{wkz}\sin\gamma_{wkz} & \sin\lambda_{wkz}\cos\gamma_{wkz} \end{pmatrix} \quad (6.13)$$

Die erweiterte Betrachtung des geometrischen Zusammenhangs zwischen F_t, F_r und F_p sowie F_x, F_y und F_z durch die Einführung von F_U und F_V führt nach ALTINTAS dazu, dass auch bei lokal nicht konstanten Werkzeuggeometrien unter Einhalt der Prozessparameter gleiche Modellparameter, hier für K_{uc} und K_{vc} ermittelt werden. Der Grund dafür ist, dass eine Änderung der Richtungsanteile der Kräfte F_x, F_y und F_z über die Transformationsmatrix T_j abgefangen wird und so nicht in die Ermittlung der Modellparameter K_{uc} und K_{vc} zur Ermittlung von F_U und F_V eingeht. T_j ist dabei schon vereinfacht, da λ_{wkz} der konstante Helixwinkel und γ_{wkz} der konstante Spanwinkel über alle Scheibenelemente k sind. Zudem ist der Schneidenwinkel κ_{wkz} für die im Versuchssetup genutzten Schaftfräser 90° wodurch kein weiterer geometrisch-bedingter Einfluss auf die Kraftanteile F_t, F_r und F_p berücksichtigt werden muss. Über den Zusammenhang $db_s = \frac{a_p}{\sin\kappa}$ kann die Scheibendicke db_s über alle Schichtelemente zu a_p umgewandelt werden. Insgesamt führen diese Vereinfachungen auch zu einer Vereinfachung der zu F_U und F_V zugehörigen Modellparameter. Die Transformationsmatrix T_j kann die adaptierten Modellparameter für K_{uc} und K_{vc} über die geometrischen Zusammenhänge zurück in die Größen K_{tc} und K_{rc} überführen, um die Kraftanteile in Gleichung 6.11 zu ermitteln.

Sind die Geometriegrößen des Werkzeugs konstant, ist T_j konstant und die Anzahl der Unbekannten sinkt auf die vier, K_{tc}, K_{rc}, K_{te} und K_{re}.

In der vorliegenden Arbeit werden alle Werkzeuge automatisiert mit ihrer zugehörigen ID und der hinterlegten Geometrie erfasst. Jedes Werkzeug bleibt über den Einsatz in seiner Spezifikation (Schneidengeometrie, Material, Beschichtung etc.) unverändert, weshalb Änderungen in den Kraftanteilen pro Werkzeug im Kern prozess- und nicht werkzeugbedingt sind. Gleichung 6.14 beschreibt die finale Adaptionsgleichung.

$$\begin{aligned}\overline{F}_x = J \cdot a_p \Bigg[& \frac{f_z}{8\pi} \cdot \left(K_{rc}(\sin(\varphi) - 2\varphi) - 2K_{tc} \cdot \sin(\varphi)^2\right) \\ & - \frac{1}{2\pi \cdot \cos(\lambda_{wkz})} \cdot \left(K_{re} \cdot \cos(\varphi) - K_{te} \cdot \sin(\varphi)\right)\Bigg] \Bigg|_{\varphi_{ein}}^{\varphi_{aus}} \\ \overline{F}_y = J \cdot a_p \Bigg[& \frac{f_z}{8\pi} \cdot \left(K_{tc}(2\varphi - \sin(\varphi)) - 2K_{rc} \cdot \sin(\varphi)^2\right) \\ & - \frac{1}{2\pi \cdot \cos(\lambda_{wkz})} \cdot \left(K_{te} \cdot \cos(\varphi) + K_{re} \cdot \sin(\varphi)\right)\Bigg] \Bigg|_{\varphi_{ein}}^{\varphi_{aus}}\end{aligned} \tag{6.14}$$

Liegen alle Daten in der erforderlichen Form vor, kann der Adaptionsprozess für ein identifiziertes Cluster angestoßen werden. Konkret ist damit das Finden eines Minimums für das Optimierungsproblem der kleinsten Fehlerquadrate durch das Ermitteln geeigneter Werte für die vier Unbekannten K_{tc}, K_{rc}, K_{te} und K_{re} im mehrdimensionalen Lösungsraum zu verstehen. Da die Bewegung der einzelnen Schneide eine Kurve darstellt, kann der Adaptionsprozess zur Bestimmung der Modellkoeffizienten als Problem der kleinsten Fehlerquadrate bei der Kurvenanpassung (engl.: least-squares curve-fitting problem; LSCP) betrachtet werden. Nach der Integration von Gleichung 6.14 kann ein lineares Optimierungsproblem als lineares Gleichungssystem mit den vier Unbekannten K_{tc}, K_{rc}, K_{te} und K_{re} formuliert werden, Gleichung 6.15. Mittels der RLS-Methode (engl.: Recursive Least Squares) zur Lösung überbestimmter linearer Gleichungssysteme kann das Minimierungsproblem effizient gelöst werden, eine nichtlineare Optimierungsmethode ist somit nicht erforderlich.

$$y^{[t]} = A^{[t]} \cdot x + b^{[t]} \tag{6.15}$$

Dabei enthält $y^{[t]}$ die einzelnen Messwerte der statischen Prozesskräfte $\overline{F}_{x,mess,i}$ und $\overline{F}_{y,mess,i}$ zum Zeitpunkt t, x die vier Unbekannten K_{tc}, K_{rc}, K_{te} und K_{re}. Die Systemmatrix $A^{[t]}$ enthält die mathematischen Zusammenhänge aus Gleichung 6.14 mit den jeweils geltenden Eingriffen für jeden Messwert zum Zeitpunkt t. Innerhalb kurzer Zyklen am Live-Prozess muss das lineare Gleichungssystem für beide Kraftrichtungen $\overline{F}_x$ und $\overline{F}_y$ pro ermitteltem Cluster gelöst werden.

Für valide Ergebnisse ist eine ausreichende Datenmenge erforderlich, um die quadrierte Abweichung, die innerhalb des Minimierungsproblems nach Gleichung 2.7 zwischen den gemessenen Kräften F_{mess} sowie den über das Modell vorhergesagten Kräften F_{alt} formuliert wird, zu minimieren. Eine stabile Lösung zeichnet sich durch das Konvergieren des Adaptionsalgorithmus zu stabilen Parameterwerten aus. Eine Adaption des empirischen Kraftmodells nach ALTINTAS kann durch die Nichtlinearität des ALTINTAS-Grundmodells in verschiedene lokale, clusterabhängige Minima laufen, selbst wenn die

Schätzung der vier Unbekannten bei der RLS-Methode bei einem gleichen Datensatz identisch ist, da keine Abhängigkeit zu gewählten Startwerten wie bei nichtlinearen Optimierungsproblemen besteht. Auch wenn demnach sicher Modellparameter zur validen Vorhersage der Prozesskräfte innerhalb des Clusters gefunden werden, kann aufgrund der eingeschränkten Datengrundlage innerhalb des Clusters die Folge sein, dass nicht alle konvergierten Modellparameterwerte physikalisch erklärbar und somit sinnvoll sind, wodurch die Übertragbarkeit auf andere Prozesssituationen außerhalb des betrachteten Clusters sinkt [EPPL17].

Für die hier betrachtete clusterbasierte Anwendung muss der gesamte Optimierungsalgorithmus für einen schnellen Adaptionsprozess eine kurze Laufzeit aufweisen, die deutlich geringer als die Zeitdauer der zu adaptierenden Fertigungsoperation ist. Die Laufzeit des Adaptionsprozesses ergibt sich aus der Datenverfügbarkeit der NC-Signaldaten im Live-Prozessbetrieb sowie der Dauer der Modelladaption. Nach Liu et al. reichen für valide Konvergenzergebnisse bei ähnlichen Anwendungsfällen bereits 10 Datenpunkte aus [LIU22]. Da beim statischen Adaptionsverfahren mit der industriell breit verfügbaren Abtastrate der NC-Signaldaten von 500 Hz gearbeitet wird, ist somit mindestens eine Zeitdauer zur Datenerhebung von 0,02 s erforderlich, um die Mindestzahl an Datenpunkten zu erhalten. Bei der Dauer einer Prozessoperation im Versuchssetup im Sekunden- bzw. Minutenbereich ist das statische Verfahren in Bezug auf die Live-Datenverfügbarkeit geeignet, muss aber in Bezug auf die Dauer der Optimierungsalgorithmen weiter untersucht werden. Des Weiteren kann die Anzahl der Datenpunkte mit dem Ziel erhöht werden, einen größeren Signalbetrachtungsbereich mit einer Vielzahl von Fräserumdrehungen zu betrachten, wodurch makroskopische Signalstrukturen und verschiedene Eingriffssituationen berücksichtigt werden. Dadurch kann der Nachteil abgemildert werden, dass bei konstanten makroskopischen Strukturen, z. B. das Flankenfräsen (Nr. 2.1), keine Signalvarianz entsteht, die in den mikroskopischen, dynamischen Signalstrukturen bei einem hochfrequenten Kraftsignal aufgrund der Betrachtung der Schneidenposition enthalten ist.

Auswertung | Abbildung 6.5 zeigt für das reduzierte Versuchssetup aus Kapitel 5.3.2 die Ergebnisse des statischen Adaptionsprozesses pro identifiziertem Cluster beim Flankenfräsen mit verschiedenen Eingriffsbreiten a_e und Tiefenzustellungen a_p bei konstantem Vorschub f_z und konstanter Drehzahl N. Dadurch kann vereinfacht die Generalisierungsfähigkeit des statischen Adaptionsprozesses untersucht werden. Nach Verfügbarkeit aller Eingangsdaten wird das lineare Optimierungsproblem mittels der RLS-Methode für das bestehende Versuchssetup in verschiedenen Untersuchungsszenarien gelöst. Dabei werden der RMSE sowie die Adaptionsdauer ermittelt.

Der erste Plot links oben zeigt das Ergebnis des Adaptionsprozesses für den rot markierten Bereich als identifizierten Clusterbereich 1. Für den roten Bereich liefert der Adaptionsprozess einen RMSE-Wert in X-Richtung von 1,08 N sowie in Y-Richtung von 0,95 N bei einem K_{tc} von 2260 N/mm^2 sowie einem K_{re} von 500 N/mm^2. Dabei wird für das identifizierte Cluster 1, linker Plot Abbildung 6.5, die Datenmenge für den Adaptionsprozess zur Verarbeitung der makroskopischen Signalstrukturen mit 1.655 Datenpunkten deutlich erhöht, was bei einer Abtastrate von 2 ms eine Zeitdauer von ca. 3,3 s bedeutet. Da die Dauer des Adaptionsverfahrens bei 94 ms liegt, stellt die RLS-Methode einen Bruchteil der Dauer zur Live-Datengewinnung als Grundlage des Adaptionsverfahrens dar, weshalb der zeitliche Engpass des clusterbasierten Adaptionsprozesses nicht der Optimierungsalgorithmus, sondern die Live-Datengewinnung ist. Die Untersuchungen haben zudem gezeigt, dass auch eine geringere Anzahl an Datenpunkten zu ähnlichen Ergebnissen führt. Daher besteht die Möglichkeit, innerhalb eines Clusters für einen Kraftsignalverlauf ohne große Signalvarianz und -sprünge eine geringe Live-Datenmenge trotz Unkenntnis der Clustergrenzen zu erfassen und den Adaptionsprozess mittels der RLS-Methode zu starten. Nach der folgenden Clusteridentifizierung kann der Adaptionsprozess erneut mit definierten Clustergrenzen wiederholt werden.

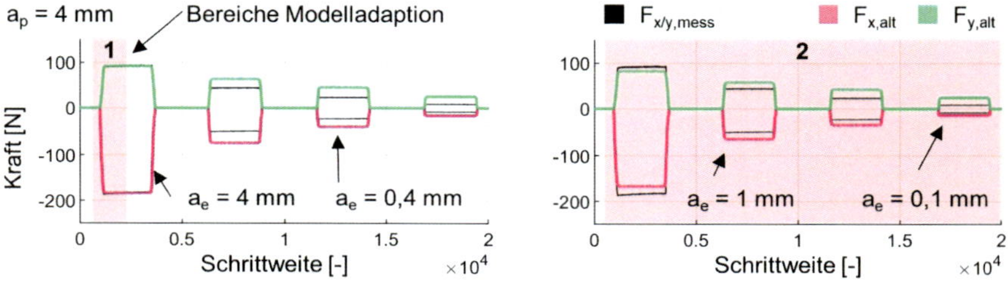

Abbildung 6.5: Ergebnisse des statischen Adaptionsverfahrens nach ALTINTAS

Results of the static adaptation method according to ALTINTAS

Wendet man das ALTINTAS-Modell mit den gefitteten Faktoren für den identifizierten Clusterbereich auf die weiteren Bereiche an, fällt auf, dass die statischen Kraftniveaus in X- und Y-Richtung nicht erreicht werden. Der RMSE-Wert für die Kraft F_x in den drei weiteren Cluster-Bereichen steigt auf einen Wert von 14,85 N an. Das beweist die Untersuchung von KLOCKE ET AL., dass auch beim Prozesskraftmodell nach ALTINTAS die Modellkoeffizienten K_{tc}, K_{rc}, K_{te} und K_{re} von der Größe des Umschlingungswinkels ϕ abhängig sind [KLOC18]. Wendet man den Adaptionsprozess für alle vier Prozessbereiche an, rot markierter Bereich 2 im rechten Plot von Abbildung 6.5, so zeigt sich ein ähnliches Bild: Der Adaptionsprozess kann die Modellkoeffizienten nicht so anpassen, dass alle Bereiche korrekt vorhergesagt werden können. Die unterschiedlichen Modellkoeffizienten pro Prozessbereich haben technologische Gründe, etwa die verschiedenen Trennmechanismen bei der Spanabnahme, die nicht in der Modellgleichung nach ALTINTAS berücksichtigt sind. Diese Effekte mitteln bei gleichzeitiger Betrachtung aller Prozessbereiche die Modellkoeffizienten. Führt man für alle vier Clusterbereiche im linken Plot von Abbildung 6.5 den Adaptionsprozess durch und trägt man stellvertretend die adaptierten Modellkoeffizienten K_{tc} und K_{rc} auf, Abbildung 6.6, ist auch hier ein deutlicher Abfall bei kleinen Eingriffsbreiten a_e zu erkennen. Die adaptierten Modellkoeffizienten entsprechen inklusive des Verhältnisses zueinander für ihre jeweilige Eingriffssituation (Bereiche 1 bis 4) typischen Literaturwerten, wodurch sie als physikalisch sinnvoll erachtet und somit auf ihre Übertragbarkeit auf neue Prozesssituationen untersucht werden können. Bei kleinen Kräften überwiegt der Reibkraftanteil, bei höheren der Tangentialkraftanteil.

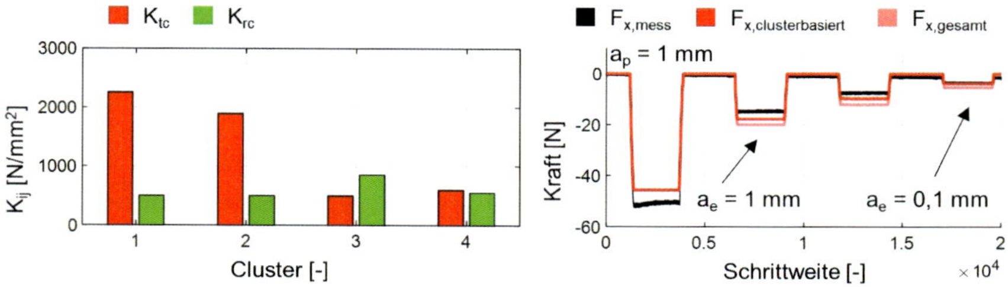

Abbildung 6.6: Übertragbarkeit des statischen Adaptionsverfahrens nach ALTINTAS

Transferability of the static adaptation method according to ALTINTAS

Dazu werden die clusterbasiert adaptierten Modellkoeffizienten sowie die über alle Cluster adaptierten Modellkoeffizienten auf den Prozessbereich mit Zustelltiefe a_p von 1 mm und unter variierendem a_e übertragen und angewendet, Abbildung 6.6 rechter Plot. So ist der modellierte Verlauf für die statische Prozesskraft $\overline{F}_x$ dargestellt. Für kleinere a_p nimmt der Reibanteil der Prozesskraft weiter ab, sodass die Vorhersage der Prozesskräfte über die clusterbasiert adaptierten Koeffizienten einen kleineren RMSE-Wert von 2,48 N im Vergleich zur gemessenen Prozesskraft aufweist als beim Adaptieren über alle Cluster mit einem RMSE-Wert von 3,33 N.

Zusammenfassend unterstreicht dieses Ergebnis, dass das Prozesskraftmodell nach ALTINTAS nicht alle physikalischen Einflüsse der kraft-beeinflussenden Werkzeug-Werkstück-Interaktion abbildet, wodurch die Übertragbarkeit auf neue Prozesssituationen gering ist Insgesamt führen die ermittelten Modellkoeffizienten in den verschiedenen Untersuchungsszenarien bei Anwendung zur Vorhersage der Prozesskräfte $\overline{F}_x$ und $\overline{F}_y$ pro identifiziertem Cluster zu ähnlichen RMSE-Werten bei unterschiedlichen Koeffizientenwerten, die technologisch aufgrund der geringen Datenvielfalt in den Signalkonstantbereichen nicht immer interpretierbar sind. Da im clusterbasierten Adaptionsverfahren die Clustergrenzen die Datenvarianz für den Adaptionsprozess vorgeben, besteht die Gefahr, dass beim statischen Verfahren keine geeigneten Modellkoeffizienten ermittelt werden können, die eine akzeptable Übertragbarkeit auf ein anderes Cluster sowie vor allem innerhalb eines Clusters verringern. Die Erhöhung der Eingangsdatenvarianz durch einen größeren Signalbetrachtungsbereich führt zu einer höheren Wahrscheinlichkeit, dass realitätsnahe Modellkoeffizienten gefunden werden, die zu einer akzeptablen Übertragbarkeit innerhalb des Clusters und damit zu einer stabilen Vorhersage der Prozesskräfte führen. Einerseits liegen Cluster mit geringer Datenvarianz (z. B. das Flankenfräsen Nr. 2.1) vor, dass der RMSE-Wert zwischen Messung und Modell für neue Cluster unabhängig von den ermittelten Modellkoeffizienten gering ist. Andererseits steigt die Übertragbarkeit bei Anwendung des Adaptionsprozesses für verschiedene Prozesssituationen mit erhöhter Datenvarianz nicht beliebig an, da das Kraftmodell nach ALTINTAS nicht alle geltenden Zusammenhänge abbildet. Daraus rechtfertigt sich ein clusterbasiertes Vorgehen beim Adaptionsprozess, wodurch viele lokal gültige Kraftmodelle über den Datenkontext generiert und wiederverwendet werden können. Durch dieses Vorgehen besteht allerdings weiterhin das Risiko in nicht ausreichender Qualität der Prozesskraftermittlung bei Anwendung auf neue Prozesssituationen. Erst eine umfangreiche Modelldatenbank kann eine Vielzahl an Prozesssituationen in der Prozesskraftvorhersage valide abdecken. Dabei wird zwischen den generierten Einzelmodellen allerdings kein Wissen ausgetauscht, weshalb die Modellanwendung und die damit einhergehende Modellübertragbarkeit auf neue Prozesssituationen beschränkt sind. Dennoch hat der automatisierte Adaptionsprozess sowie der damit verbundene Aufbau einer Modelldatenbank Vorteile, da er bekannte physikalisch geltende Zusammenhänge zwischen Prozesskraft und Materialeingriff clusterbasiert absichert.

6.2 Entwicklung der lernenden, neuronalen Modellstruktur

Development of the learning neural model structure

Um die sich zeitlich verändernden Einflüsse in Bezug auf die Vielzahl an neuen Prozesssituationen zu verarbeiten, ist es notwendig, das in Clustern gespeicherte Modellwissen so zu verbinden, dass Zusammenhänge zwischen den einzelnen Clustern erlernt werden können. Über das clusterübergreifende Lernen kann das so generierte, neue Wissen über Prozesskraftverhalten in neuen Prozesssituationen direkt genutzt werden. Dazu wird ein datenbasiertes Modell vom Typ C mit einer für die Methodik geeigneten Lernstruktur entworfen, das auf Basis historischer, clusterübergreifender Fertigungsdaten gelernte Zusammenhänge zur Anwendung auf neue Prozesssituationen generalisieren kann. Im Anschluss wird die Integration der lernenden Modellstruktur in den hybriden Gesamtansatz zur Prozesskraftvorhersage als Kombination der möglichen Einzelmodelltypen nach dem methodischen Konzept aus Abbildung 4.1 erarbeitet. Dabei kann die lernende Struktur vom Typ C zum einen als Modell zum Ausgleich des Fehlers des ALTINTAS-Kraftmodells angelernt werden, welches fehlerhafte Vorhersagen des adaptierten Modells in bestimmten Situationen korrigiert. Zum anderen kann ein paralleler Modelleinsatz beider Modelltypen B und C stattfinden, wobei Modelltyp B als Absicherung für den Lernprozess von Typ C dient. Zum Aufbau der lernenden, neuronalen Gesamt-Modellstruktur werden die folgenden drei Schritte erarbeitet:

1. Klassifizierung der Lernaufgabe und Korrelationsanalyse (Kapitel 6.2.1)
2. Vorauswahl grundlegender Modellarchitekturen unter Restriktionen (Kapitel 6.2.2)
3. Entwicklung der Modellarchitektur (Typ C) und Integration in den Gesamtansatz (Kapitel 6.2.3)

Insgesamt dient das in Kapitel 6.2 zu entwickelnde methodische Vorgehen zur Teilbeantwortung von **Forschungsfrage 3**, wie bisheriges Fertigungswissen in Form bekannter, empirischer Zusammenhänge mit datenbasierten Modellen verknüpft werden kann, um die Vorteile datengetriebener Methoden bezüglich einer höheren Generalisierungsfähigkeit zu unterstützen. Die Suche nach einer geeigneten, datenbasierten Lernstruktur als Erweiterung bisheriger Modellierungsansätze zur Prozesskraftmodellierung basiert auf dem Prozess zur Auswahl eines geeigneten Ansatzes des Maschinellen Lernens in Anlehnung an HE ET AL. mit Fokus auf der Feature-Erarbeitung sowie der Modellgenerierung in den definierten Schritten 1 bis 4 [HE21].

6.2.1 Klassifizierung der Lernaufgabe und Korrelationsanalyse

Classification of the learning task and correlation analysis

Bei Prozesskräften in der Fräsbearbeitung handelt es sich um kontinuierlich messbare Größen, die über verschiedene sensorische Systeme erfasst werden können, Kapitel 5.3. Das Lernziel besteht darin, eine Beziehung zwischen den (teil-)unabhängigen Eingangsvariablen sowie den Prozesskräften als abhängige Ausgangsvariablen datenbasiert zu modellieren. Bei Erreichung des Lernziels können kontinuierlich messbare numerische Zielgrößen, wie die Prozesskräfte, aus den Datenmustern in den Eingangsvariablen vorhergesagt werden, weshalb die Lernaufgabe eindeutig der **Regression** zugeordnet werden kann, Kapitel 2.4.3.

Zur Klassifizierung der Lernmethode werden die zugrundeliegenden Daten im Detail betrachtet: Als verfügbare Eingangsvariablen liegen alle in Kapitel 5 definierten Daten und Informationen zueinander synchronisiert und kontextualisiert vor, Abbildung 6.7 oben links. Bei den gelabelten Daten auf der Input- als auch auf der Outputseite des Modells handelt es sich um eine zeitliche Folge von realen oder simulierten Messwerten. Folgen dieser Art werden als Zeitreihen definiert. Der Fokus liegt daher in der Analyse der geordneten Folgen, mit dem Ziel, Reihenmuster in den historischen Datenverläufen zu erkennen und so zukünftige Verläufe zu ermitteln. Die Anordnung der Reihe und damit die Merkmalsausprägung ergibt sich in der Ermittlung von Prozesskräften weniger aus dem Zeitablauf selbst, sondern durch den direkten sowie indirekten nichtlinearen Zusammenhang mit den Eingangsgrößen. Diese ergeben sich aus der modellbasierten (rot) und technologischen Datenveredelung (gelb) aus Kapitel 5, da sie die werkzeugbezogenen Einflüsse auf die Prozesskräfte darstellen, die auf Grundlage der Literatur hergeleitet sind. Zusätzlich werden zur Berücksichtigung der Werkzeug-Werkstück-Kombination für den Simulationsbetrieb die ALTINTAS-Kraftmodellkoeffizienten bzw. Materialkonstanten K_{ic} aus der Literatur berücksichtigt. Insgesamt stehen nach Abbildung 6.7 18 potenzielle Eingangsdaten zur Prozesskraftvorhersage zur Verfügung.

Um den Zusammenhang zwischen den Eingangsvariablen sowie den vorherzusagenden, numerischen Größen in Form der Prozesskräfte F_x und F_y als Lösung des Regressionsproblems zu erlernen, sind bekannte Zielwerte in Form der gemessenen Prozesskräfte erforderlich, Abbildung 6.7 oben rechts. Wenn diese Zielwerte auf der Ausgabeseite bekannt und den Eingangsdaten als sog. Label zugeordnet sind, spricht man von **Überwachtem Lernen**.

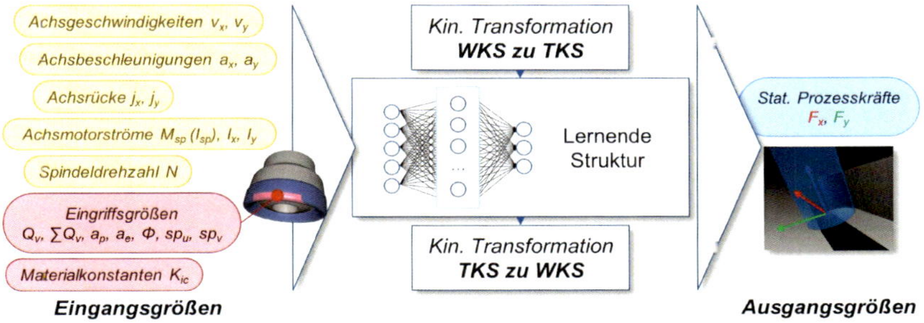

Abbildung 6.7: Verfügbare Eingangsdaten des lernenden Ansatzes (Typ C)
Available input data of the learning approach (type C)

Es ist ineffizient, sämtliche vorliegenden Datenpunkte für ein KNN zu nutzen, da ein Großteil der Daten redundant ist oder Abhängigkeiten zueinander aufweist. Dies kann die Genauigkeit des Modells beeinträchtigen, da Merkmale übergewichtet werden können oder eine höhere Anzahl an Schichten erfordern, was wiederum die Trainingszeit und den Umfang des benötigten Datensatzes erhöht. Der damit verbundene Zusammenhang wird durch das Akaike-Informationskriterium beschrieben: Der Regressionsfehler ist bei wenigen Parametern wegen unzureichender Informationen und bei vielen wegen Overfitting hoch. Ein optimales Akaike-Informationskriterium wird bei einer mittleren Anzahl an Parametern erreicht, was den besten Kompromiss zwischen Genauigkeit und Komplexität darstellt [SUZU11]. Die erhobenen, potenziellen Eingangsgrößen, die zur Modellbildung werkzeugbezogen im TKS dargestellt sind, können sowohl mögliche Korrelationen zu den Ausgangsgrößen, den werkzeugbezogenen Prozesskräften F_u und F_v, als auch untereinander aufweisen. Um diese Korrelationen im Rahmen des typischen Versuchssetups zu untersuchen, werden die potenziellen, (teil-)unabhängigen Eingangsgrößen sowie Ausgangsgrößen über die filterbasierten Methoden in Form der PEARSON-Korrelation sowie der partiellen Korrelation nach SUZUKI in Bezug auf ihre Modelleignung analysiert [SUZU11]. Bei der PEARSON-Korrelation ist das Ziel, eine erste quantifizierende Aussage über den Grad und die Richtung der Beziehung zwischen den Variablen zu ermitteln. Das Ergebnis der Analyse ist der PEARSON-Korrelationskoeffizient R mit Werten zwischen -1 und 1, wobei die Grenzwerte jeweils eine perfekte positive oder negative lineare Beziehung, die Regressionsgrade mit Steigung 1 oder -1, repräsentieren. Der Wert 0 bedeutet, dass keine lineare Beziehung zwischen den Größen vorhanden ist. Allerdings kann eine nichtlineare Beziehung vorliegen. Daher wird folgendes Vorgehen zur Größeneliminierung angewendet:

Schritt 1: Durchführung der PEARSON-Korrelation zwischen Eingangs- und Ausgangsgrößen. Die Auswahl von geeigneten Eingangsgrößen findet nach dem folgenden Regelwerk statt. Die R-Werte sind gering gewählt, um mögliche nichtlineare Beziehungen zwischen Ein- und Ausgangsgrößen nicht zu eliminieren. Deren Modellbeitrag soll im Anschluss individuell über die Analyse des Kurvenverlaufs in Form des Streudiagramms zwischen Eingangs- und Ausgangsgröße bewertet werden. Ein weiterer Grund zur Betrachtung des Streudiagramms bei einem geringen R-Wert ist die teilweise nicht normalverteilte Datengrundlage in den Versuchsdaten. Für die Korrelationsberechnung nach PEARSON wird jedoch eine Normalverteilung angenommen:

- $R > 0,25 \vee R < -0,25$: Berücksichtigung der Eingangsgröße.
- $R > 0,05 \vee R < -0,05$: Berücksichtigung der Eingangsgröße nach Analyse des Streudiagramms.

Schritt 2: Partielle Korrelation zum Messen des direkten Zusammenhangs zwischen zwei Eingangsgrößen, während Drittgrößen konstant gehalten werden. Sie ist wichtig, um verzerrte Ergebnisse der PEARSON-Korrelation zu vermeiden und verborgene Beziehungen in komplexen Datensätzen präziser zu identifizieren. Zur Eliminierung redundanter Eingangsgrößen mit hohem Ähnlichkeitsgrad werden nach SUZUKI alle Größen, die untereinander eine Korrelation größer als $2/\sqrt{p}$ aufweisen, eliminiert, wobei p die Größenanzahl ist. Bei 18 Eingangsgrößen liegt der Wert bei 0,47.

Für die Korrelationsanalyse in Abbildung 6.8 gehen die Daten der vollständigen Versuchsdurchläufe 14, 15 und 16 im Werkzeugeingriff mit $Q_v \neq 0$ im TKS aus Kapitel 5.1 ein, sodass bei Leerfahrt aufgezeichnete, nicht relevante Daten die Analyse nicht beeinflussen.

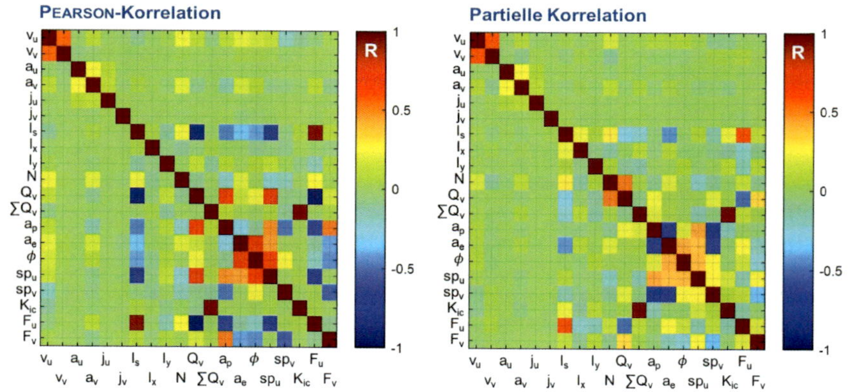

Abbildung 6.8: Ergebnisse der Korrelationsanalysen

Results of the correlation analyses

Insgesamt weisen die Eingriffsgrößen Q_v, a_p, a_e, sp_u, sp_v, ϕ, die Drehzahl N sowie der Hauptspindelstrom I_s (M_{sp}) nach PEARSON einen R-Wert größer als 0,25 im Betrag in Bezug auf F_u und F_v auf, weshalb diese Größen nach Schritt 1 zur Modellbildung berücksichtigt werden, Abbildung 6.8 links. Da beim Zerspanen des einzelnen Materials AlSi1MgMn in Versuch 14, 15 und 16 kaum Werkzeugverschleiß auftritt, können Größen wie $\sum Q_v$ oder K_{ic} kaum eine relevante Korrelation zu den Ausgangsgrößen aufweisen, weshalb ihr Einfluss zur Modellbildung erst an späterer Stelle untersucht wird. Weitere kinematische Größen wie v_u, v_v, a_u, a_v zeigen zumindest in einer Achse einen geringen R-Wert über 0,05 im Betrag in Bezug auf F_u und F_v auf. Daher muss das Streudiagramm zwischen Ein- und Ausgangsgrößen betrachtet werden, Abbildung 6.9.

Die Vorschubgeschwindigkeit v_u, Plot oben links, wird auf Basis der größten Punktedichten im Streudiagramm gedeutet. Betrachtet man die Punkteanhäufungen von v_x, ist Folgendes zu erkennen: Ein Einfluss auf F_u ist bei einer Veränderung des Werts für v_u auf Basis des Streudiagramms erkennbar. So ist zu erkennen, dass die drei Versuchsreihen 14, 15 und 16 mit unterschiedlichen Vorschüben, vgl. Tabelle 6.2, bei einem höheren Vorschub zu einer höheren Kraft F_u führen. Der Zusammenhang ist jedoch nichtlinear, da ein höherer Wert für v_u auch zu einem kleineren Wert für F_u führen kann. Dies ist etwa der Fall, wenn sich die Eingriffssituation verändert. Dann kann die über den Umschlingungswinkel ϕ schneidenpositionsbedingte Abhängigkeit der Schneidkraft zu einer Minimierung der Vorschubkraft F_u führen, da sich die Kraftrichtungen gegenseitig aufheben, sobald die Eingriffsbreite größer als $d_{wkz}/2$ ist. Auch eine Minimierung der Schnitttiefe a_p bei höherem Vorschub kann zu deutlich geringeren Kräften führen. Dadurch wird der R-Wert gering, dennoch liegt eine Abhängigkeit von v_u zu den Kräften vor. Dies gilt auch für v_v. Bei Betrachtung von a_v, Abbildung 6.9 rechts, ist kein Einfluss auf die Prozesskraft zu erkennen. Gleiches gilt für a_u, weshalb die Beschleunigung nicht weiter betrachtet wird. Grund dafür ist die zumeist konstante Vorschubgeschwindigkeit während der einzelnen Prozessoperationen. Aufgrund der nachgewiesenen Abhängigkeiten im Streudiagramm werden daher auch diese Variablen für die weitere Modellbildung betrachtet. Die kinematische Rücktransformation in das WKS zur Betrachtung von v_x bzw. F_x hat dabei keinen Einfluss auf die Korrelation zwischen den Modelleingangs- und -ausgangsgrößen.

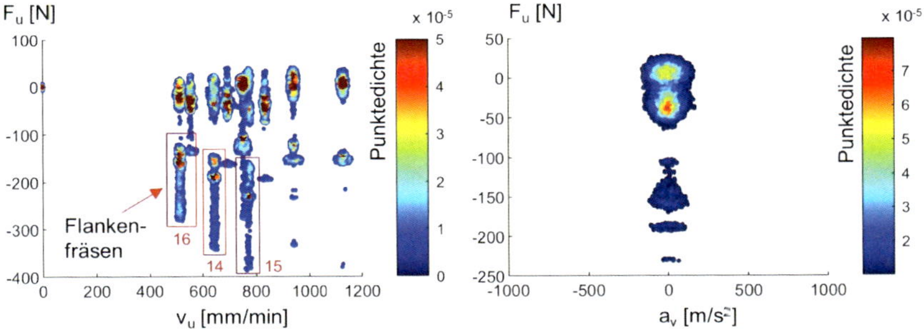

Abbildung 6.9: Analyse der Kurvenverläufe zur Bewertung des Modellbeitrags

Analysis of the curves to evaluate the model contribution

Nach Durchführung der partiellen Korrelation, Abbildung 6.8 rechts, liegen zwischen a_p und a_e sowie zwischen a_p bzw. a_e und sp_v R-Werte knapp über 0,47 vor. Da der in Schritt 2 ermittelte Grenzwert somit überschritten ist, müssten a_e und sp_v entfallen, da a_p den größten R-Wert in der PEARSON-Korrelation aufweist. Da die Eingangsdaten prozess- und clusterbedingt auch über die gesamten drei Versuchsreihen nicht normalverteilt sind, muss der definierte Grenzwert aus Schritt 2 jedoch weicher betrachtet werden, da bestimmte Wertekombinationen zwischen den drei Variablen in den vorhandenen Daten nicht enthalten sind, die eine Unabhängigkeit beispielsweise zwischen a_p und a_e beweisen. Aus physikalischer Sicht liegt diese Unabhängigkeit vor: Ein Kraftanstieg kann nach ALTINTAS sowohl bei kleinen Schnitttiefen mit hoher Eingriffsbreite als auch umgekehrt auftreten. Ebenso ist für F_u ein Kraftabfall bei steigendem a_e zu erwarten, der sich ebenfalls auf den R-Wert auswirkt. Für ein längerfristiges Lernen nähert sich die Gesamtdatenbasis einer breiteren Verteilung an, weshalb im Rahmen der Modellbildung alle drei Variablen weiter betrachtet werden, um die beschriebenen möglichen Prozessfälle beim Lernen zu erfassen.

Nach Ermittlung aller für die Modellentwicklung relevanten Variablen werden diese in die folgenden Datenkategorien eingeordnet, die in den nachfolgenden Modellbildungsphasen zum Einsatz kommen. Je Modellbildungsphase wird dabei teils bewusst auf bestimmte Variablen, z. B. das kumulierte Zeitspanvolumen $\sum Q_v$, verzichtet, wenn ein Effekt wie Werkzeugverschleiß innerhalb der betrachteten Versuchsnummern nicht auftritt:

1. **Messgrößen**: NC-Signaldaten, die ausschließlich messtechnisch erfasst werden. Ihre Nutzung erfolgt ausschließlich im Live-Betrieb: M_{sp}
2. **Führungs- und Messgrößen**: NC-Signaldaten, die durch die NC berechnet und gemessen werden. Ihre Nutzung kann in allen Betriebsarten, darunter die Simulation, erfolgen.
   a) **Technologiegrößen**: v_u, v_v, N
   b) **Eingriffs- und Modellgrößen**: Q_v, $\sum Q_v$, a_p, a_e, ϕ, sp_u, sp_v, K_{ic}

6.2.2 Vorauswahl grundlegender Modellarchitekturen

Preselection of basic model architectures

Im Gegensatz zu den skalaren Eingangsgrößen hat die Verwendung der 2D-Eingriffsbilder direkten Einfluss auf die Wahl einer geeigneten Modellarchitektur. Der Hauptunterschied liegt in der Dimensionalität der Eingangsdatenformen. Da neben den skalaren Eingriffsdaten auch aus den 2D-Eingriffsbildern mit sp_u und sp_v bereits hochwertige, skalare Features ermittelt sind, die in einem Zusammenhang mit der Prozesskraft stehen, wird keine zur 2D-Bildverarbeitung geeignete Modellarchitektur wie ein CNN benötigt, die diese Features als Muster in den Daten erst finden muss. Dadurch fällt ein Nachteil von CNN mit der großen erforderlichen Datenmenge für eine gute Modellleistung weg. Da zur Lösung eines nichtlinearen Problems mit einer Vielzahl unbekannter Zusammenhänge dennoch Modellarchitekturen notwendig sind, die zur Abbildung der Komplexität der Aufgabe eine hohe Anzahl an möglichen Freiheitsgraden verfügen, wird auf ein tiefgehendes KNN (engl.: Deep Neural Network; DNN) zurückgegriffen. Denn das Erstellen komplexer Modelle konnte über derartige Netze abgebildet werden [GOOD16, S. 166].

Die Vorhersage von Prozesskräften in der Fräsbearbeitung ist kein Zeitreihenproblem mit zeitlichem Bezug zum vorherigen und nachfolgendem Signalverlauf wie z. B. bei Aktienkursen, weshalb der Einsatz eines Recurrent Neural Network (RNN) als DNN ungeeignet ist. Denn RNN nutzen ihre interne Rückkopplung, um zeitliche Abhängigkeiten in Daten zur Vorhersage zukünftiger Zeitschritte zu modellieren. Somit fällt die Wahl auf eine MLP-Struktur als DNN in der Feed-Forward-Struktur ohne interne Rückkopplung.

Bei der Verwendung des MLP werden im Gegensatz zum CNN bereits ermittelte Features über vorverarbeitete Rohdaten als Eingangsdaten der Künstlichen Neuronalen Struktur präsentiert. Da diese Features nicht über die Struktur sowie über eine hohe Datenbasis ermittelt werden müssen, konzentriert sich das MLP auf das Finden von Mustern sowie den damit verbundenen Zusammenhängen zwischen einzelnen Features. Diese Funktionsweise zeichnet sich durch eine erhöhte Verarbeitungsgeschwindigkeit aus, indem der zweite Teil einer CNN-Struktur fokussiert wird, wo weniger Freiheitsgrade zur Verfügung stehen. In der Folge sind geringere Datenmengen erforderlich, die ebenfalls zu einer guten Trainingsleistung führen. Wie verschiedene Veröffentlichungen belegen, sind MLP in Bezug auf ihre Vorhersage- und Generalisierungsfähigkeit bei bereits bekannten Features anderen Modellen des Maschinellen Lernens überlegen [TERC22]. Daher bildet die Grundlage für die Prozesskraftvorhersage bei Fräsprozessen im Folgenden ein MLP-Referenzmodell.

6.2.3 Herleitung der Basis-Modellarchitektur

Derivation of the base model architecture

Das MLP-Referenzmodell aus Kapitel 6.2.2 wird zur Bildung der Basis-Modellarchitektur in verschiedenen Varianten im Detail anhand des in Kapitel 6.1 vorgeclusterten Versuchssetups aus Kapitel 4.1 untersucht, bewertet und optimiert. Bei der Konzipierung der Basis-Modellarchitektur wird die Entwicklung einer optimierten Modellstruktur mit einer möglichst hohen Übertragbarkeit der Prozesskraftvorhersage bei neu erkannten Prozessclustern im Vergleich zum statischen Prozesskraftmodellansatz nach ALTINTAS angestrebt. Die Entwicklung und Optimierung der Fähigkeit der Modellübertragbarkeit wird in drei Schritten durchgeführt. Bewertungsgrundlage ist der RMSE-Wert zwischen den verschiedenen Modellansätzen im Vergleich zu den gemessenen Prozesskräften:

- **Schritt 1**: Vergleich des adaptierten Prozesskraftmodells nach ALTINTAS (Typ B), des MLP-Modells zur Prozesskraftermittlung (Typ C) und der gemessenen Prozesskräfte **innerhalb** ausgewählter Prozessdatencluster.
- **Schritt 2**: Vergleich des adaptierten Prozesskraftmodells nach ALTINTAS (Typ B), des MLP-Modells zur Prozesskraftermittlung (Typ C) und der gemessenen Prozesskräfte für **neu identifizierte** Prozessdatencluster.
- **Schritt 3**: Vergleich der Einzelmodellansätze (Typ B und Typ C) mit der Kombination beider Ansätze zu einem lernenden, hybriden Gesamt-Prozesskraftmodellansatz.

Zur Optimierung der MLP-Basismodellstruktur werden neben der Untersuchung der konkreten Eingangsdatenvektoren sowie der Integration von bestehendem Fertigungswissen auch Methoden zur Modelloptimierung angewendet:

- **Hyperparameter-Optimierung**: Methode, die das MLP-Modell automatisch optimiert, indem Architektur- und Hyperparameter durch den Einsatz der Bayes'schen Optimierung systematisch angepasst werden, vgl. Anhang A.6.
- **Integration mathematischer Algorithmen**: Methode, bei der neuronale Netzwerkarchitekturen gezielt an Stellen angepasst werden, die in der iterativen Modellerstellung zu Auffälligkeiten geführt haben, z. B. Integration der L1-Regularisierung, vgl. Anhang A.7.

Zu Beginn der Modellentwicklung werden die in Kapitel 4 eingeführten zwei Herausforderungen aufgegriffen, konkret in Bezug auf die Datengrundlage aus dem Versuchssetup erläutert und auf der Basis potenzielle Lösungen zur Bewältigung der Herausforderungen präsentiert.

Herausforderung 1 - Heterogene und zeitabhängige Datenverteilung | Nicht-IID-Daten (engl.: Non Independent and Identically Distributed) sind Daten, die nicht unabhängig und identisch verteilt sind [CRIA21]. Der Begriff beschreibt eine Situation, in der Annahmen über die Verteilung der Daten verletzt werden, die in vielen Methoden des Maschinellen Lernens vorausgesetzt sind. In vernetzten, werkstattorientierten Fertigungssystemen mit großen, komplexen Datensätzen ist die Annahme von IID-Daten nicht immer zutreffend, da eine Vielzahl von lokalen Datenlieferanten existiert, die aufgrund der Heterogenität von Maschinen und Produkten zu individuellen, lokalen Datensätzen statt zu zentralisierten Datensammlungen führen. Diese Annahmen können in solchen Fällen zu falschen Schlussfolgerungen und ungenauen Modellen führen, wodurch neue Methoden entwickelt werden müssen, die diese komplexen Abhängigkeiten und nicht-homogenen Strukturen berücksichtigen. Innerhalb dieser Arbeit werden lokale Datensätze in den automatisch gebildeten Datenclustern abgebildet, die sich durch verschiedene Kombinationen von Auftrag, Material, Werkzeug, Maschine und Prozesssituationen unterscheiden, Kapitel 6.1.1.

Um die innerhalb des Versuchssetups auftretenden Datenverteilungen einiger in Kapitel 5 aufgeführten Daten zu ermitteln, zeigt Abbildung 6.10 stellvertretend die normierte Wahrscheinlichkeitsverteilung für die Variablen a_p und a_e. Es zeigt sich, dass keine klassische Gauß-Verteilung vorliegt, sondern dass sich die Daten in bestimmten "Ballungszentren" häufen, gekennzeichnet durch hohe Balken. Zwischen diesen Zentren fehlen teils Daten, was das Training eines ML-Modells erschwert und dessen Generalisierungsfähigkeit gefährdet. Diese Verteilung entsteht, weil die Variablenwerte auf der einzelnen Werkzeugmaschine durch die zu fertigenden Aufträge sowie die damit verbundenen Prozesse hin zu den einzelnen Prozesssituationen bestimmt werden. So sind beispielsweise die Schnitttiefe a_p pro Datencluster durch die CAM-Programmierung vorgegeben und unterliegen keinen kontinuierlichen Veränderungen. Auch bei einer kontinuierlichen Veränderung von Variablen, z. B. die Schnittbreite a_e beim Fertigen der Schräge, zeigt sich keine klassische Gauß-Verteilung. Diese wird in den übrigen Operationen mit einem konstanten Wert versehen, wodurch dieser nur geringfügig schwankt und zu einer Häufigkeitsansammlung von a_e für den voreingestellten Wert führt. Abbildung 6.10 zeigt diese heterogene Verteilung für eine vollständige Versuchsnummer und kennzeichnet Wahrscheinlichkeitsverteilungen für gebildete Cluster.

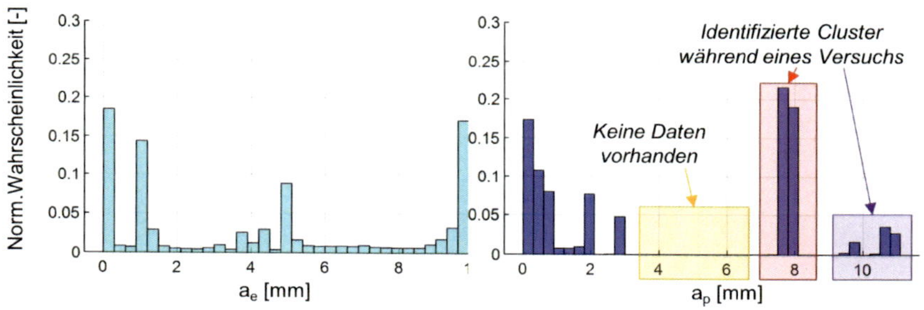

Abbildung 6.10: Datenverteilung der aufgezeichneten Daten für eine Versuchsnummer
Data distribution of the recorded data for an experiment number

Zur Einordnung und zum Umgang mit den dargestellten Datenverteilungen wird für die ausgewählten Variablen die mathematische Klassifizierung in Anlehnung an CRIADO ET AL. durchgeführt [CRIA21]: Die Heterogenität von Daten wird für ML-Anwendungen auf Basis der lokalbedingten Dezentralität von zwei Orten L_1 und L_2 sowie der zeitlichen Veränderung in den Daten zu zwei verschiedenen Zeitpunkten t_1 und t_2 eingeteilt. Daher ist auch die Rede von räumlicher und zeitlicher Heterogenität. Die lokalbedingte Dezentralität bezieht sich auf den Standort des Datenlieferanten und somit im ersten Schritt auf die jeweilige Werkzeugmaschine. Da das Versuchssetup mit der HF3500 auf einer einzelnen Werkzeugmaschine durchgeführt wird, liegt lediglich ein einzelner, lokaler Datenlieferant vor. Fokussiert man darüber hinaus die Definition des Datenclusters aus Kapitel 6.1.1, so kann dieser als abgeschlossener, lokaler Datenlieferant i mit definierter Wahrscheinlichkeitsverteilung für einen identifizierten Prozessbereich auf dem zu fertigenden Werkstück angesehen und somit der räumlichen Heterogenität zugeordnet werden. Die verschiedenen Cluster als Datenlieferanten entstehen nicht parallel, sondern erst mit der Zeit. In ähnlichen Prozesssituationen, z. B. beim erneuten Fertigen des Bauteils, kann sich die aufgeführte Datenverteilung über der Zeit verändern, da Effekte, wie z.

B. zunehmender Werkzeugverschleiß, eintreten können. Diese zeitliche Verteilungsänderung beim gleichen Cluster gehört somit in die Gruppe der zeitlichen Heterogenität.

Für die Charakterisierung der vorliegenden Nicht-IID-Daten in Bezug auf beide Kategorien werden die Wahrscheinlichkeitsverteilungen der Daten verschiedener, clusterbasierter Datenlieferanten über der Zeit näher betrachtet: Ein clusterbasierter Datenlieferant $i \in N_{Cl}$ ist ein Teil der Menge von $N_{Cl} = \{1, ..., n\}$ Datenlieferanten. Jeder Datenlieferant liefert dabei einen Eingangsmerkmalsvektor m sowie einen gelabelten Zielvektor o innerhalb einer Stichprobe in der Form $D \in M \times O$. Mit der Zeit sammelt jeder Datenlieferant i aus einer Menge an Stichproben eine Datenmenge mit den Wahrscheinlichkeitsverteilungen $D_i^{[t]}(m)$ und $D_i^{[t]}(m, o)$ zum Zeitpunkt t. Die Kriterien der räumlichen und zeitlichen Heterogenität sind erfüllt, wenn die folgenden Bedingungen für die Datenlieferanten i und j zu verschiedenen Zeitpunkten t nach Gleichung 6.16 bis 6.17 gelten.

$$D_i^{[t]}(m) \neq D_j^{[t+k]}(m) \tag{6.16}$$

$$D_i^{[t]}(m, o) \neq D_i^{[t+k]}(m, o) \tag{6.17}$$

Jeder Datenlieferant i steht stellvertretend für eine neue Prozesssituation mit dem Inputvektor m. Über die bereits eingeführte Clustering-Methodik unterscheidet sich jeder neu erkannte Cluster in der Datenwahrscheinlichkeitsverteilung und Gleichung 6.16. Betrachtet man den Zielausgabevektor o, so ist festzuhalten, dass zur Prozesskraftvorhersage nicht alle notwendigen Einflüsse und die damit verbundenen Daten bekannt oder messbar sind, z. B. höhere Prozesskräfte durch nicht erfassten Werkzeugverschleiß. Aus diesem Grund kann es vorkommen, dass der gleiche Inputvektor m zu verschiedenen Zielausgaben o führt, weshalb in der realen Produktionsumgebung auch Gleichung 6.17 relevant wird. Diese Bedingung wird über die Clustering-Methodik nicht abgebildet, da nur die Verteilung des Eingangsvektors m betrachtet wird. Sind in den Eingangsdaten die erforderlichen Einflüsse auf die Zielgröße Prozesskraft nicht enthalten, so entsteht kein neues Cluster und Gleichung 6.17 wird nicht geprüft. Um den Umgang in dieser Situation zu bewerten, betrachtet man die Modellierungsseite: Ein ML-Modell ist definitionsgemäß eine Abbildung $F : M \to O$, die jeder möglichen Eingabe einen Wert zuordnet. Zur Vorhersage von Prozesskräften können verschiedene Eingaben aufgrund des nichtlinearen Zusammenhangs zur gleichen Ausgabe führen, jedoch in der Theorie nicht umgekehrt die gleichen Eingaben zu verschiedenen Ausgaben. Allerdings liegt dieser Fall, wie oben beschrieben, in der Praxis vor. Führt man unter diesen Randbedingungen in der Folge ein einziges globales Modell ein, so besteht die Problematik, nicht alle Verhaltensweisen abbilden zu können, da das Modell nicht in der Lage ist, unterschiedliche Vorhersagen für dieselben Eingabedaten zu treffen.

Aus diesem Grund muss für die weitere Untersuchung die zeitliche Veränderung sowohl der Input- als auch Outputdaten nach Gleichung 6.17 als Datengrundlage für den lernenden Ansatz fokussiert werden. Diese Veränderung tritt vorwiegend durch neue Prozesssituationen als Lernaufgabe über die Zeit kontinuierlich auf. In Bezug auf die zeitliche Veränderung bei gleicher Prozesssituation spricht man auch von einem Drift innerhalb der Datenwahrscheinlichkeitsverteilung $D^{[t+k]}(m, o)$ bedingt durch die Zeit. In Bezug auf die datenbasierten Ansätze spielt der Drift wie schon in Kapitel 6.1 eine wichtige Rolle bei der Auslegung des ML-Modells, weshalb die Clustering-Methodik aus Kapitel 6.1.1 zur Detektierung von Datendrifts auch bei den Zieldaten o zur automatischen Ermittlung von Datenclustern nach Gleichung 6.17 angewendet wird. Neu ermittelte Cluster durch eine Veränderung im Zieldatenvektor o werden dem gleichen Datenlieferanten i zugeordnet, über den neuen Zeitstempel $t + k$ kann somit der bezogen auf die Eingangsdaten gleiche Cluster mit Bezug zueinander unterteilt und somit separat betrachtet werden. Aufgrund dieser beiden Fälle im Clustering können nach CRIADO ET AL. die folgenden zwei Ansätze bei der Konzipierung des ML-Modells ausgewählt werden:

- **Fall 1** (Gleichung 6.16): Lösungen zur Bewältigung der Heterogenität in den Eingangsdaten m sind Regularisierungslernmethoden nach [MALL17; MASA20; RUSU16] sowie speicherbasierte Lernmethoden nach [HE19; MALL18; SERR18; YOON17]. Diese Methoden stammen aus dem Bereich des kontinuierlichen Lernens (engl.: Continuous Learning; CL) mit Nicht-IID-Daten und haben das Ziel, gelerntes und gespeichertes Modellwissen auf Basis der bisher gelieferten Daten unter der Verarbeitung neuer Daten zu sichern. Sie sollen neue Wahrscheinlichkeitsverteilungen, die mit der Zeit t entstehen, im Verhältnis zur bereits gelernten Verteilung verarbeiten, sodass mit der Zeit eine breite Normalverteilung entsteht, wodurch die Modellübertragbarkeit steigen soll.
- **Fall 2** (Gleichung 6.17): Lösungen zur Bewältigung der Heterogenität in den Zieldaten o bei gleichen Eingangsdaten ist die Separation eines gleichen Clusters in zwei Cluster mit unterschiedlichen Zeitstempeln. Als Lernmethoden können die gleichen Algorithmen wie in Fall 1 verwendet werden, allerdings müssen die Einflüsse auf die Unterschiede in der Prozesskraft bei einer gleichen Prozesssituation in den Eingangsdaten berücksichtigt werden. Ist das nicht der Fall, wird ein fehlerhaftes Modell trainiert. Können die Einflüsse in den Eingangsdaten durch neue Variablen abgebildet werden, kann Fall 2 wie Fall 1 behandelt werden, ansonsten ist das Cluster zum Zeitpunkt $t + k$ nicht Teil des kontinuierlichen Trainings.

Somit hat die Einführung der clusterbasierten Datenlieferanten aufgrund der räumlichen und zeitlichen Heterogenität das Ziel, Wissen datenbasiert und kontinuierlich mithilfe ausgewählter Konzipierungsansätze in der Künstlichen Neuronalen Struktur zur langfristigen Steigerung der Modellübertragbarkeit zu speichern und spielt eine zentrale Rolle im kontinuierlichen Lernprozess.

Herausforderung 2 - Geringe Extrapolationsfähigkeit und Erklärbarkeit | Das automatische Erkennen und Abgrenzen prozesstechnisch nachvollziehbarer Prozessdatencluster, Kapitel 6.1.1, ist abhängig von den gewählten Einstellungen der Clustering-Algorithmen wie der Dimensionsreduktion nach UMAP. Beim clusterbasierten Lernprozess des späteren ML-Modells hat die Ausbildungsart von Prozessdatenclustern einen entscheidenden Einfluss auf die Wahrscheinlichkeitsverteilung der Daten innerhalb des Clusters. Ist die Wahrscheinlichkeitsverteilung der Daten innerhalb des Clusters gering und wird das angestrebte ML-Modell im Anschluss clusterbasiert trainiert, so weist das trainierte Modell keine hohe Extrapolationsfähigkeit auf: Begründet werden kann dies im Lernen des KNN von Daten, die nahezu konstant, also eine geringe Verteilung aufweisen, wodurch das KNN einen Zustand lernt und bei geringfügiger Abweichung bereits auf Basis des Zustandspunktes extrapolieren muss. Auch beim angestrebten clusterbasierten, kontinuierlichen Lernen besteht die Gefahr, dass clusterbasiert eine Anreihung von Zuständen erlernt wird, die ebenfalls keine hohe Extrapolationsfähigkeit aufweist. Ziel ist es daher, valide Zusammenhänge aus den Daten durch eine Mindestdatenverteilung in der Trainingsdatenbasis zu erlernen. Das KNN muss befähigt werden, clusterbasiert mit einer Mindestdatenverteilung zu lernen, um generalisieren zu können, weshalb das in Kapitel 6.1.1 eingeführte Prozessdatenclustering so eingestellt ist, dass erkennbare Prozessoperationen und keine Konstantbereiche automatisch detektiert werden, z. B. grüner Cluster für die Operationen 1.2, 2.2 und 5.2 in Abbildung 6.3.

Der Einsatz von MLP als Basis-Modellarchitektur unterliegt zudem der Herausforderung einer geringen Transparenz über die eigene Erklärbarkeit, besonders bei geringen Datenmengen. Gerade der hier in Betracht gezogene Ansatz des Deep Learnings wird häufig als undurchsichtiges System betrachtet, welches nach JOHNER schwer für den Menschen in seinen Entscheidungen zu interpretieren ist [JOHN22]. Die Erklärbarkeit des ML-Modells kann über spezielle Kausalitäts-Analysefunktionen bewertet werden. Zur Gruppe von erklärbarer KI (engl.: Explainable AI) gehören Algorithmen wie das bereits eingeführte Shapley Values bzw. SHapley Additive exPlanations SHAP, Permutation Feature Importance, Local Interpretable Model-agnostic Explanations LIME, Layer-wise Relevance Propagation LRP oder das Gradient-Weighted Class Activation Mapping gradCAM. Diesen Algorithmen ist gemein, dass sie die Vorhersage für einzelne sowie mehrere Datenpunkte quantifizieren können, wodurch der Anwender eine Erklärung für die getroffene Vorhersage bekommt und bewerten kann, ob dieser Zusammenhang richtig ist. Nicht herausgefunden werden kann, ob ein korrekter Zusammenhang im Trainingsprozess durch das ML-Modell gefunden wird, durch den menschlichen Anwender jedoch nicht interpretiert werden kann, wenn es sich um einen bisher unbekannten Zusammenhang handelt. Eine detaillierte Betrachtung erfolgt in Kapitel 6.4. Als zusätzliches Maß zur Abbildung der Vertrauenswürdigkeit des ML-Modells wird ein Vertrauensintervall eingeführt, wodurch eine Sicherheit des ML-Modells für eine getroffene Vorhersage angegeben wird. Eine Verbesserung der Nachvollziehbarkeit wird dadurch nicht direkt erreicht, da auch bei Angabe einer hohen Vorhersagesicherheit des ML-Modells der maschinell analysierte Zusammenhang in den Daten falsch sein kann. Gänzlich unsichere Vorhersagen können allerdings identifiziert und verarbeitet werden. Aus den Herausforderungen leiten sich die folgenden drei Anforderungen an die zu entwickelnde Modell-Basisarchitektur ab, wovon die erste bereits in Kapitel 6.1.1 gelöst wird.

- **Anforderung 1**: Das automatisierte Prozessdatenclustering wird mit dem Ziel eingestellt, nachvollziehbare Prozessdatencluster mit hinreichend guter Verteilung der Input- und Outputdaten für das spätere Training zu erhalten, Kapitel 6.1.
- **Anforderung 2**: Entwicklung einer Modell-Basisarchitektur, die neues Wissen bei kontinuierlich entstehenden Datenclustern verarbeiten kann, wodurch die Extrapolationsfähigkeit auch bei anfangs geringen Datenmengen mit der Zeit steigt, Kapitel 6.2 und 6.3.
- **Anforderung 3**: Lösungen zur Abbildung des Vorhersagevertrauens und der Erklärbarkeit des lernenden Modellansatzes, Kapitel 6.2 und 6.4.

Entwickeln der Modell-Basisarchitektur | Da Anforderung 1 in Kapitel 6.1.1 behandelt wird, steht im Folgenden Anforderung 2 im Fokus mit dem Ziel, die grundlegende Basis-Modellstruktur mit Elementen und Methoden zu erweitern, die in der Lage sind, die clusterbasierten und heterogenen Datenverteilungen über der Zeit t zu verarbeiten. Denn auch die grundlegende Modellarchitektur vor einem kontinuierlichen Training muss so entworfen werden, dass diese Zusammenhänge beim Training über strukturelle Auslegungen ausreichend generalisieren kann. Im ersten Schritt wird dazu die MLP-Referenzarchitektur mit den folgenden Hyperparametern gewählt, Tabelle 6.1. Diese MLP-Referenzarchitektur wird dann schrittweise anhand verschiedener Trainingsszenarien innerhalb des Versuchssetups bewertet und angepasst, mit dem Ziel, die Modellstruktur zu optimieren. Die angegebenen Werte sind demnach in Veröffentlichungen wiederkehrende Grenzwerte, innerhalb denen ein Modelloptimum gefunden werden soll [TERC22].

Tabelle 6.1: Mögliche Hyperparameter der MLP-Referenzarchitektur

Parameter	**Werte**
Anzahl an verdeckten Schichten	[2; 4]
Anzahl Neuronen pro Schicht	[32; 512]
Batch-Größe	[16; 256]
Aktivierungsfunktionen	[ReLU; Tanh; Sigmoid] [Linear (Output)]
Lernrate	[0,05; 0,001]
Optimierer	[ADAM; SGD]

Das experimentelle Setup zur Modellbildung fokussiert die Versuchsnummern 14, 15 und 16 des in verschiedenen Varianten gefertigten Versuchsbauteils, Kapitel 4.1, mit den Prozessparameterausprägungen in Tabelle 6.2. Für die drei Versuchsnummern wird zur Entwicklung des MLP-Netzes ein neues Clustering nach Kapitel 6.1 durchgeführt, welches zu ähnlichen Clusterbereichen wie in Abbildung 6.3 kommt. Pro Versuchsnummer ändert sich der eingestellte Vorschub an der Maschine, dennoch bilden sich operationsbezogen gleiche Prozessdatencluster aus. Beispielsweise ist das erste Cluster auch für die Versuchsnummern 14, 15 und 16 die Operation 1.1 (Schruppen Flanke 1) und gilt für alle Vorschub-Override-Einstellungen, da die Datenverteilungen nicht groß im Vergleich zu den anderen Clustergruppen abweichen. Angesichts dessen reicht die Versuchsanzahl zur MLP-Entwicklung aus und kann auf die späteren, ähnlichen Anwendungsfälle übertragen werden.

Tabelle 6.2: Prozessparameterausprägungen des Versuchsbauteils zur Modellentwicklung

Versuchsnummer	14	15	16
Vorschub-Override [%]	100	120	80
Material	AlSi1MgMn	AlSi1MgMn	AlSi1MgMn

Der gesamte Datensatz in Form der Merkmalsinputvektoren $m_{in,std}$ ohne die Zielgrößen F_x, F_y und F_z ist mit seinen einzelnen Einträgen k bereits nach Gleichung 6.3 auf den Bereich [-1, 1] standardisiert. Die Z-Standardisierung der Eingabedaten führt zu einer ähnlichen Skala und Verteilung, wodurch das MLP-Modell alle Eingangsdaten gleichermaßen berücksichtigt. Unterschiedliche Skalen führen dazu, dass bestimmte Gewichte des MLP unverhältnismäßig wichtig werden, während andere vernachlässigt werden, wodurch keine gute Generalisierung erreicht werden kann. Betrachtet werden darüber hinaus nur Eingangsdatenbereiche mit $Q_v > 0$, sodass Leerfahrtanteile ohne Eingriff nicht berücksichtigt werden. Nach der Normalisierung wird der teil-normalisierte Gesamtdatensatz in 70 % Trainings- und in 30 % Testdaten aufgeteilt. Die im Folgenden durchgeführten Trainings im Kontext der Modellbildung finden in mehreren Epochen bis zur fünffach aufeinanderfolgenden Unterschreitung des Gradienten ∇F von 0,2 N statt. Darüber hinaus wird der jeweilige Trainingsdatensatz in Batches mit einer noch zu ermittelnden Größe von Datenpunkten unterteilt. Nach jedem Batch wird ∇F ermittelt und es werden die Modellgewichte angepasst. Die vor dem Hyperparameter-Tuning gewählte Batch-Größe von 128 ist ein Kompromiss, indem sie zum einen ein schnelleres Updaten des Gradienten und zum anderen ein stochastisches Lernen durch die zufällig gewählte Datenteilmenge ermöglicht, wodurch das Modell besser generalisieren kann. Die Daten-Batches werden innerhalb und übergreifend vermischt. Die Testdaten werden zur Erhebung des RMSE und somit zur Modellbewertung genutzt. Im Folgenden werden aufeinander aufbauende Modellbildungsphasen zur

Untersuchung der MLP-Architektur zur Vorhersage von F_x und F_y aufgrund der hohen Bedeutung im 3D-Fräsprozess durchlaufen, die verschiedene Untersuchungsschwerpunkte zur ganzheitlichen Modellbildung fokussieren. Referenzen bilden dabei zum einen die gemessenen Prozesskräfte sowie die statische Adaption des Kraftmodells nach ALTINTAS.

Modellbildungsphase 1 - Training über gleiche Prozessdatencluster | Phase 1 fokussiert einzelne Prozessdatencluster über die drei Versuchsnummern 14, 15 und 16. Für jedes identifizierte Prozessdatencluster über mehrere Versuche wird ein einzelnes MLP-Modell trainiert und sowohl auf das Cluster selbst als auch auf alle weiteren getestet. Als Inputdaten werden bestimmte in Kapitel 6.2.1 extrahierten Inputvariablen verwendet:

1. **Technologiegrößen**: v_u, v_v
2. **Eingriffs- und Modellgrößen**: Q_v, a_p, a_e, ϕ, sp_u, sp_v

Zum Vergleich wird für die dem jeweils gleichen Cluster zugeordneten Daten der statische Adaptionsprozess für das ALTINTAS-Modell clusterbasiert durchgeführt. Abbildung 6.11 zeigt die Ergebnisse des Trainings des MLP-Modells, des Adaptionsprozesses des ALTINTAS-Modells für das in Versuch 14 und 15 identifizierte Cluster 1 sowie deren Anwendung auf das noch unbekannte Cluster 1 in Versuchsnummer 16 für F_x und F_y im Vergleich zur gemessenen Prozesskraft. Cluster 1 (Flankenschruppen 2.1) weist unabhängig vom Vorschub-Override für alle betrachteten Versuchsnummern durch den konstanten Eingriff konstant ausbildende Prozessverhältnisse in Bezug auf den Kraftverlauf auf, wodurch die Wahrscheinlichkeitsverteilung $D_(m, o)$ innerhalb des Clusters gering ist. Dennoch reicht diese Verteilung aus, die Extrapolationsfähigkeit innerhalb des Clusters bei Anwendung beider Modelle auf das gleiche Cluster 1 für Versuchsnummer 16 mit 80 % Vorschub-Override nachzuweisen. Konkret trainiert und adaptiert sind beide Modelle für Cluster 1 für Versuch 14 und 15, angewendet zur Vorhersage auf das ähnliche, aber noch unbekannte Cluster 1 bei Versuchsnummer 16. Hier zeigt das MLP-Modell in den RMSE-Werten mit einem RMSE von 10,7 N in X-Richtung und 3,5 N in Y-Richtung in Bezug auf Versuch 16 eine höhere Modellgüte im Vergleich zum ALTINTAS-Modell, wodurch bereits eine bessere Extrapolationsfähigkeit des MLP-Modells innerhalb des Trainingsclusters bei Anwendung auf ähnliche Cluster nachgewiesen werden kann. Diese Beobachtung kann auf die geringe Änderung in den clusterbasierten Datenmustern zurückgeführt werden (Senkung des Vorschubs auf 80 % gegenüber Versuchsnummer 14, Tabelle 6.2). Die Trainingsdatenmenge reicht demnach aus, um auf ähnliche, aber neue Fälle extrapolieren zu können.

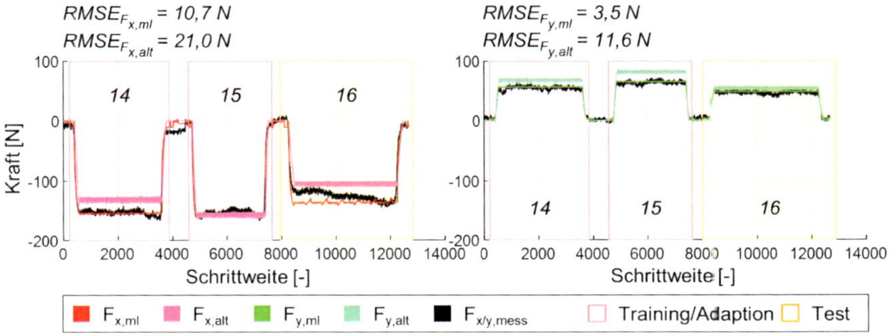

Abbildung 6.11: Modellierte Kraftverläufe für Versuch 14, 15 und 16 für Cluster 1 (Nr. 2.1)

Modeled force curves for test 14, 15 and 16 for cluster 1 (No. 2.1)

Die Extrapolationsfähigkeit des MLP-Modells kann durch das Beispiel nur bei Anwendung innerhalb des Clusters bzw. auf ähnliche Cluster nachgewiesen werden. Wendet man die Untersuchung auf die weiteren Cluster an, so sind ähnliche Ergebnisse in Bezug auf das Extrapolationsverhalten zu erwarten, Tabelle 6.3. Bei Anwendung auf gleiche Cluster über die betrachteten Versuche 14, 15 und auch die bisher unbekannte Nummer 16 weist das MLP-Modell einen niedrigeren RMSE für F_x und F_y im Vergleich zum ALTINTAS-Modell vor. Wendet man die Modelle allerdings auf weitere Cluster an, so zeigt das MLP-Modell im Vergleich zum ALTINTAS-Modell keine signifikante Verbesserung in Form des RMSE über alle Cluster über alle Versuchsnummern. Teils liefert das MLP-Modell sogar eine deutliche schlechtere Gesamt-Modellgüte, z. B. beim Training auf die durch HDBSCAN zusammengefassten Cluster 3 und 4. Auch nach dem Hyperparametertuning des MLP-Modells liefert es lediglich bei Anwendung innerhalb des Clusters für alle drei abgebildeten Trainingsszenarien (TS) bessere Vorhersagen als das ALTINTAS-Kraftmodell.

Tabelle 6.3: Modellparameter und Bewertungsmetriken für Phase 1

Modell	TS	Cluster	Modellparameter	RMSE Cluster [N]	RMSE ges. [N]
MLP	1	1	3 x (319, 321, 512) | Aktivierung: ReLU	X: 8,1 Y: 3,1	X: 51,9 Y: 41,1
ALTINTAS	1	1	-	X: 19,6 Y: 13,4	X: 41,5 Y: 36,9
MLP	2	3 u. 4	3 x (319, 321, 512) | Aktivierung: ReLU	X: 4,4 Y: 5,0	X: 201 Y: 238,5
ALTINTAS	2	3 u. 4	-	X: 6,4 Y: 7,2	X: 46,0 Y: 40,8
MLP	3	8	3 x (319, 321, 512) | Aktivierung: ReLU	X: 15,7 Y: 18,0	X: 40,3 Y: 41,8
ALTINTAS	3	8	-	X: 47,7 Y: 42,9	X: 43,5 Y: 40,1

Betrachtet man den Gesamt-RMSE des MLP-Modells clusterbasiert über alle Versuche, so zeigt Abbildung 6.12 sowohl über das RMSE-Balkendiagramm als auch über den beispielhaften Kraftverlauf von F_x, dass auch andere, nicht im Training des MLP-Modells enthaltene Cluster teilweise bessere Kraftvorhersagen als das ALTINTAS-Modell liefern.

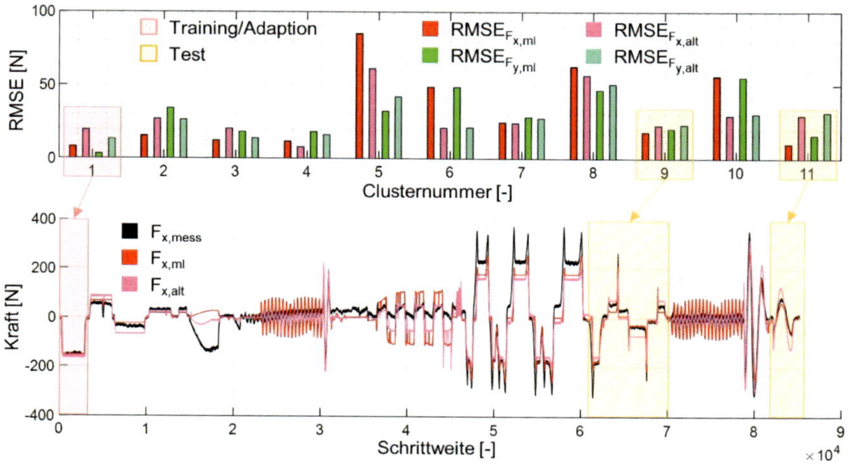

Abbildung 6.12: Trainingsergebnisse und modellierte Kraftverläufe für Versuch 15 über alle Cluster

Training results and modeled force curves for experiment 15 across all clusters

Dargestellt ist der Kraftverlauf für Versuch 15, Training und Adaptionsprozess wurden ebenfalls für die Versuche 14 und 15 für Cluster 1 durchgeführt. Beispielsweise ist der RMSE für die Cluster 9 (Rechtecktaschen-Schlichten Nr. 5.2) und 11 (Kreistaschen-Schlichten Nr. 6.2) niedriger trotz eines insgesamt höheren Gesamt-RMSE von 51.9 N für F_x. Beide Clusternummern ähneln den Eingriffsbedingungen von Clusternummer 1 trotz Bahnrichtungsänderungen wie beim Kreistaschenschlichten. Bezogen auf die Transformation in das TKS sieht das Werkzeug keinen Unterschied beim Eingriff, auch wenn es eine Gerade oder eine Kurve abfährt. Lediglich die Kraftverläufe in X- und Y-Richtung unterscheiden sich, was jedoch rein über die kinematischen Zusammenhänge begründet ist. Der in Kapitel 5.3 eingeführte Werkzeugbezug in Form der Transformation in das TKS zeigt somit bereits in diesem Beispiel erste Potenziale. Zum Nachweis der Extrapolationsfähigkeit des MLP-Modells muss im nächsten Schritt die clusterübergreifende Betrachtung in Form des Trainings gewährleistet werden, damit das lernende MLP-Modell seine Vorteile gegenüber den konventionellen Ansätzen ausspielen kann.

Modellbildungsphase 2 - Training mit verschiedenen Datenkategorien | Neben der clusterbasierten Betrachtung in Bezug auf Training bzw. Adaption muss selbst bei einem erfolgreichen MLP-Hyperparametertuning der Einfluss der Modelleingangsdaten auf die Modellqualität untersucht werden. Das Finden geeigneter Modelleingangsdaten kann die notwendige Trainingsdatenmenge deutlich reduzieren. Kapitel 5 definiert alle zur Verfügung stehenden Daten. Die größte Relevanz in Form möglicher Korrelationen zwischen Input- und Zieldaten beschreibt Kapitel 6.2.1 und ordnet darüber hinaus die Variablen in Datenkategorien ein. Die Ergebnisse der Korrelationsanalyse weisen lediglich auf Tendenzen hin, weshalb in Phase 2 die Inputdaten in Bezug auf die in Abbildung 6.7 dargestellten Datenkategorien kombiniert und so im Detail, hier für Versuch 14, untersucht werden. Zur Untersuchung wird für alle Kombinationen das gleiche Trainingsszenario wie im vorherigen Abschnitt gewählt: Das Training des MLP-Modells wird willkürlich für die Clusternummern 1, 2, 3, 5, 8 und 10 durchgeführt (70 % Trainings-, 30 % Testdaten). Als Modellparameter werden die in Tabelle 6.3 ermittelten Modellparameter verwendet.

Tabelle 6.4: Bewertungsmetriken für Phase 2

Modell	Datenkategorie	Inputdaten	RMSE ges. [N]
MLP	2a	v_u, v_v, N	X: 58,7 Y: 45,3
MLP	1, 2a	v_u, v_v, N, M_{sp}	X: 21,3 Y: 14,6
MLP	2a, 2b	$Q_v, a_p, a_e, \phi, sp_u, sp_v, v_u, v_v, N$	X: 14,5 Y: 19,3
MLP	1, 2a, 2b	$Q_v, a_p, a_e, \phi, sp_u, sp_v, v_u, v_v, N, M_{sp}$	X: 12,3 Y: 18,2

Angewendet wird das trainierte MLP-Modell im Anschluss auf alle Clusternummern, darunter die dem Training vorenthaltenen Cluster 4, 6, 9 und 11. Tabelle 6.4 zeigt den RMSE der verschiedenen Kombinationen, ermittelt auf alle Clusternummern. Es kann eine deutliche Verbesserung der Modellqualität des MLP unter Verwendung der Eingriffsgrößen (Kategorie 2b) gezeigt werden. Eine weitere Steigerung kommt durch die Verwendung des Drehmomentsollwerts M_{sp}. Da die NC diese Größe aus einer Messgröße ermittelt, kann sie nur im Live-Betrieb und nicht für die a-priori Simulationen zur Prozesskraftvorhersage genutzt werden. Abbildung 6.13 zeigt zum Vergleich die Vorhersagen für F_x für die Kombinationen 2a sowie 2a + 2b. Die letztere Kombination weist einen deutlich besseren Gesamt-RMSE auf. Betrachtet man den Kurvenverlauf, gilt das auch für die bisher als unbekannt eingestuften Cluster 4, 6, 9 und 11.

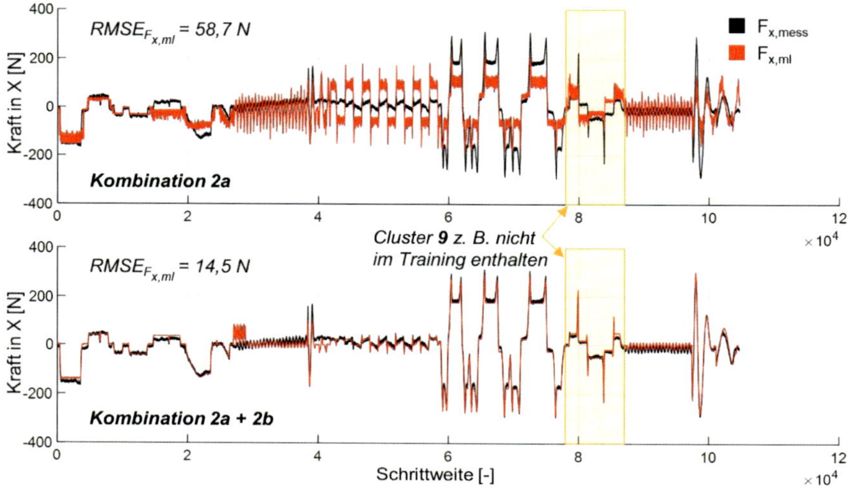

Abbildung 6.13: Kraftverläufe verschiedener, kombinierter Datenkategorien bei Versuch 14

Force curves of different, combined data categories in test 14

Modellbildungsphase 3 - Training über verschiedene Prozessdatencluster | Phase 2 weist bereits eine erhöhte Modellübertragbarkeit bei Anwendung auf neue Cluster unter Verwendung der Eingriffsgrößen (Kategorie 2b) auf. Die verbesserte Modellübertragbarkeit lässt sich auch durch ein clusterübergreifendes Training, hier in Bezug auf die Clusternummern 1, 2, 3, 5, 8 und 10, und die damit breitere Wahrscheinlichkeitsverteilung in den Trainingsdaten erklären und wird daher im Folgenden untersucht. Unterschied zu Phase 1 ist das clusterübergreifende Training des MLP-Modells. Zur Untersuchung werden erneut beide Kraftmodellierungsansätze im Vergleich zu den gemessenen Kräften F_x und F_y in zwei Trainingsszenarien gegenübergestellt. Dabei werden die optimierten MLP-Modellparameter genutzt (3 x [319, 321, 512]; Aktivierungsfunktion: ReLU). Die untersuchten zwei Trainingsszenarien finden mit den gleich gewählten Kombinationen der Inputdaten aus Tabelle 6.4 statt und sind in Tabelle 6.5 aufgeführt. Die für das Training ausgewählten Clusternummern beziehen sich auf Versuchsnummer 14 und 15. Der gesamte Versuch 16 wird als Testdatensatz zur Modellbewertung herangezogen. Versuch 16 beinhaltet somit ähnliche sowie vollständig unbekannte Cluster. Die RMSE-Werte in Tabelle 6.5 beziehen sich auf die Anwendung beider Modelle für die bisher unbekannten Cluster über alle betrachteten Versuche.

Tabelle 6.5: Modellparameter und Bewertungsmetriken für Phase 3

Modell	TS	Datenkategorie	Cluster Training	Cluster Anwendung	RMSE Anwendung [N]
MLP	1	2a, 2b	[1, 2, 5, 10]	[3, 4, 6, 7, 8, 9, 11]	X: 24,4 Y: 21,0
ALTINTAS	1	-	[1, 2, 5, 10]	[3, 4, 6, 7, 8, 9, 11]	X: 37,2 Y: 32,0
MLP	2	2a, 2b	[1, 2, 3, 5, 8, 10]	[4, 6, 7, 9, 11]	X: 9,5 Y: 10,5
MLP	2	1, 2a, 2b	[1, 2, 3, 5, 8, 10]	[4, 6, 7, 9, 11]	X: 13,4 Y: 13,9
ALTINTAS	2	-	[1, 2, 3, 5, 8, 10]	[4, 6, 7, 9, 11]	X: 34,1 Y: 29,7

Die RMSE-Werte in Tabelle 6.5 zeigen einen deutlichen Unterschied zwischen beiden Kraftmodellierungsansätzen. Wie nach Phase 2 zu erwarten ist, kann auch bei den clusterübergreifenden Trainingsszenarien unter Verwendung der Eingriffsgrößen eine deutlich bessere Vorhersagequalität des lernenden MLP-Modells erreicht werden. Das für die Clusternummern 1, 2, 3, 5, 8 und 10 übergreifend trainierte MLP-Modell liefert für alle Clusternummern in Versuch 16 mit reduziertem Werkzeugvorschub von 80 % RMSE-Werte um 10 N. Die clusterübergreifenden Adaptionen des Kraftmodells nach ALTINTAS führen dagegen zu keiner signifikanten Verbesserung, da die begrenzten Modellfreiheitsgrade zu einer Mittlung der Modellkonstanten führen [KLOC18]. So stagniert das Modell nach ALTINTAS und verharrt bei deutlich höheren RMSE-Werten. Ergänzend zu Tabelle 6.5 zeigt Abbildung 6.14 die clusterspezifische Übersicht der besten RMSE-Werte für F_x und F_y für beide aufgeführten Trainingsszenarien. Da die RMSE-Werte sich allein auf die Modellanwendung für Versuch 16 beziehen, ist kein Cluster im Training enthalten. Die gelb markierten Clusternummern in Versuch 16 entsprechen daher bekannten, ähnlichen Clustern aus den Versuchsnummern 14 und 15. Abbildung 6.14 zeigt für ähnliche Cluster im Trainingsszenario 1 deutlich geringere RMSE-Werte als das adaptierte Kraftmodell nach ALTINTAS. Für unbekannte Cluster zeigt Szenario 1 für vier von sieben Clustern einen besseren RMSE-Wert (Cluster 6, 7, 8, 11). Erhöht man die Zahl der Trainingscluster in Versuch 14 und 15 (vgl. Trainingsszenario 2), so weist das MLP-Modell in Versuch 16 für ähnliche Cluster ebenfalls deutlich geringere RMSE-Werte auf. Für unbekannte Cluster weist es für vier von fünf Clustern teils deutlich geringere RMSE-Werte auf (Cluster 4, 6, 9, 11), für das verbleibende Cluster geringfügig höhere Werte (Cluster 7). Der lernende Ansatz beginnt bei erhöhter Datenmenge seinen Vorteil gegenüber konservativen Ansätzen (Kraftmodell nach ALTINTAS) auszuspielen. Dazu kommt, dass die Kraftmodellierung nach ALTINTAS für ihre höchste Modellgenauigkeit pro Cluster adaptiert werden muss. Doch auch dabei erreichen sie das RMSE-Niveau nicht, vgl. Abbildung 6.11. Eine Anwendung des ALTINTAS-Ansatzes auf neue Cluster führt darüber hinaus zu den hier aufgeführten RMSE-Werten.

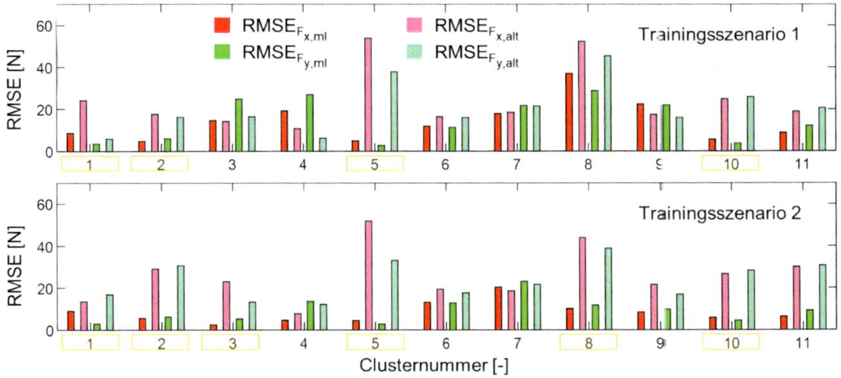

Abbildung 6.14: Ergebnisse Modellbildungsphase 3

Results of modeling phase 3

Abbildung 6.15 zeigt für Zeile 3 in Tabelle 6.5 als bestes MLP-Modell die zugehörigen Kraftverläufe in X- und Y-Richtung im Vergleich zum Kraftmodell nach ALTINTAS sowie zur gemessenen Kraft. Die Kraftverläufe des MLP (rote Kurve in X-Richtung, grüne Kurve in Y-Richtung) liegen deutlich näher an den gemessenen Kräften (schwarze Kurven) als das clusterübergreifend adaptierte Modell nach

ALTINTAS (magenta Kurve in X-Richtung, türkise Kurve in Y-Richtung). Auch die Detailansichten 1 und 2 in Abbildung 6.15 unten unterstreichen diese Beobachtung. Detailansicht 1 zeigt den Kraftverlauf bei Anwendung beider Modelle auf Cluster 6 in Versuch 16. Mit der Zeit ist zu erkennen, dass die gemessene Kraft F_x mit sinusförmigem Verlauf (schwarze Kurve) in die positive Achsrichtung ansteigt und nicht mehr um die Nulllinie schwingt, Detailansicht 1. Unter der Annahme einer analogen Uhr waren die radialen Verlagerungssensoren am Messring der Hauptspindel zum Zeitpunkt der Datenaufzeichnung an den Positionen 6:00 Uhr, 7:30 Uhr und 09:00 Uhr angeordnet, wenn man axial aus der Spindel herausblickt. Beim automatischen Runout-Lauf der Spindelkraftsensorik vor dem Helixfräsen, Kapitel 5.3.1, wird eine geschlossene Kreisbahn an die Messwerte der drei radial angeordneten Verlagerungssensoren angepasst, die sich auf einem Viertelkreis befinden. Die gefittete Kreisbahn dient als Referenzlinie zur Bestimmung der kraftbedingten Verlagerungen, indem sie mit den positionsgebundenen Messwerten der Verlagerungssensoren abgeglichen wird. Da die Sensorpositionen nur einen Viertelkreis abdecken, kann eine geringe Messunsicherheit eines einzelnen Sensors zu einer erheblichen Auswirkung beim Fitten der Referenzkreisbahn führen. Aus diesem Grund erfolgt eine virtuelle Spiegelung des physischen Verlagerungssensors von der Position 07:30 Uhr auf die Position 01:30 Uhr, wodurch das Fitten der Referenzkreisbahn weniger anfällig für Schwankungen aufgrund von Messunsicherheiten wird.

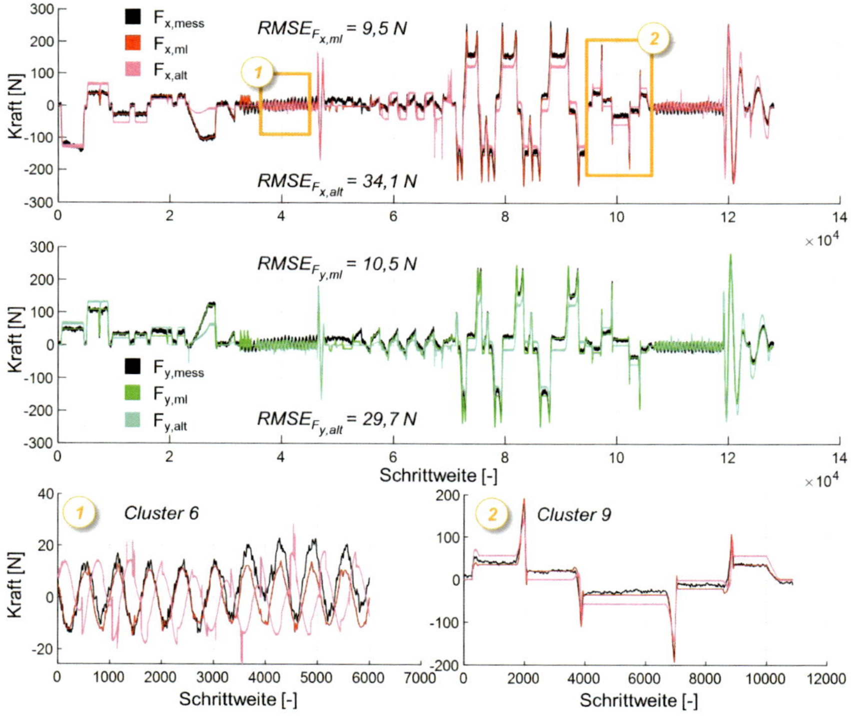

Abbildung 6.15: Kraftverläufe beider Modellierungen für Versuchsnummer 16

Force curves of both models for experiment number 16

Während des Helixfräsens entsteht eine leichte thermische Ausdehnung in der Hauptspindel, die zu einer symmetrischen Ausdehnung der Spindelwelle sowie einer asymmetrischen Ausdehnung des Spindelgehäuses führt. Daraus folgt eine asymmetrische Verlagerung der im Gehäuse verbauten Sensoren in radialer Richtung. Somit misst der virtuelle Sensor an der Position 01:30 Uhr eine auftretende Verlagerung durch die lokale, asymmetrische Ausdehnung des physischen Sensors an der Position 07:30 Uhr, die an der Position 01:30 Uhr jedoch physisch nicht im gleichen Maße auftritt. In Verbindung mit den beiden weiteren Sensoren, die lokal eine andere Verlagerung durch die asymmetrische Ausdehnung des Spindelgehäuses aufweisen, führt diese Messmethode zu dem dargestellten, leichten Drift, der durch die virtuelle Neuanordnung des einen Verlagerungssensors noch verstärkt werden kann. Während des Helixfräsens kann dieser Drift durch eine Online-Korrektur nicht kompensiert werden. Bezogen auf die lernende Modellierung ist der Anteil des thermischen Drifts der Zielgröße F_x im gesamten Trainingsdatensatz gering. Des Weiteren wird der Effekt über die eingestellte Inputdatenkombination in keiner Variablen abgebildet, weshalb das MLP-Modell den thermischen Anstieg kaum gewichtet. Wie oben erläutert, ist der Anstieg des gemessenen Kraftsignals nicht kraft-, sondern thermisch bedingt, weshalb nur im gemessenen und nicht im modellierten Signalverlauf von F_x lokal eine fehlerhafte Abweichung vorliegt. Aufgrund der gewählten Inputdatenkombination, des gewählten Lernszenarios sowie der gewählten MLP-Architektur weist das Modell diesem Phänomen keine Bedeutung zu und lernt in der Folge richtig. Diese speziellen Fälle, dass ein KNN Datendrifts und nicht nur Ausreißern von Messwerten auf der Outputseite eine geringe Bedeutung in der Analyse der Datenmuster im Trainingsprozess zuweist, können bei korrekter Architektur- und Hyperparameterwahl bereits durch die Eliminierung von Overfitting erreicht werden. Die Wahl der Inputdaten und deren Wahrscheinlichkeitsverteilung hat darüber hinaus ebenfalls einen signifikanten Einfluss, wie die bisherige Untersuchung zeigt.

Modellbildungsphase 4 - Feinjustierung des lernenden MLP-Modells | Die bisherige Betrachtung des lernenden MLP-Modells fokussiert die verschiedenen Trainingsszenarien mit dem Einfluss einer variierenden Datenmenge und -verteilung sowie den Einfluss der Inputdaten auf das Modellergebnis. Die MLP-Modelle sind Ergebnis der vorherigen Architekturherleitung und sind in den bisherigen Modellbildungsphasen in Bezug auf ihre Hyperparameter optimiert (z. B. Anzahl Neuronen pro Schicht). Die Hyperparameteroptimierung ist eine automatische Modelloptimierung und wird auf Basis der Bayes'schen Optimierung nach A.6 mit den Hyperparametern und Netzeinstellungen aus Tabelle 6.6 durchgeführt.

Als Datengrundlage steht Versuch 16 unter Trainingsszenario 2 aus Tabelle 6.5 zur Verfügung. Dabei werden 70 % der Daten für das Training und 30 % der Daten zur Validierung genutzt. Der RMSE-Wert wird für die MLP-Modelle 3 und 4 aus Tabelle 6.5 ermittelt. Das Ergebnis der Bayes'schen Optimierung ist abhängig von dem Trainingsszenario sowie der Inputdatenverwendung. Dennoch laufen die Optimierungsergebnisse auf ähnliche Hyperparameter und Netzeinstellungen hinaus, Tabelle 6.6. Neben den klassischen Hyperparametern wie "Anzahl Neuronen pro Schicht" können gezielt mathematische Methoden wie die L1-Regularisierung eingesetzt werden, die zu einer verbesserten Modellleistung führen. Die in A.7 aufgeführten Methoden und Modellhyperparameter stehen zur Verfügung und werden im Rahmen der Feinjustierung untersucht und bewertet. Zu erkennen ist, dass das automatische Hyperparametertuning sowie die gewählten Netzeinstellungen über die gezielten mathematischen Methoden den bereits guten Modellleistungswert in Form des RMSE-Wertes weiter verbessern, wodurch sich die finale MLP-Referenzarchitektur für die zwei Modelltypen aus Tabelle 6.5 ergibt.

Tabelle 6.6: Ergebnisse, Hyperparameter und Netzeinstellungen der MLP-Referenzarchitektur

Parameter/Einstellungen	**Werte**
Anzahl an verdeckten Schichten	3
Anzahl Neuronen pro Schicht	319 x 321 x 512
Aktivierungsfunktionen	ReLU (Verdeckte Schichten), Linear (Ausgang)
Lernrate	0,005
Optimierer	ADAM
Batch-Größe	128
L1-Regularisierung	Nein
L2-Regularisierung	Ja, pro Schicht
Dropout-Regularisierung	Nein
Gewichtete Verlustfunktion	Ja
Batch-Normalisierung	Ja, pro Schicht
RMSE MLP-Modell 1 (2a, 2b)	X: 8,3 Y: 9,1
RMSE MLP-Modell 2 (1, 2a, 2b)	X: 10,8 Y: 11,5

Modellbildungsphase 5 - Modellintegration in den Gesamtansatz | Nach der in Abbildung 4.1 dargestellten Modellierungsmethodik bestehen zwei Möglichkeiten, die verschiedenen Modelltypen (Typ B und C) zu kombinieren, wodurch ein hybrider Gesamtmodellansatz zur Prozesskraftvorhersage entsteht: Kapitel 6.2 fokussiert bisher isoliert den Aufbau des Typs C, der gegenüber Typ B in Kapitel 6.1.2 als Vorteil eine verbesserte Modellübertragbarkeit bei neuen Prozesssituationen aufweist. Der Nachteil ist das Neu-Erlernen von Zusammenhängen, da bestehende Modellzusammenhänge durch Typ B nicht verwendet werden. Um diesen Nachteil auszugleichen, ist das Ziel von Phase 5, Lösungen zu entwickeln und zu untersuchen, um bekannte Zusammenhänge in der Prozesskraftmodellierung durch Modelle von Typ B mit der hohen Übertragbarkeitsfähigkeit von Typ C zu vereinen. Daraus lassen sich zwei Gesamtmodellansätze ableiten:

Gesamtmodellansatz 1: Zwei parallel laufende Modellierungsansätze zur Prozesskraftvorhersage nach Abbildung 4.1. Der Modelltyp C lernt kontinuierlich clusterübergreifend, der Modelltyp B wird für jedes identifizierte Datencluster adaptiert und inklusive der Cluster-ID gespeichert. Modelltyp C wird ausgehend von der MLP-Struktur in ein sog. Probabilistisches Neuronales Netzwerk (PNN) nach GAL ET AL. zur Modellierung und Schätzung von Unsicherheiten in der Kraftvorhersage überführt [GAL15]. Die gewählte Architektur verändert sich nicht. PNN integrieren probabilistische Modelle ins Netzwerk, indem sie Wahrscheinlichkeitsverteilungen über die Gewichte einführen. Der gewählte Ansatz nutzt das Bayes'sche Verfahren nach BAYES, das die Gewichte des KNN als Zufallsvariablen mit einer bestimmten Verteilung inklusive Unsicherheitsparameter betrachtet (Definition der Priors) [TSCH14], vgl. Anhang A.6. So entstehen Gewichtssätze mit unterschiedlichen Verteilungen, die die Unsicherheit in den Gewichten widerspiegeln. Während des Trainings werden die Verteilungen durch Bayes'sche Inferenz mit den neuen Daten aktualisiert (Berechnung der Posteriors), um die Unsicherheit zu reduzieren und das Modell an die Daten anzupassen. So können PNN sowohl Vorhersagen treffen als auch die Unsicherheit dieser Vorhersagen quantifizieren. Für die weitere Modellierung wird dabei die Standardabweichung mit $3 \cdot \sigma$ als Unsicherheitsparameter definiert.

Liegen bei paralleler Anwendung des PNN (Typ C) und des adaptierten Kraftmodells nach ALTINTAS (Typ B) Messdaten für die Prozesskraft vor (Live-Betrieb), so wird bei einer zu großen Abweichung zwischen Messung und Vorhersage von Modelltyp B das lernende Modell vom Typ C inklusive Unsicherheit ergänzend zugeschaltet. Denn gerade durch das Lernen des PNN-Modells (Typ C) von Prozessfällen, in denen das ALTINTAS-Kraftmodell (Typ B) von der gemessenen Prozesskraft abweicht, ermöglicht der kontinuierlich lernende ML-Ansatz, fehlende implizite Zusammenhänge in den Daten zu erkennen und diese auf neue Prozesssituationen zu übertragen. Liegen keine Messwerte für die Prozesskraft vor, z. B. im Simulationsbetrieb, wird das ergänzende PNN-Modell dauerhaft zugeschaltet. Denn mit längerer Trainingsfortlauf lernt das PNN-Modell kontinuierlich übergreifende Zusammenhänge und kann über sein Vertrauensintervall seine Vorhersagegenauigkeit für neue Prozesssituationen im Vergleich zum ALTINTAS-Modell abschätzen. Ist das Modellvertrauensintervall klein, so ist die Modellgüte hoch und das PNN-Modell wird zum führenden Modell, das ALTINTAS-Modell wird nicht berücksichtigt. Ist das Vertrauensintervall groß, ist das ALTINTAS-Modell das führende Modell.

Gesamtmodellansatz 2: Die beiden Modelltypen B und C werden nach Abbildung 4.1 durch die Addition der beiden Kraftvorhersagen F_{alt} und F_{ml} bei einer zu großen Abweichung zwischen F_{mess} und F_{alt} im identifizierten Cluster gekoppelt. Modelltyp C lernt kontinuierlich zu hohe Fehlerabweichungen zwischen der Kraftvorhersage durch Modelltyp B und der Kraftmessung innerhalb des aktuellen Prozessclusters. Bei ähnlichen und neuen Prozesssituationen kann ein geeignetes, bereits adaptiertes Modell vom Typ B zur Prozesskraftvorhersage ausgewählt werden. Ist es ein ähnliches Cluster, wird es einem bereits identifizierten Cluster zugeordnet. Handelt es sich um ein neu identifiziertes Cluster, wird ein bereits identifiziertes Cluster mit der geringsten Distanz zum neu identifizierten Cluster aus Abbildung 6.3 ausgewählt. Modelltyp C wird kontinuierlich ausgewertet, allerdings lediglich zur Vorhersage des Typs B addiert, wenn der Anteil der Kraftvorhersage von Typ C deutlich vom Nullwert abweicht. Der Modelltyp C ist demnach eine lernende Modellkorrektur des klassischen Kraftmodellansatzes nach ALTINTAS, wenn Messwerte für die Prozesskraft vorliegen.

Beide Gesamtmodellansätze 1 und 2 werden im Folgenden auf den gleichen Datensatz angewendet, um beide Ansätze zu bewerten, Abbildung 6.16. Als Datensätze für die Adaption sowie für das Training beider Gesamtmodellansätze 1 und 2 liegen erneut die Cluster 1, 2, 3, 5, 8 und 10, allerdings für die Versuchsnummern 17, 18 und 19 nach Tabelle 6.7 vor. Dabei wird das ALTINTAS-Kraftmodell für jedes Cluster 1, 2, 3, 5, 8 und 10 über die drei Versuchsnummern adaptiert. Für die unbekannten Cluster 4, 6, 7, 9 und 11 werden die ALTINTAS-Modellparameter der ähnlichsten Cluster, bei denen bereits ein Adaptionsprozess durchgeführt wurde, übernommen, wodurch ein möglichst geringer RMSE-Wert zwischen gemessener Kraft und Kraftvorhersage über das ALTINTAS-Modell erreicht wird.

Tabelle 6.7: Prozessparameterausprägungen des Versuchsbauteils für Modellbildungsphase 5

Versuchsnummer	17	18	19	24
Vorschub-Override [%]	100	120	80	100
Material	C45	C45	C45	C45

Angewendet werden die Modelle auf alle neu identifizierten, noch unbekannten Cluster für Versuchsnummer 24, wo ein höherer Werkzeugverschleiß vorliegt. Grund für den Wechsel ist das Material C45 statt AlSi1MgMn. Bei C45 kommt es deutlich schneller zu einem Anstieg des Werkzeugverschleißes als bei AlSi1MgMn. Der zunehmende Werkzeugverschleiß ist in den Kraftmessschrieben von Versuch 24 enthalten. Somit soll in der letzten Modellbildungsphase neben den beiden Modelltypen 1 und

2 auch ihre Übertragbarkeitsfähigkeit auf die im Training nicht enthaltene Versuchsnummer 24 mit erhöhtem Werkzeugverschleiß verglichen werden. Cluster 4, 6, 7, 9 und 11 sind in Versuchsnummer 24 vollständig unbekannt, während die anderen Prozesscluster ähnlich sind, allerdings einem höheren Werkzeugverschleiß unterliegen. Zur Abbildung des Werkzeugverschleißes wird die bisher nicht berücksichtigte Variable des kumulierten Zeitspanvolumens $\sum Q_v$ als zusätzliche Eingangsvariable innerhalb dieser Modellbildungsphase berücksichtigt. Die Untersuchung der Gesamtansätze wird für die a-priori Simulationsanwendung durchgeführt, die jeweiligen ML-Modelle verwenden demnach in beiden Ansätzen die Inputdatenkombination 2a + 2b nach Tabelle 6.4. Abbildung 6.16 oben zeigt die Ergebnisse zum Gesamtmodellansatz 1 in Bezug auf die Cluster 3, 4, 5, 6, 8, 9, 11. Plot 1 zeigt stellvertretend den Kraftverlauf in Y-Richtung, Plot 2 die clusterbasierten RMSE-Werte des Gesamtmodellansatzes 1.

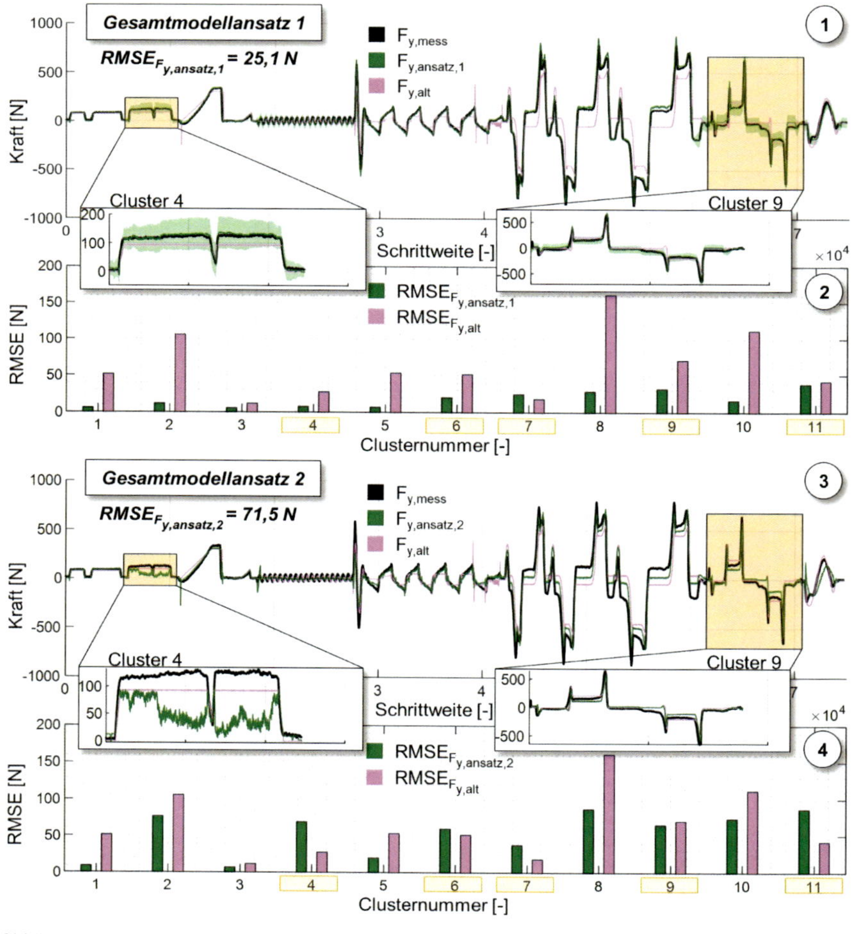

Abbildung 6.16: Untersuchungsergebnisse der Gesamtmodellansätze

Investigation results of the overall model approaches

Für unbekannte, neue Cluster (z. B. Cluster 4) zeigt das trainierte PNN-Modell für F_y eine größere Abweichung im Vertrauensintervall (s. Detailausschnitt: Grün, transparentes Band um das vorhergesagte Kraftsignal) bei guter Übereinstimmung mit der gemessenen Kraft. Das PNN-Modell im Ansatz 1 ist nach dem Training über die Versuchsdaten 17, 18 und 19 somit in der Lage, Zusammenhänge übergreifend zu lernen und neue Prozesssituationen in Bezug auf die Prozesskraftvorhersage richtig vorherzusagen. Gleiches gilt auch für das Cluster 9, wo der Verlauf der Prozesskraft qualitativ sowie vom Kraftniveau auch bei höherem Werkzeugverschleiß durch das PNN gut extrapoliert werden kann. Für die bereits identifizierten Cluster ist das Vertrauensintervall deutlich enger. Auch die Vorhersage des adaptierten Kraftmodells nach ALTINTAS liegt näher an der gemessenen Kraft F_y. Der RMSE-Wert unterstreicht diese Beobachtung nicht, da er clusterbasiert ermittelt wird und damit abhängig vom Kraftniveau ist. Insgesamt liegt der RMSE für den Gesamtmodellansatz 1 für den dargestellten Verlauf von F_y bei 25,1 N. Abbildung 6.16 unten zeigt die Ergebnisse zum Gesamtmodellansatz 2 für die gleichen Cluster mit gleicher Plotaufteilung, Plots 3 und 4. Das MLP-Modell lernt clusterübergreifend den Fehler zwischen dem clusterbasiert adaptierten Kraftmodell nach ALTINTAS sowie der gemessenen Kraft für F_y über die Versuchsnummer 17, 18 und 19. Zusätzlich nutzt das MLP-Modell dabei als zusätzliche Eingangsgröße das kumulierte Spanvolumen $\sum Q_v$. Im Anschluss werden beide Modelle zur Kraftvorhersage, ALTINTAS und MLP, nach der oben beschriebenen Methodik gekoppelt. Für unbekannte, neue Cluster (z. B. Cluster 4 und 9) zeigt das gekoppelte Modell für F_y größere Abweichungen in Bezug auf den Verlauf der gemessenen Kraft F_y. Die clusterbasierten RMSE-Werte sowie der Gesamt-RMSE-Wert mit 71,5 N nehmen beim Gesamtmodellansatz 2 im Vergleich zu Ansatz 1 deutlich höhere Werte an.

Der gekoppelte Gesamtmodellansatz 2 kann Zusammenhänge nicht übergreifend lernen. Das ergänzende MLP-Modell ist nicht in der Lage, die Differenz des ALTINTAS-Kraftmodells zur gemessenen Kraft F_y für neue Cluster auszugleichen. Die Ursache dafür liegt in der Modellkopplung selbst: In das ALTINTAS-Kraftmodell gehen keine Informationen zum Werkzeugverschleiß ein. Daher liegt eine große Differenz zwischen gemessener Kraft F_y sowie dem Altintas-Modell bei Anwendung auf Versuch 24 mit höherem Werkzeugverschleiß vor. Das MLP-Modell kann diesen Fehler trotz Verwendung des kumulierten Spanvolumens $\sum Q_v$ wie in Ansatz 1 nicht mehr ausgleichen. Grund dafür ist, dass das ALTINTAS-Kraftmodell für jedes Cluster im Trainingsprozess adaptiert wird. So kann das ins MLP-Training eingehende Kraftdelta pro Cluster die Krafterhöhung durch den sich entwickelnden Werkzeugverschleiß während der Versuche 17, 18 und 19 nicht eins zu eins bei sonst gleichen Prozessbedingungen auf das kumulierte Spanvolumen $\sum Q_v$ zurückführen. Denn das Kraftdelta zwischen Messung und ALTINTAS-Vorhersage bleibt durch den Adaptionsprozess pro Cluster in der Regel klein. Somit lernt das ergänzende MLP-Modell clusterübergreifend verfälschte Zusammenhänge, die sich in den ALTINTAS-Modellkonstanten widerspiegeln, und die verschiedenen kraftbeeinflussenden Effekte in den ALTINTAS-Modellkonstanten pro Cluster verschwimmen. Denn das ALTINTAS-Kraftmodell ist ein empirisches Modell mit reduzierten Zusammenhängen und verfolgt im Adaptionsprozess das Ziel, die Differenz zwischen Vorhersage und Messung durch Anpassung der Modellkonstanten ohne saubere Trennung verschiedener, möglicher kraftbildender Zusammenhänge zu minimieren. Dadurch ist keine saubere Zuordnung auf übergreifende Effekte wie den steigenden Werkzeugverschleiß möglich, und die Kraftvorhersage für nicht adaptierte Cluster, z. B. bei Versuch 24, hat Schwächen. Der gekoppelte Modellansatz kann daher lediglich für bekannte Cluster angewendet werden, für die ein adaptiertes ALTINTAS-Kraftmodell vorliegt.

Zwischenfazit | Als Ergebnis der Modellbildungsphasen wird der Gesamtmodellansatz 1 mit parallel laufendem PNN-Modell mit den Einstellungen aus den Tabellen 6.5 und 6.6 als Referenzmodell gewählt.

6.3 Entwicklung einer kontinuierlichen Lernstrategie

Development of a continuous learning strategy

Die lernende, hybride Modellierung zur Prozesskraftvorhersage beim Fräsen zeigt ein hohes Potenzial hinsichtlich Genauigkeit und Übertragbarkeit für den Einsatz bei Fertigungsszenarien mit hoher Produktvarianz und ist in der Lage, die hohe erforderliche Verhaltenskomplexität zu durchdringen. Diese Durchdringung wird nur erreicht, wenn über viele unterschiedliche Fertigungssituationen gelernt wird. Das erforderliche Training mit den dafür notwendigen Daten ist langwierig und bei immer größer werdenden Datenmengen unwirtschaftlich [MANY18]. Zudem fallen die dafür notwendigen Datenmengen sowohl in der Großserien- als auch Einzelteilfertigung erst mit der Zeit an. Aus diesem Grund muss das Ziel sein, neue Fertigungssituationen direkt auf Basis der datenbasierten Clusterermittlung, Kapitel 6.1.1, zu erkennen und die zugehörige Datengrundlage dem bestehenden MLP-Modell als neue Lernaufgabe zu präsentieren, ohne dabei Wissen zu verlernen. Daher trägt der in Kapitel 6.3 angestrebte Aufbau einer kontinuierlichen Lernstrategie zur Beantwortung von **Forschungsfrage 1** bei, wie das datenbasierte Kraftmodell befähigt wird, die wachsende Unternehmens-Datenbasis zu nutzen, um die Übertragbarkeit in der Prozesskraftermittlung kontinuierlich zu erhöhen.

KNN unterliegen im Vergleich zu natürlichen kognitiven Systemen dem Phänomen des Katastrophalen Vergessens (engl.: Catastrophic Forgetting; CF), da sie während des Trainings eine feste Anzahl von Gewichten und Verbindungen entwickeln, um eine spezifische Aufgabe zu lösen [FREN99]. Beim Erlernen einer neuen Aufgabe werden diese gewichteten Verbindungen angepasst, was jedoch oft zum Verlust der Fähigkeit führt, frühere Aufgaben zu bewältigen. Auch der Einsatz lokaler Aktivierungsfunktionen wie ReLU zeigt, dass lokale Beobachtungen in Form neuer Datenmuster dennoch zu globalen Modifikationen im Modell führen können und somit zum Verlernen beitragen [TAGS01]: Lokale, neue Beobachtungen werden trotz lokaler Aktivierungsfunktion auf alle möglichen Gewichte zurückpropagiert, allerdings weniger stark als bei globalen Aktivierungsfunktionen, vgl. Anhang A.7. Um das Potenzial des Maschinellen Lernens in kontinuierlichen Anwendungsfällen zu maximieren, müssen zusätzlich CL-Methoden ein kontinuierliches Lernen des Modells ohne Wissensverlust sichern [KIRK17]. Hierbei ist das Stabilitäts-Plastizitäts-Dilemma zu beachten: Das Modell muss stabil genug sein, um Vergessen zu verhindern, aber plastisch genug, um neue Informationen zu erlernen. Kontinuierliche Lernmethoden zielen darauf ab, dieses Dilemma zu überwinden.

Kontinuierliches Lernen ist ein ML-Paradigma, das darauf abzielt, neue Informationen zu lernen und Katastrophales Vergessen zu vermeiden. Es wird angewendet, wenn sich die Wahrscheinlichkeitsverteilung der Daten und das Lernziel über der Zeit verändern. Diese in Kapitel 6.2.3, Herausforderung 1, Fall 2 klassifizierte Situation tritt in der zerspanenden Werkstattfertigung auf und kann durch CL-Methoden gelöst werden. Dabei ist es nicht notwendig, von Grund auf neu zu lernen, wenn neue Aufgaben verarbeitet werden müssen. Stattdessen wird konserviertes Wissen genutzt, um bereits verarbeitete Daten zu löschen, was CL skalierbar und speicherschonend macht. Ziel ist es, die Leistung des hergeleiteten MLP-Modells zu verbessern, indem es mittels CL-Paradigmen kontinuierlich über die in Kapitel 5 stetig anwachsende, clusterbasierte Datengrundlage trainiert wird, die im laufenden Betrieb der Maschinen generiert wird. Zur Validierung des CL-Einsatzes im MLP-Modell werden die folgenden Schritte durchgeführt:

1. Erweiterung des MLP-Modells um CL-Paradigmen
2. Systematische Auswahl potenzieller kontinuierlicher Lernstrategien

Die in Kapitel 6.1.1 generierten Datencluster können als einzelne Lernaufgaben definiert werden. Eine Aufgabe bezeichnet eine Lernerfahrung und ist eine Datenfolge. Jede dieser Aufgaben enthält daher ein Set von Eingabe- und Zielgrößen. Im Vergleich zum Batch-Lernen, bei dem ein KNN den Gesamtdatensatz für das Training nutzt, werden beim kontinuierlichen Lernen die einzelnen Datenstapel fortlaufend dem Modell präsentiert.

CL-Erweiterung des entwickelten MLP-Modells | Modellgrundlage bei der Erweiterung um CL-Paradigmen bildet das MLP-Modell aus Kapitel 6.2. CL-Strategien können nach HSU ET AL. in die drei folgenden CL-Szenarien klassifiziert werden [HSU18]:

1. Incremental-Task-Learning (ITL)
2. Incremental-Domain-Learning (IDL)
3. Incremental-Class-Learning (ICL)

Die in Kapitel 6.1.1 eingeführten Datencluster stellen die Lernaufgaben dar, die der Netzstruktur aufeinanderfolgend präsentiert werden. Die Gesamtaufgabe ist die Prozesskraftermittlung, die sich während des Trainings nicht ändert. Es ändert sich ausschließlich die Verteilung der Zielwertbereiche, sodass sie in Klassen eingeteilt werden können. Diese Einteilung erfolgt mit der Zeit auf Basis der zugeführten Daten über die einzelnen Datencluster. Angesichts dessen wird die Gesamtaufgabe im Kontext des kontinuierlichen Lernens beim Regressionsproblem als Incremental-Class-Learning definiert. Für die CL-Erweiterung des MLP-Modells ist die kontinuierliche Bereitstellung der Lernaufgaben in Form der definierten Datenstapel nach Abbildung 6.17 notwendig. Zur Untersuchung werden die zuvor erkannten Datencluster als einzelne Lernaufgabe E_i dem MLP-Modell standardisiert nach Gleichung 6.3 präsentiert. Um den Kontext des Datenclusters zu erhalten, werden die Daten innerhalb der Lernaufgabe erst im Stapel für das Training willkürlich vermischt, um eine chaotische Verteilung ohne Bezug zu benachbarten Datenpunkten zu erhalten.

Für die Validierung wird dem Ansatz eine definierte Anzahl von Lernaufgaben $E_{1,\ldots,n}$ in Form der Cluster aus Versuchsnummer 16 mit den insgesamt 11 identifizierten Clustern, Abbildung 6.3, zugeführt. Des Weiteren wurde die Bauteilgeometrie mehrfach in verschiedenen Materialien und Technologieparametern gefertigt (insgesamt 34 Bauteile), weshalb die Anzahl der 11 Datencluster trotz identischer Bauteilgeometrie weiter ansteigt. Jeder der einzelnen Lernaufgaben zugeordnete Datenstapel wird ebenfalls in 70 % Trainingsdaten sowie 30 % Testdaten aufgeteilt.

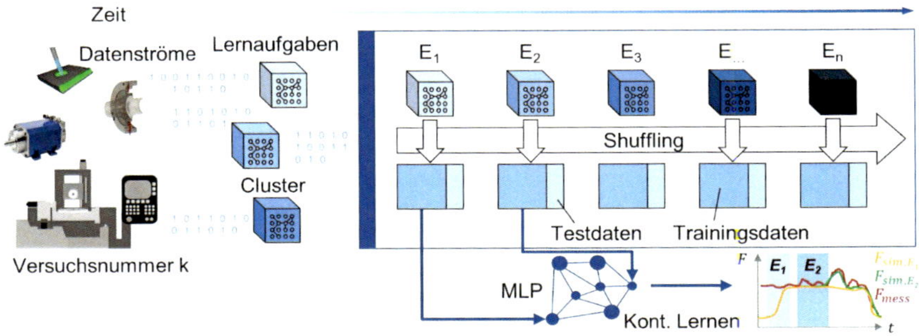

Abbildung 6.17: Aufbau der CL-Datenpipeline

Structure of the CL data pipeline

Für die Umsetzung der geplanten Untersuchung wird die lizenzierte open-source-basierte CL-Bibliothek AVALANCHE von CONTINUALAI verwendet [LOMO21].

Systematische Auswahl geeigneter kontinuierlicher Lernstrategien | Da Modell und Zielfunktion zu Beginn unbekannt sind, wird das MLP-Modell unter Berücksichtigung des Katastrophalen Vergessens mit lokalen Aktivierungsfunktionen ausgelegt, die bereits in der Hyperparameter-Optimierung auf Basis des Versuchssetups eingestellt wurden [TAGS01], Kapitel 6.2: Globale Aktivierungsfunktionen erlauben vor allem bei unbekannter Zielfunktion eine verbesserte globale Optimierung, führen dadurch zu weniger Overfitting für bestimmte lokale Datenmuster und steigern so die Modellübertragbarkeit. Allerdings haben sie eine höhere Anfälligkeit für Katastrophales Vergessen, da Änderungen in globalen Aktivierungen frühere Aufgaben stärker beeinflussen können, vgl. Anhang A.7. Da nach TAGSCHERER auch lokale Aktivierungsfunktionen dieses Phänomen aufweisen, müssen weitere CL-Methoden betrachtet werden, sodass auf der einen Seite globale Zusammenhänge für eine hohe Übertragbarkeit gelernt werden können, ohne dabei Wissen zu verlernen. Neben der Aktivierungsfunktion bestärken auch bestimmte Trainingsstrategien wie die klassische Backpropagation das Katastrophale Vergessen, weshalb die folgenden CL-Trainingsstrategietypen entwickelt wurden und im Rahmen der Arbeit auf ihre Fähigkeit untersucht werden, Katastrophales Vergessen zu vermeiden:

- **Regularisierungsansätze**: Ansätze, die die Bedeutung jeder Gewichtung für die Lösung der aktuellen Aufgabe messen und vor großen Änderungen und damit einer Verteilungsverschiebung durch die hinzukommende Beobachtung beim Erlernen neuer Aufgaben schützen, um katastrophales Vergessen zu vermeiden. | **Methoden**: Elastic Weight Consolidation (EWC), Memory-aware Synapses (MAS), Synaptic Intelligence (SI), Learning without Forgetting (LwF).
- **Speicherbasierte Ansätze**: Ansätze, die es dem Modell ermöglichen, vergangene Erfahrungen in einem begrenzten Maße zu speichern und sie wiederzuverwenden, um die Datenverteilung zu vergrößern und so das Vergessen älterer Daten zu verhindern. | **Methoden**: Experience Replay Technik (ERT), Gradient Episodic Memory (GEM), Memory-Augmented Neural Networks (MANN).

Für einige Lernstrategien bietet AVALANCHE die Möglichkeit, Lernstrategien individuell über sog. Plug-in-Templates zu koppeln, um bestimmte Methodenkombinationen zu untersuchen.

Auswertung | Die in Abbildung 6.17 vorliegenden Lernaufgaben werden im Folgenden zur Bewertung der Leistungsentwicklung des MLP-Modells in einem kontinuierlichen Lernszenario unter verschiedenen Lernstrategien untersucht, Abbildung 6.18: Die in Versuch 16 anfallenden Datencluster werden als Lernaufgabe inkrementell dem MLP-Modell für das Training präsentiert, Abbildung 6.18 gelbe Textboxen oben. Erste Lernaufgabe E_1 ist die Operationsnummer 1.1 aus Tabelle 4.2. Im Anschluss werden die weiteren Operationsnummern als Lernaufgaben $E_{2,\ldots,8}$ bis zur Operationsnummer 6.2, insgesamt 11 Cluster, für das kontinuierliche Training verwendet. Im Anschluss wird das bis dahin trainierte MLP-Modell auf alle bisher trainierten Cluster angewendet, Abbildung 6.18 grüne Textboxen oben. Die Bewertung der einzelnen Trainingsstrategien erfolgt auf Basis des clusterbasierten RMSE-Wertes am Ende des gesamten Trainings, Balkendiagramm Abbildung 6.18, sowie über alle Cluster, wodurch CF beim MLP-Modell bewertet werden kann. Zur Vereinfachung werden die Ergebnisse der verschiedenen kontinuierlichen Trainingsstrategien auf den Verlauf der gemessenen Vorschubprozesskraft F_u referenziert, für F_v sind ähnliche Ergebnisse zu erwarten.

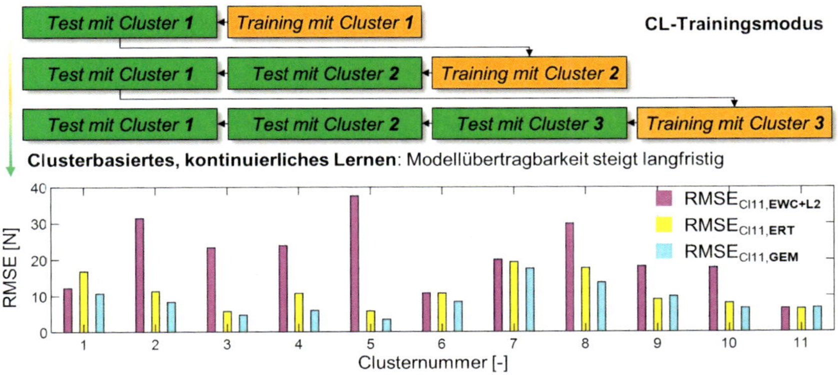

Abbildung 6.18: CL-Trainingsmodus über verschiedene CL-Strategien
CL training mode via different CL strategies

Die Ergebnisse in Abbildung 6.18 zeigen ein erfolgreiches kontinuierliches Lernen für die speicherbasierten CL-Trainingsmethoden ERT sowie GEM. Regularisierungstechniken wie EWC führen selbst in der Kombination mit einer L2-Regularisierung nicht dazu, die durch die vergangene Aufgabe E_{i-1} eingestellten Gewichtungen zu schützen, um für alle Testdaten von E_i und für alle von E_{i-1} eine valide Prozesskraftvorhersage zu erhalten. Clusterbasiert zeigen die speicherbasierten Methoden ERT und GEM nach dem gesamten Training über alle Cluster, hier nach Cluster 11, die niedrigsten RMSE-Werte, Balkendiagramm Abbildung 6.18. Abbildung 6.19 zeigt darüber hinaus die Verläufe von F_u der zwei CL-Trainingsstrategietypen EWC (kombiniert mit einer L2-Regularisierung) sowie ERT nach einer bestimmten Anzahl von zugeführten Clustern und damit verbundenen Trainingsläufen, wodurch die strategieabhängige Modellübertragbarkeit sowie CF bewertet werden kann. Die Ergebnisse nach den Trainings mit den jeweils zugeführten Clusternummern sind über die unterschiedlichen Farbverläufe der vorhergesagten Kräfte F_u dargestellt. Auch die Prozesskraftverläufe F_u in Vorschubrichtung zeigen, dass das mittels speicherbasierter Methoden wie ERT trainierte MLP-Modell beim clusterbasierten Training in seiner Leistung über alle 11 Cluster zunimmt. Auch die Prozesskraftvorhersage auf unbekannte Cluster wird nach einer bestimmten Anzahl von clusterbasierten Trainings genauer, was der grüne Kraftverlauf mit Blick auf die Cluster 9, 10 und 11 in Abbildung 6.19 belegt. Der Gesamt-RMSE-Wert unterstreicht diese Beobachtung.

Speicherbasierte Methoden wie ERT sowie GEM eignen sich somit besser, die hohe Datenheterogenität pro Cluster über den Speicher verarbeiten zu können. Der Speicher sichert die signifikantesten Datenpunkte aus den vergangenen Lernaufgaben und konserviert so das Wissen. Da der Anwendung von CL-Paradigmen für das vorher entwickelte MLP-Modell nach der aufgeführten Untersuchung ein hohes Potenzial zugesprochen wird, werden diese konzeptionell in Form der CL-Pipeline nach Abbildung 6.17 in die Dateninfrastruktur der Frässimulations-Software integriert, Kapitel 6. So wird ein automatischer Lernbetrieb und damit ein kontinuierliches Lernen konzeptioniert, wodurch das datenbasierte Prozesskraftmodell mit der Zeit die Modellgüte verbessert.

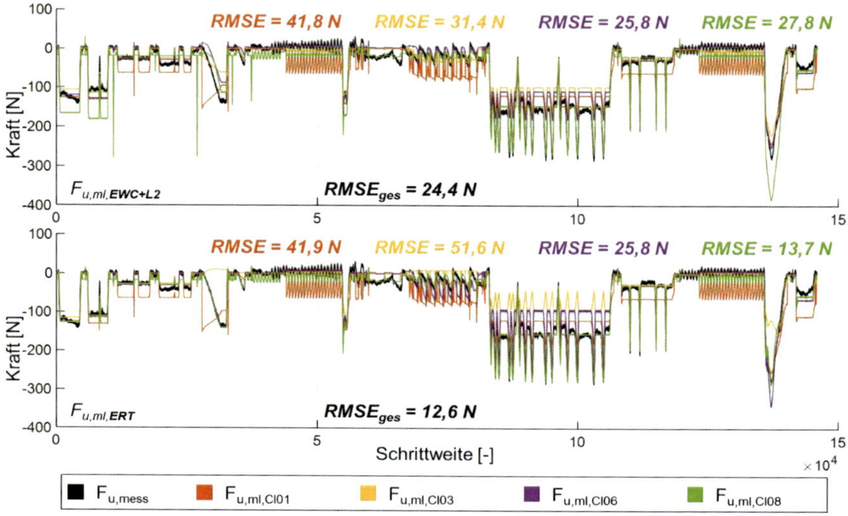

Abbildung 6.19: MLP-Modellleistungen über verschiedene CL-Strategien
MLP model performance via different CL strategies

6.4 Datenbasierte Konservierung von entstehendem Wissen

Data-based preservation of emerging knowledge

Die generierten PNN-Modelle, Typ C, aus dem Gesamtmodellansatz 1 enthalten durch das Training definierte Wahrscheinlichkeiten für ihre Gewichtungen. Diese Gewichtungen bestimmen maßgeblich die Vorhersagegenauigkeit des Modells und enthalten dadurch implizites Wissen, welches für den menschlichen Nutzer zumeist schwer nachvollziehbar ist, vgl. Herausforderung 2 in Kapitel 6.2.3. Wie Kapitel 6.2.3 ebenfalls beschreibt, kann über spezielle Analysefunktionen aus dem Bereich *Explainable AI* die Erklärbarkeit von ML-Modellen und somit von KNN gesteigert werden. Daher dient der in Kapitel 6.4 angestrebte Einsatz von *Explainable AI* zur Steigerung der Erklärbarkeit von ML-Modellen zur Teilbeantwortung von **Forschungsfrage 3** bei, wie in einem datenbasierten Modell implizit enthaltene, neue Zusammenhänge konserviert werden, z. B. zur intelligenten Anwendung in der Live-Prozesssteuerung.

Für den hier angestrebten Gesamtmodellansatz 1 zur Prozesskraftvorhersage wird für das parallel laufende PNN-Modell der SHAP-Algorithmus angewendet. SHAP ist ein Algorithmus zur Erklärbarkeit und Nachvollziehbarkeit von Machine-Learning- bzw. Black-Box-Modellen, der auf den Shapley-Werten aus der Spieltheorie basiert. Der SHAP-Algorithmus verwendet diese Werte, um die quantitative Bedeutung jedes Input-Features für eine bestimmte Vorhersage zu bestimmen, Abbildung 6.20. Grundlage zur Anwendung von SHAP ist ein trainiertes PNN-Modell. Für definierte Modelleingangsgrößen wie hier beispielsweise Q_v, a_p und v_v kann über SHAP abgefragt werden, welche Stärke und welche Richtung jeder einzelne Wert der Eingangsgrößen auf die vorhergesagte Prozesskraft hat, hier am Beispiel von F_x. Shapley-Werte, die durch rote Pfeile dargestellt werden, entsprechen Eingangsgrößen, die das Modell in Richtung einer höheren Prozesskraft F_x verschieben, während blaue Pfeile Größen kennzeichnen, die die Vorhersage in Richtung einer niedrigeren Prozesskraft F_x beeinflussen. Die endgültige Vorhersage ergibt sich aus dem Mittelwert der Prozesskraft im hinterlegten Gesamtdatensatz, ergänzt um die Summe aller Shapley-Werte. Als Beispiel zeigt Abbildung 6.20, dass ein positives Zeitspanvolumen Q_v einen hohen positiven Beitrag zur Prozesskraft F_x leistet, was physikalisch mit der größeren Zerspanleistung zu erklären ist.

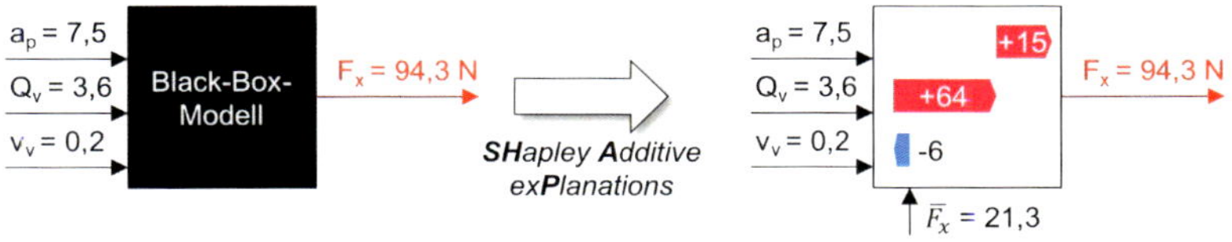

Abbildung 6.20: Beispielhaftes Prinzip des SHAP-Algorithmus für das PNN-Modell
Exemplary principle of the SHAP algorithm for the PNN model

Neben der lokalen Modell-Interpretation ist auch eine globale Modell-Interpretation möglich, indem SHAP die Aggregation über alle Instanzen im Gesamtdatensatz ermöglicht. Dadurch wird nicht der Einfluss eines Input-Features für einen einzelnen Vorhersage-Punkt betrachtet, sondern es wird die Wichtigkeit eines Input-Features über alle Datenpunkte quantifiziert [LUND17]. Die zur Modellerklärung erforderlichen Shapley-Werte ζ_i für ein Input-Feature i aus dem Merkmalsvektor $m_{in,std}$ in einem Modell, das auf einer Menge von $N_M = \{1, 2, ..., n\}$ Input-Features basiert, werden über Gleichung 6.18 ermittelt.

$$\zeta_i(f_F) = \sum_{S_M \subseteq N_M \setminus \{i\}} \frac{|N_M|!}{|S_M|!(|N_M| - |S_M| - 1)!)} \cdot \Big(f_F(S_M \cup \{i\}) - f_F(S_M)\Big) \tag{6.18}$$

Dabei ist $S_M \subseteq N_M \setminus \{i\}$ eine Teilmenge der Input-Features N_M, die das Feature i nicht enthält. $f_F(S_M)$ ist die Modellvorhersage, wenn nur die Input-Features in S_M verwendet werden. $f_F(S_M \cup \{i\})$ ist wiederum die Modellvorhersage, wenn die Input-Features in S_M zusätzlich das Feature i verwenden. Der Quotient ist ein gewichtender Koeffizient, der den Einfluss der Größe der Teilmenge S_M in Bezug auf die Gesamtzahl der Input-Features N_M ausdrückt. Diese Gewichtung stellt sicher, dass der Beitrag von i gleichmäßig über alle möglichen Feature-Kombinationen verteilt wird. Auf Basis von Gleichung 6.18 wird der SHAP-Algorithmus in den folgenden Schritten durchgeführt:

1. **Berechnung des marginalen Beitrags**: Für jedes Input-Feature i und jede mögliche Teilmenge S_M der übrigen Features $N_M \setminus \{i\}$ wird die Differenz zwischen den Modellvorhersagen des PNN-Modells f_F mit und ohne i ermittelt. Dies zeigt, wie sich die Modellvorhersage ändert, wenn i zu der Teilmenge S_M hinzugefügt wird.

2. **Gewichtung durch Koeffizienten**: Um den Shapley-Wert für das Input-Feature i zu erhalten, berechnet man den gewichteten Durchschnitt des marginalen Beitrags von i über alle möglichen Teilmengen S_M der Features. Diese Gewichtung stellt sicher, dass der Beitrag von i für alle möglichen Reihenfolgen der Feature-Kombinationen gleichmäßig berücksichtigt wird.

3. **Wiederholung für alle Features**: Schritt 2 wird für jedes Input-Feature $i \in N_M$ wiederholt, um die Shapley-Werte ζ_i für jedes Input-Feature zu berechnen.

Somit können die Shapley-Werte als Funktionswert des jeweiligen Input-Features gesehen werden, wodurch eine vereinfachte, empirische Funktionsvorschrift f_{ζ_i} über alle Input-Feature-Instanzen sowie den Shapley-Werten, die den Beitrag zum Modelloutput ausdrücken, gebildet werden kann. Diese Funktionen müssen dabei nicht zwangsläufig linear sein, sondern sind abhängig vom trainierten Modellverhalten.

Auswertung | Als Beispiel wird der beschriebene SHAP-Algorithmus nach dem in Abbildung 6.20 beschriebenen Vorgehen für einen speziellen Prozessfall angewendet, wobei er im Folgenden vereinfacht für die bessere Nachvollziehbarkeit der Vorhersage von F_x eingesetzt wird: Beim Prozessfall handelt es sich um den Rückschluss des Kraftanstiegs in Versuch 24 bei sonst gleichen Prozessbedingungen auf den Werkzeugverschleiß. Das definierte PNN-Modell wird wie in Kapitel 6.2.3 für die Versuchsnummern 17, 18 und 19 mit den Modellparametern und Trainingsclustern nach Tabelle 6.5 sowie der Inputdaten-Kombination 2a + 2b inklusive des kumulierten Spanvolumens $\sum Q_v$ bei einer Aufteilung von 70 % Trainings- und 30 % Testdaten trainiert. Angewendet wird der SHAP-Algorithmus für das trainierte PNN-Modell für spezifische Vorhersagen von F_x sowie für den gesamten Datensatz. Zu erwarten ist eine globale Relevanz des kumulierten Zerspanvolumens $\sum Q_v$ in Bezug auf die erhöhten Prozesskräfte durch Werkzeugverschleiß. Abbildung 6.21 zeigt stellvertretend die Ergebnisse bezogen auf das nicht im Training enthaltene, unbekannte Cluster 4 (Flankenschlichten 2.1) für Versuch 17, neues Werkzeug und Versuch 24, verschlissenes Werkzeug mit höheren Prozesskräften. Die obere Grafik stellt den Shapley-Wert über alle Instanzen pro Input-Feature i dar. Die Farbe gibt wiederum den Wert des jeweiligen Input-Features i an. Zu erkennen ist, dass bezogen auf das Flankenschlichten bei Cluster 4 sich die drei relevantesten, prozesskraftbildenden Input-Features aus dem kumulierten Spanvolumen $\sum Q_v$, der Schnitttiefe a_p sowie dem Zeitspanvolumen Q_v ergeben. Da sich aufgrund der Vorschubkinematik F_x in negativer Richtung ausbildet, ist ein erhöhtes Zeitspanvolumen sowie eine erhöhte Schnitttiefe (hoher Feature-Wert) für einen höheren negativen Shapley-Wert verantwortlich, wodurch das Kraftniveau von F_x in negative Richtung steigt. Das Gleiche gilt für das kumulierte Zerspanvolumen $\sum Q_v$, was durch den höheren Werkzeugverschleiß in Versuch 24 erklärbar ist. In der oberen Grafik weisen zudem die zwei Punkteanhäufungen auf die beiden Zeitpunkte des Flankenschlichtens, Cluster 4, hin, die für die zwei Versuchsnummern 17 und 24 stehen. Die Differenz der Shapley-Werte ist durch den Verschleiß zu erklären, da a_p sowie Q_v hier keine bzw. deutlich geringere Differenzen in den Werten aufweisen. Geringe Werte für die drei Haupt-Input-Features (niedriger Feature-Wert) ergeben zudem hohe Shapley-Werte und damit eine niedrige Prozesskraft in X-Richtung. Dies ist dadurch begründet, dass sich die Shapley-Werte auf den Modellbasiswert beziehen, also den Mittelwert für F_x bezogen auf das Cluster 4. Der SHAP-Algorithmus ist somit in der Lage, die relevanten Input-Features für seine Vorhersage zu ermitteln und findet in diesem Fall physikalisch nachvollziehbare Zusammenhänge, die teils auch über das konventionelle Kraftmodell nach ALTINTAS abgedeckt sind.

Mittelt man die Shapley-Werte über alle Instanzen für Cluster 4, so ergeben sich die Werte in Tabelle 6.8. Einige Shapley-Werte wie für v_u fallen niedrig aus. Aus der Literatur ist bekannt, dass auch der Vorschub einen großen Einfluss auf die Ausbildung der Prozesskräfte hat. Die niedrigen Werte sind dadurch erklärbar, dass sie stellvertretend bezogen auf Cluster 4 für Versuch 17 und 24 ermittelt wurden. In diesen Prozessfällen findet keine Anpassung der Vorschubgeschwindigkeit statt, wodurch dieser Wert als konstant interpretiert wird und somit kaum Relevanz hat. Daher ist davon auszugehen, dass sich die Relevanz von v_u und v_v erhöht, wenn man den SHAP-Algorithmus global über alle Cluster und Versuche anwendet.

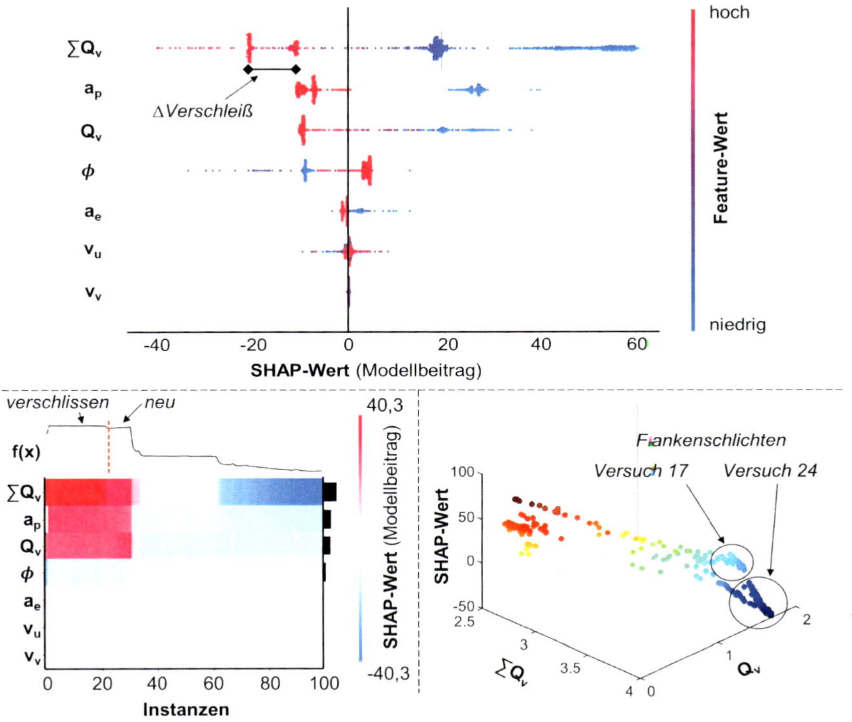

Abbildung 6.21: Ergebnisse des SHAP-Algorithmus für das PNN-Modell

Results of the SHAP algorithm for the PNN model

Tabelle 6.8: Gemittelte Shapley-Werte bezogen auf Cluster 4

Input-Feature	Beschreibung	Shapley-Wert
$\sum Q_v$	Kumuliertes Zerspanvolumen über alle Versuche	**23,19**
a_p	Schnitttiefe	**13,46**
Q_v	Zeitspanvolumen	**13,32**
ϕ	Werkzeug-Umschlingungswinkel im Eingriff	**5,58**
a_e	Eingriffsbreite	**1,33**
v_u	Vorschubgeschwindigkeit in Werkzeugbewegungsrichtung	**0,63**
v_v	Vorschubgeschwindigkeit orthogonal zur Werkzeugbewegungsrichtung	**0,04**

Zur weiteren Detaillierung zeigt Abbildung 6.21 links unten die Shapley-Werte entlang verschiedener Instanzen farblich über der damit verbundenen Kraftvorhersage. SHAP-Instanzen sind ausgewählte Datenpunkte aus dem Test-Datensatz, die auf ihren Modellbeitrag nach dem beschriebenen Vorgehen analysiert werden. Im linken Instanz-Bereich verringern sich die Shapley-Werte (geringerer Rot-Ton) für das relevante Input-Feature $\sum Q_v$ bei einem Abfall der Kraft, der durch den Einsatz des neuen Werkzeugs zu erklären ist. Auch die markierten Bereiche unten rechts zeigen, dass sich bei gleichem

Zeitspanvolumen Q_v beim Flankenfräsen bei verschiedenen kumulierten Zerspanvolumen $\sum Q_v$ ein unterschiedliches Kraftniveau in Form differenter Shapley-Werte ausbildet, welches durch den zunehmenden Werkzeugverschleiß zu erklären ist.

Die Darstellung der Shapley-Werte über ihre Input-Feature-Größen selbst kann zur Bildung des empirischen Zusammenhangs f_{ζ_i} genutzt werden, wodurch sich eine quantitative Beziehung zwischen allen Input-Features sowie dem Modelloutput, hier F_x, ergibt, Gleichung 6.19. Aus dem Black-Box-PNN-Modell wird ein Surrogat-Modell generiert, wodurch neue Zusammenhänge zum einen nachvollziehbar und vor allem quantifizierbar werden.

$$F_x(N_M) \approx \sum_{i \in N_M = \{\sum Q_v, Q_v, a_p\}} f_{\zeta_i}(i) \tag{6.19}$$

Über den SHAP-Algorithmus können nur sinnvolle Abhängigkeiten zwischen der Black-Box-Modellvorhersage und den Input-Features aufgedeckt werden, wenn die dafür erforderlichen Input-Features auch in der Modellbildung berücksichtigt sind. Ansonsten können falsche Zusammenhänge durch eine falsche Zuordnung zu den verbleibenden Input-Features ermittelt werden. Im besten Fall ist das Modell bereits umfangreich trainiert und der SHAP-Algorithmus wird eine nicht erklärbare Vorhersage auf keine im Training enthaltene Input-Variable zurückführen. Dieser Fall entspräche dem hier betrachteten Kraftanstieg, wenn das kumulierte Zerspanvolumen $\sum Q_v$ unberücksichtigt bleibt, dann ist der Kraftanstieg aus den Daten nicht erklärbar.

Erweitertes ALTINTAS-Kraftmodell | Über Gleichung 6.19 besteht bei SHAP die Möglichkeit, das bisherige ALTINTAS-Kraftmodell zu erweitern. Die bisherigen Auswertungen in Kapitel 6 zeigen, dass ein clusterbasiert adaptiertes ALTINTAS-Kraftmodell nicht auf neue Prozessfälle ohne Anpassung der Modellkoeffizienten übertragen werden kann, wodurch es im Gegensatz zum PNN-Modell keine hohe Übertragbarkeit besitzt. Über einen Vergleich der Modellkoeffizienten und zugehörigen Eingangsvariablen kann die über SHAP generierte empirische Funktionsvorschrift f_{ζ_i} nach Gleichung 6.19 mit der ALTINTAS-Funktionsvorschrift über zwei Schritte verglichen werden:

- **Schritt 1**: Erweiterung des ALTINTAS-Modells um einen Summanden mit bisher nicht berücksichtigten Eingangsvariablen, z. B. der kumulierte Zerspanvolumen-Anteil mit $f_{\zeta_{\sum Q_v}}(\sum Q_v)$.
- **Schritt 2**: Vergleich der Modellkoeffizienten zur Identifikation der Shapley-Werte, die eine hohe Übereinstimmung mit den ALTINTAS-Modellkoeffizienten aufweisen. Im Anschluss wird eine Look-Up-Tabelle mit den ermittelten Shapley-Werten über alle Instanzen aller Eingangsvariablen nach Abbildung 6.21 oben generiert. Die Shapley-Werte der jeweiligen Eingangsvariablen-Instanz i werden als Koeffizienten in Gleichung 6.19 eingesetzt.

So entsteht ein erweitertes, dynamisches ALTINTAS-Kraftmodell mit hoher Übertragbarkeit, indem die zuvor adaptierten Modellkoeffizienten in einer Look-Up-Tabelle gespeichert und zusätzliche Summanden für bisher unberücksichtigte Eingangsvariablen ergänzt werden.

Ausblick | Das mit SHAP erstellte Surrogat-Modell ermöglicht die Identifikation von Ursachen modellierbarer Kraftanstiege und erlaubt gezielte Reaktionen in der Live-Prozessüberwachung: Überschreiten beispielsweise gemessene und modellierte Prozesskräfte beim Überfräsen eines Materials aufgrund von Werkzeugverschleiß einen definierten Grenzwert, können die Ursachen mittels der Shapley-Werte schnell identifiziert werden. Durch die Anpassung einer relevanten Eingangsgröße kann das erhöhte Kraftniveau durch Werkzeugverschleiß wieder gesenkt und der Werkzeugtausch verzögert werden, sodass der Überfräsprozess abgeschlossen wird.

7 Integration in einen Software-Demonstrator

Software demonstrator integration

Der in Kapitel 6 entwickelte, datenbasierte Modellansatz zur Prozesskraftvorhersage zur Anwendung in der NC-Prozesssteuerung wird in den am WZL entwickelten Frässimulation-Demonstrator integriert, der die Basis für eine Effizienzsteigerung intelligenter, computergestützter NC-Planungs- und -überwachungssysteme bildet. Der Demonstrator zur Virtualisierung von NC-Zerspanprozessen beinhaltet mehrere Funktionalitäten in modularer Bauweise, die entweder zyklisch oder a-zyklisch arbeiten. Für die hier angestrebte Ergebnisintegration wird eine Erweiterung um definierte Funktionalitäten, sog. Dienste, angestrebt, Kapitel 7.2. Eine zentrale Teilfunktionalität des gesamten Frässimulation-Demonstrators stellt dabei der sog. Workpiece Quality Monitor (WQM) dar, der die bereits erweiterte Materialabtragsimulation aus Kapitel 5.2.3 beinhaltet. Die angestrebten Dienste werden in diese zentrale Funktionalität entweder direkt oder über entsprechende Schnittstellen integriert. Für eine erfolgreiche Ergebnisintegration ist daher im ersten Schritt der Aufbau der notwendigen, kontextualisierenden Daten- und Modellinfrastruktur aller in Beziehung stehenden Betrachtungsobjekte erforderlich, Kapitel 7.1. Grundlage für die Funktionsweise dieser Infrastruktur ist ein definiertes, kontextualisierendes Datenmodell, Kapitel 7.2. Bei der im Folgenden geschilderten Erweiterung der am WZL aufgebauten Infrastruktur handelt es sich in Teilen um eine Konzeptionierung zur Beschreibung der Zusammenhänge und Relationen innerhalb der gesamten Infrastruktur. Auf einzelne Details, z. B. die Konfiguration des MQTT-Brokers, wird nicht eingegangen.

7.1 Dateninfrastruktur des lernenden Modellierungsansatzes

Data infrastructure of the learning modeling approach

Die zu konzipierende Infrastruktur hat das Ziel, die Idee der im Kontext stehenden Objekte beim Fräsprozess abzubilden, in der die beteiligten Komponenten wie Prozess, Werkzeug, Werkstück und Maschine in Relationen zueinander stehen. Dadurch liegt dem lernenden Modellierungsansatz das zugrundeliegende Daten- und Informationsfundament aus Kapitel 5 automatisch in der richtigen Form über ein definiertes Datenmodell vor, wodurch die ursprünglich heterogenen Daten durch ihren jeweiligen, kontextabhängigen Bezug übergreifend auswertbar sind. Nach Kapitel 5.2.1 wird der Aufbau eines gemeinsamen Kontextes der hier definierten Betrachtungsobjekte über die orts- und zeitbezogene Kopplung aller Fertigungs- und Modelldaten entlang der CAx-Prozesskette angestrebt, wodurch mit der Einführung des Werkzeugbezugs der erforderliche ortsbezogene Kontext entsteht und Daten prozess- und bauteilübergreifend auswertbar sind. Abbildung 7.1 zeigt die grundlegende Dateninfrastruktur zur Umsetzung des lernenden Modellierungsansatzes nach den aufgeführten Anforderungen. Zur Umsetzung der Struktur werden die dargestellten Bibliotheken, Schnittstellen und Datenformate aus Abbildung 7.1 verwendet.

Das Kernelement der Prozessdateninfrastruktur ist der MQTT-Broker, die zentrale Komponente des Publish-Subscribe-Kommunikationsmodells von MQTT (engl.: Message Queuing Telemetry

Transport). Die Hauptaufgabe des MQTT-Brokers ist die Verwaltung und Weiterleitung von Daten und Informationen zwischen verschiedenen Klienten, die am MQTT-Netzwerk beteiligt sind. Beispielsweise werden die NC-Signaldaten, die über das Gateway auf dem Trace-Server abgreifbar sind, als sog. Publisher-Nachrichten an den MQTT-Broker weitergeleitet, der diese Daten an mögliche Abonnenten, z. B. zur Weiterverarbeitung, weiterleitet. Ein weiterer wichtiger Aspekt ist dabei die Nutzung von sog. Topics. MQTT organisiert Nachrichten mithilfe dieser Topics, die als Kategorien dienen. Dadurch wird die Filterung von Nachrichten basierend auf diesen Topics ermöglicht. So erhalten Abonnenten gezielt nur Nachrichten, die von Interesse sind, während die Publisher weiterhin ihre Topics an den MQTT-Broker schicken. Auf dieser Basis beschreibt Kapitel 5.1 die infrastrukturelle Umsetzung für das automatische Erfassen und Verschicken der NC-Signaldaten.

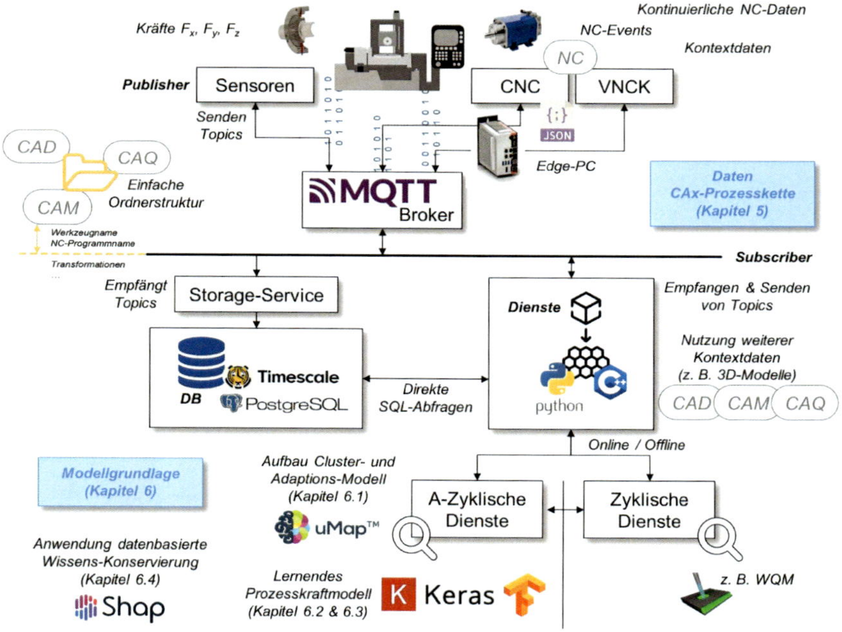

Abbildung 7.1: Aufbau der Dateninfrastruktur zur lernenden Prozesskraftmodellierung
Development of the data infrastructure for learning process force modeling

Als Abonnent fungiert über den Storage-Service zentral das objektrelationale Datenbanksystem *PostgreSQL* mit *TimescaleDB*-Erweiterung speziell für Zeitreihen. In Bezug auf das Publish-Subscribe-Modell stellen die modularen Dienste eine Mischform dar. Sie stellen modulare Software-Bausteine mit definierten Aufgaben dar, indem sie definierte Auswertungen durchführen und diese der Infrastruktur zur Verfügung stellen. Deswegen haben sie sowohl eine lesende als auch schreibende Direktverbindung zur Datenbank sowie zum MQTT-Broker. Dabei unterteilen sich die modularen Dienste in zyklische sowie a-zyklische Dienste. Zyklische Dienste werden immer nach Erhalt eines definierten Datenpakets vom MQTT-Broker, z. B. eine NC-Achsposition der Maschine, ausgeführt. A-zyklische Dienste richten sich dagegen nicht nach kontinuierlich zu verarbeitenden NC-Datenpaketen.

Sie reagieren auf beliebige Events, etwa das Trainieren eines ML-Modells auf Wunsch des Anwenders.

Zyklische Dienste | Ein zyklischer Hauptdienst ist der am WZL entwickelte WQM. Er abonniert dauerhaft definierte Topics des MQTT-Brokers und führt so prozessparallel eine Materialabtragsimulation durch. Das Abonnieren und Abarbeiten des modularen Zyklus findet dabei nicht in der gleichen Taktrate wie das Empfangen der Topics statt. Je nach Konfigurationseinstellung vom WQM, z. B. die Höhe der Dexelauflösung, wird die Laufzeit des Zyklus beeinflusst. Deswegen wird ein Ringpuffer eingesetzt, der die Daten zwischenspeichern kann. Die in der Abtragsimulation ermittelten Eingriffsgrößen wie a_p und a_e gehen zurück an den MQTT-Broker, wo sie dann von weiteren Diensten abonniert oder gespeichert werden können. Für das beidseitige Senden und Empfangen von Daten mit erweitertem Informationsgehalt ist eine Datensynchronisierung erforderlich. Die absoluten Zeitstempel in den NC-Signaldaten ermöglichen diese Synchronisierung.

A-zyklische Dienste | Da vor allem a-zyklische Software-Applikationen keine kontinuierliche Direktverarbeitung von Live-Datenpaketen erfordern, greifen diese in der Regel über SQL-Abfragen auf die hinterlegte *PostgreSQL*-Datenbank zu. Als Haupterweiterung wird der in Kapitel 6 entwickelte, lernende Modellansatz zur Prozesskraftvorhersage innerhalb der Infrastruktur als a-zyklischer Datenabonnent integriert. Gleiches gilt für den Aufbau des Cluster- und Adaptionsmodells sowie die datenbasierte Wissens-Konservierung. Sie werden a-zyklisch ausgeführt und stellen definierte SQL-Abfragen an die *PostgreSQL*-Datenbank zur Durchführung ihrer Algorithmen. Die Anwendung des kontinuierlich lernenden Prozesskraftmodells erfolgt dann in zyklischen Diensten, Kapitel 7.3, hier innerhalb des WQM.

Neben den bisher fokussierten Hauptdiensten werden die weiteren, verarbeitenden Datentransformationsfunktionen aus Kapitel 5, z. B. die Synchronisierung verschiedener Datenquellen, Kapitel 5.2.1, als zusätzliche Dienste in der Infrastruktur hinterlegt, wodurch die Daten in den Hauptdiensten direkt genutzt werden können.

7.2 Aufbau des kontextualisierenden Datenmodells

Structure of the contextualizing data model

Der Aufbau des kontextualisierenden Datenmodells basiert auf dem objektrelationalen Konzept der *PostgreSQL*-Datenbank inklusive seiner *TimeScale*-Erweiterung für Zeitreihendaten. Demzufolge basiert der Aufbau auf der Einführung von Relationen zwischen den einzelnen Datenklassen und -objekten. OCHEL beschreibt die am WZL aufgebaute Dateninfrastruktur, die auf Basis des im Folgenden beschriebenen Datenmodells zur Umsetzung der lernenden Prozesskraftvorhersage im Rahmen dieser Dissertation erweitert wird [OCHE23]. Einen zentralen Ausschnitt dieses konzeptionellen Datenmodells zeigt Abbildung 7.2. Dabei werden die roten Datenklassen inklusive Tabellen innerhalb dieser Dissertation zur Umsetzung des Vorhabens einer lernenden Prozesskraftmodellierung erweitert und an die bestehende Infrastruktur gekoppelt.

Das Verschicken der im Prozess aufgezeichneten NC-Signaldaten als Grundlage des lernenden Prozesskraftmodells erfolgt über den MQTT-Broker anhand der Topics *Base*, *Refined*, *Event* und *Tools* mit dem absoluten Zeitstempel *time*. Bei jedem Prozessstart wird ein NC-Start-Event ausgelöst und eine Instanz der Klasse *event_data* wird in der Infrastruktur angelegt. Die *PostgreSQL*-Datenbank abonniert darüber hinaus über den Storage-Service die weiteren Topics mit allen relevanten NC-Signaldaten und speichert diese in der nach OCHEL beschriebenen Struktur. Der Zugriff auf die NC-

Signaldaten in Form der Zeitreihen erfolgt über die aufgezeichneten, eventbasierten NC-Signaldaten (*event_data*), die diskrete Zeitpunkte des Zerspanprozesses mit bekannten Fertigungsrandbedingungen in der im JSON-Format gespeicherten Variable *value* markieren (z. B. NC-Start/-Stopp, Werkzeugwechsel). Die Events dienen zur Extraktion strukturierter Datenmengen aus den maschinenindividuellen NC-Zeitreihendatentabellen (*measurement_data_{id}* bzw. *measurement_data_refined_{id}*), in denen der Zeitstempel *TS* als Primärschlüssel genutzt wird. Letztere Klasse enthält die vom Topic *Refined* abonnierten, veredelten Daten aus Kapitel 5, darunter die im WQM erweiterten Eingriffsdaten wie Q_v, a_p, a_e. Die Zuordnung der Zeitreihendaten zu einem Fertigungsprozess (*machine_trace*) erfolgt über Start- und Endzeitpunkt sowie die *machine_id*. Jede Prozessinstanz besitzt eine eindeutige Kennung (*serial_id*), die eine Verknüpfung mit den Event-Daten aus der separaten Tabelle *event_data* ermöglicht. Die Abfrage der zwischen den Event-Zeitpunkten liegenden Daten erfolgt über einen mehrstufigen Datenbankzugriff [OCHE23].

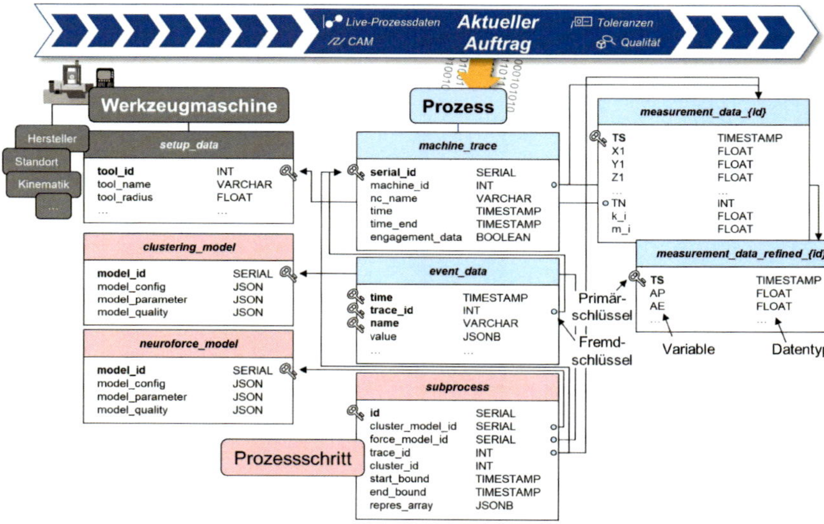

Abbildung 7.2: Erweiterung des kontextualisierenden Datenmodells
Extension of the contextualizing data model

Auf dieser Basis wird die Infrastruktur in Form des Datenmodells erweitert, sodass identifizierte Cluster, Modellkonfigurationen, erforderliche Input- und Outputdaten sowie weitere Informationen, die zur Durchführung der beschriebenen Dienste erforderlich sind, enthalten sind. Ziel ist es, alle in Kapitel 5 sowie zur Modellbildung relevanten Daten mit ihrer zugehörigen Cluster-ID segmentiert zu speichern. Ebenso werden die clusterübergreifend trainierten PNN-Modelle mit ihren Trainingsergebnissen und mit Verweis auf die Trainingscluster für eine spätere Anwendung gespeichert. Dazu werden im ersten Schritt nach Abbildung 7.2 alle Clustering-Modelle inklusive ihrer Datentypen und Ergebnisse in der *clustering_model*-Tabelle gespeichert. Gleiches wird für alle PNN-Modelle in der *neuroforce_model*-Tabelle durchgeführt. Beide Klassen erhalten jeweils eine *model_id*, ihre Konfigurationswerte sowie ihre Modellparameter als Trainingsergebnis. Jede Prozesssituation in Form eines segmentierten Prozessabschnitts wird in der Klasse *subprocess* über die *clustering_model_id* und *force_model_id* sowie andererseits durch die *trace_id* mit den zugrunde liegenden Zeitreihendaten, auf die mittels Start- *start_bound* und Endzeitpunkt *end_bound* zugegriffen werden kann, assoziiert. Auf diese Weise werden die Strukturierungsergebnisse generalisiert mit Bezug auf die zugrunde liegenden Modelle gespeichert.

Das Identifizieren und Speichern nach dem in Kapitel 6.1 beschriebenen Vorgehen zur automatischen Unterteilung des Prozesses in Cluster wird bei Prozessstart gestartet. Dazu wird im ersten Schritt geprüft, ob ein Clustering-Modell erstellt werden muss oder ein bereits bestehendes Modell genutzt werden kann. Die so in der Klasse *subprocess* eingeteilten Cluster sind mit Bezug auf die hinterlegte Clustering-Modell-ID über *clustering_model_id* sowie als Teil der Trainingsdaten für das zu trainierende PNN-Modell über *force_model_id* verknüpft. In der *clustering_model*- sowie der *neuroforce_model*-Tabelle werden nach Beendigung der Dienste die Modellparameter als JSON-Objekt gespeichert. Für jede *cluster_id* in der Klasse *subprocess* kann der Adaptionsprozess des ALTINTAS-Prozesskraftmodells zur Ermittlung der Modellkonstanten angestoßen werden. Die ALTINTAS-Modellkoeffizienten werden als zusätzliche Variablen in der Klasse *subprocess* hinzugefügt. Der Adaptionsprozess kann ebenfalls ohne vorheriges Clustering angestoßen werden. In diesem Fall werden die Modellkonstanten über eine definierte Menge an NC-Signaldaten ermittelt und die Ergebnisse in der Klasse *subprocess* ohne einen Wert für die *cluster_id* gespeichert. Wird für das neue Cluster der Bezug zu einem ähnlichen Cluster hergestellt, wird die *cluster_id* des bestehenden Clusters übernommen, wodurch der Zugriff auf gültige Modellkonstanten des empirischen Prozesskraftmodells gegeben ist. Über SQL-Abfragen können die segmentierten Prozessdaten der Cluster inklusive ihrer Modelldaten aus der Datenbank extrahiert werden. Mit dieser Funktionalität ist es etwa möglich, in den Daten ähnliche Prozessbedingungen für neue NC-Signaldaten, wie z. B. gleiche Eingriffsgrößen bei gleicher Werkzeug-ID über die *measurement_data_refined_{id}*-Tabelle zu identifizieren. Das trainierte PNN-Modell aus der *neuroforce_model*-Tabelle kann für diese Prozesssituation angewendet werden und liefert eine sichere Kraftvorhersage.

7.3 Erweiterung der Funktionalität zur Modellintegration

Extension of the functionality for model integration

Der am WZL entwickelte Frässimulation-Demonstrator mit dem Kernmodul WQM ist eine Materialabtragsimulation auf Basis der Programmiersprache *C++* in Kombination mit der plattformübergreifenden Programmierschnittstelle OPENGL zur Entwicklung und Berechnung von 2D- und 3D-Computergrafikanwendungen auf der GPU [BREC17]. Abbildung 7.3 zeigt aufbauend auf Abbildung 7.1 die Funktionsweise des WQM. Ein internes WQM-Modul ist eine in *C++* geschriebene Funktion mit definierten Eingangs- und Ausgangsvariablen sowie definierten Vererbungscharakteristika, um beispielsweise algorithmische Berechnungen durchführen zu können. So können diese im Anschluss als Baustein mit den definierten Ein- und Ausgangsvariablen innerhalb des gesamten Frässimulation-Demonstrators eingesetzt werden. Die für den Anwendungsfall eingestellte Modularchitektur inklusive der Beziehungen zueinander wird in der Extensible Markup Language (XML) zur Darstellung der hinterlegten, relationalen Modulkette abgebildet. Für jeden Zeitschritt werden alle Module aus der Setup-Datei im sog. *ModuleFramework* in ihrer Kettenstruktur zyklisch ausgeführt. Neben dem Kernmodul, der Ermittlung des Materialabtrags, existieren Module zur Visualisierung, zur Datenverarbeitung und zur Nutzung von Modellen. Der Daten- und Informationsfluss in Bezug auf das Kernmodul gestaltet sich dabei wie folgt: Beispielsweise werden die aktuellen Werkzeugpositionen im WKS für jeden Zeitschritt aus den NC-Signaldaten über die Modulkette innerhalb des *ModuleFramework* berechnet und von der CPU an die GPU übergeben. Wichtige Prozessgrößen wie die Eingriffsgrößen nach Kapitel 5.2.3 werden dabei erst auf der GPU bei der Dexelberechnung ermittelt und im Anschluss zurück an die CPU übergeben, um diese Daten für weitere Berechnungen innerhalb der Modulkette zu nutzen. Als Beispielmodulkette zeigt Abbildung 7.3 die Ermittlung und ortsbezogene Visualisierung der über das PNN-Modell simulierten Prozesskräfte auf Basis der berechneten Eingriffsgrößen auf dem virtuellen 3D-Bauteil im WQM.

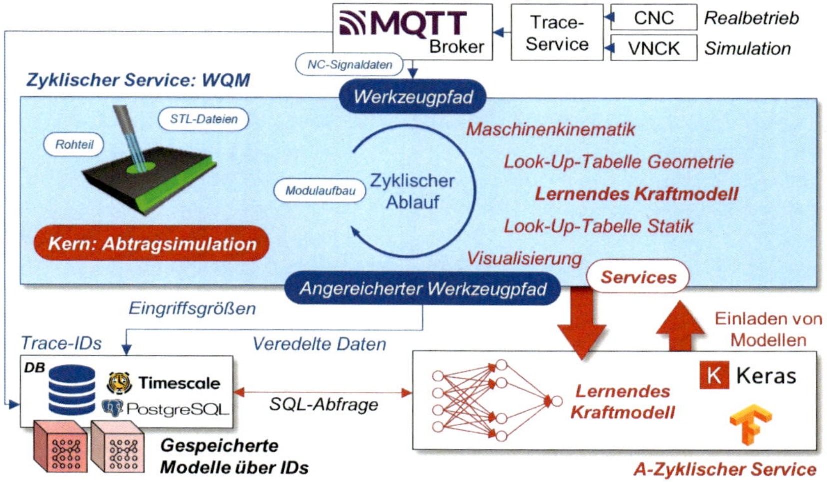

Abbildung 7.3: Modularer Aufbau im WQM als Grundlage der Erweiterungsfähigkeit
Modular structure in WQM as the basis for expandability

Die Anwendung des Frässimulation-Demonstrators ermöglicht in beiden Betriebsarten (Real- und Simulationsbetrieb) die Prozessvisualisierung und -analyse auf Basis der vorliegenden anwendungsspezifischen Daten sowie der definierten Modulkette, Abbildung 7.4.

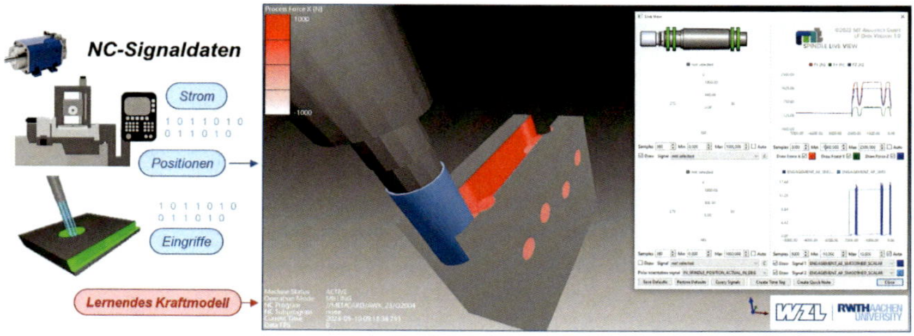

Abbildung 7.4: Simulierte Prozesskräfte aus dem lernenden Prozesskraftmodell im WQM
Simulated process forces from the learning process force model in the WQM

Die Abbildung zeigt einen aktuellen WQM-Lauf zur Vorhersage von Prozesskräften auf Basis der Eingriffsdaten im a-priori Simulationsbetrieb. Rechts in der Abbildung werden die Prozesskräfte F_x und F_y im Zeitbereich dargestellt, mit der Option, während des Prozesses gemessene und simulierte Prozesskräfte zu vergleichen. Ebenso kann in der 3D-Ansicht die Werkstückoberfläche basierend auf den simulierten oder gemessenen Prozesskräften eingefärbt werden. Neben den in Kapitel 5 ausführlich beschriebenen Erweiterungen zur Generierung der makroskopischen und mikroskopischen Eingriffsgrößen aus Werkzeugperspektive wird der Frässimulation-Demonstrator im Rahmen dieser Arbeit um das lernende Prozesskraftmodell als zusätzliches Modul erweitert.

Integration der lernenden Prozesskraftmodellierung | Basierend auf der in Kapitel 7.1 und 7.2 beschriebenen Dateninfrastruktur sowie der in Kapitel 6.3 eingeführten CL-Pipeline wird das Konzept entwickelt, die PNN-Modelle über a-zyklische Dienste der Datenbank mittels PYTHON, KERAS und AVALANCHE auszuführen [LOMO21]. Dies ermöglicht eine nahtlose Integration der CL-Bibliothek in das bestehende ML-Framework. Die Trainingsphase des lernenden Prozesskraftmodells folgt dabei dem in Kapitel 6.3 beschriebenen Ansatz.

Zur Implementierung nutzt AVALANCHE die Module *Benchmark*, *Training* und *Models*: *Benchmark* stellt sicher, dass die geclusterten Datenstapel sequenziell für die CL-Trainingsstrategie bereitgestellt werden, *Models* enthält das in Kapitel 6.2 definierte PNN-Modell und *Training* verknüpft das Modell mit der CL-Trainingsstrategie.

Nach Abschluss des Trainings wird das PNN-Modell im JSON-Format mit relationalen Verknüpfungen gespeichert, Kapitel 7.1 und 7.2. Der integrierte ML-Dienst der *TimescaleDB*, Abbildung 7.3 unten rechts, kann das vorkonfigurierte PNN-Modell für definierte Datencluster trainieren und speichern. Dabei werden die vorkonfigurierte Netzarchitektur, Hyperparameter und Trainingsvariablentypen geladen. Nach dem Training erfolgt ein Export des PNN-Modells inklusive Gewichten und Bias-Werten im verschlüsselten Frugally-Deep-Format, ein spezielles JSON-Format als Vorbereitung für die Verwendung der Header-Bibliothek Frugally-Deep zur Nutzung von KERAS-Modellen in Anwendungen auf Basis von *C++*. Details finden sich im Anhang A.8.

Integration weiterer Module zur Unterstützung des lernenden Ansatzes | Neben der Integration des lernenden Prozesskraftmodells wurden im Rahmen der Arbeit weitere Module entwickelt, die für eine erfolgreiche Integration des lernenden Prozesskraftmodells notwendig sind:

- **Berechnung der Kraftwirkrichtungen**: Auf Basis der makroskopischen und mikroskopischen Eingriffsgrößen werden die Wirkrichtungsanteile von F_x und F_y nach Kapitel 5.3.2 ermittelt.
- **Prozesskraftmessung über M_{sp}**: Die Prozesskräfte F_x und F_y können anhand der ermittelten Kraftwirkrichtungen und M_{sp} modellbasiert gemäß Kapitel 5.3.2 ermittelt werden. Dieses Modell bietet eine alternative Trainingsdatenquelle für den lernenden Ansatz zur Prozesskraftvorhersage ohne spindelintegrierte Kraftsensorik.
- **Virtueller 3D-Werkstückabgleich**: Quantitativer, virtueller 3D-Bauteilabgleich zwischen der Soll- und der simulierten Istgeometrie nach dem Vorgehen in Kapitel 5.1.

Der Frässimulation-Demonstrator als fertigungsnaher Software-Prototyp ist für die direkte Nutzung der in der Dissertationsschrift hergeleiteten Ergebnisse zur a-priori Prozesssimulation und Live-Prozessüberwachung durch die dargelegten Erweiterungen qualifiziert. Angesichts dessen fokussieren die folgenden Kapitel 8.1 bis 8.3 die empirische Beweisführung in der Anwendbarkeit des entwickelten Gesamtansatzes einer lernenden Prozesskraftmodellierung in verschiedenen industriellen Szenarien, wodurch der erweiterte Frässimulation-Demonstrator validiert wird.

8 Anwendung der Prozesskraftmodellierung in der NC-Prozesssteuerung

Application of process force modeling in NC process control

Die in Kapitel 6 entwickelte, lernende Prozesskraftmodellierung stellt in seinen Ausprägungen eine mögliche Zukunftstechnologie in der Prozesssteuerung von NC-Zerspanprozessen in der Kleinserien- und Einzelteilfertigung dar. Die Prozesssteuerung kann dabei in die beiden Betriebsarten der a-priori Prozesssimulation zur Auslegung von NC-Prozessen sowie der Live-Prozessüberwachung unterteilt werden. Dafür bilden die in Kapitel 7 softwareseitig integrierten Modellierungsansätze die technische Grundlage. Ziel von Kapitel 8 ist daher der Nachweis über die breite industrielle Anwendbarkeit des in Kapitel 6 entwickelten, lernenden Modellierungsansatzes zur Prozesskraftvorhersage im Kontext der Prozesssteuerung in der Kleinserien- und Einzelteilfertigung. Dieser Nachweis fokussiert im ersten Schritt die breite und robuste, statische Prozesskraftermittlung ohne zusätzlich verbaute Kraftsensorik, Kapitel 8.1. Im zweiten Schritt wird die Anwendung der a-priori Prozesssimulation als Grundlage der NC-Prozessauslegung betrachtet, Kapitel 8.2, und im dritten Schritt mit der Anwendung der NC-Prozesssicherung finalisiert, Kapitel 8.3.

8.1 Breite Anwendbarkeit der Prozesskraftmodellierung

Broad applicability of process force modeling

Kapitel 5.3.2 führt die hybride, modellbasierte Kraftmessmethode der statischen Prozesskräfte über die Kombination des Drehmomentsollwerts der Hauptspindel M_{sp} sowie der ermittelten Kraftwirkrichtungen aus der Materialabtragsimulation ein. Im Vergleich zu weiteren steuerungsinternen Ansätzen ohne zusätzliche Kraftsensorik weist die hybride Kraftmessmethode eine erhöhte Sensitivität in der Ermittlung der statischen Prozesskräfte auf und bildet dadurch eine Alternative zur Messung von Prozesskräften ohne zusätzliche Sensorintegration auf dem Bearbeitungszentrum. Nach ersten Untersuchungen weist jedoch auch die hybride Kraftmessmethode in der Schlichtbearbeitung beim Fräsen Grenzen in der Sensitivität des Drehmomentsollwertsignals M_{sp} auf, Abbildung 5.19.

KNN sind aufgrund ihrer Mehrdimensionalität in den Hyperebenen für Extrapolationen meist ungeeignet, Kapitel 2. Im Kontext des kontinuierlichen Lernens tritt zudem das Phänomen des Katastrophalen Vergessens auf, das die Extrapolationsfähigkeit weiter mindert. Das Ziel der Untersuchung in Kapitel 8.1 ist daher, wie die verbesserte Extrapolationsfähigkeit von breit und kontinuierlich trainierten KNN-Strukturen die Anwendbarkeit der lernenden Prozesskraftermittlung im Vergleich zum adaptierten, empirischen Prozesskraftmodell nach ALTINTAS in Bezug auf die bisher begrenzte Vorhersagegenauigkeit bei der Schlichtbearbeitung verbessert.

8.1.1 Referenzversuch und Bewertungsgrundlage

Reference test and evaluation basis

Als Versuchsgrundlage wird das reduzierte Versuchssetup aus Kapitel 5.3.2 gewählt, um die Extrapolationsfähigkeit unterhalb der Mindestsensitivität des Drehmomentsollwerts der Hauptspindel M_{sp}, also bei geringen Werten für a_p und a_e, zu beweisen. Die Datenvorverarbeitung und Clusterbildung erfolgen über das in den Kapiteln 5 und 6 beschriebene Vorgehen, sodass die Daten in der Form nach Abbildung 6.7 vorliegen. Im Anschluss werden dem vorkonfigurierten PNN-Modell nach Kapitel 6.2 die Trainingsdaten entlang der CL-Datenpipeline sequenziell präsentiert.

Zur Validierung der Übertragbarkeit werden drei Ansätze zur statischen Prozesskraftermittlung in X- und Y-Richtung beim Fräsen verglichen. Als Referenz dienen die durch die KMP im erweiterten Versuchsaufbau von Kapitel 5.3.2 erfassten statischen Prozesskräfte, die im Vergleich zur spindelintegrierten Kraftsensorik eine hohe und robuste Sensitivität aufweisen. Die miteinander zu vergleichenden Ansätze zur Kraftermittlung umfassen somit:

1. Hybride, modellbasierte Kraftmessmethode aus der kombinierten Betrachtung des Drehmomentsollwerts der Hauptspindel und den Kraftwirkrichtungen, Kapitel 5.3.2
2. Adaptiertes Prozesskraftmodell nach ALTINTAS, Kapitel 6.1.2
3. Kontinuierlich lernende Prozesskraftmodellierung, Kapitel 6.2 und 6.3

Die drei Ansätze zum Abgleich mit dem Referenzsignal werden für verschiedene Eingriffsgrößen a_p und a_e bei konstantem Vorschub v_f und Drehzahl N untersucht. Der Fokus liegt auf für die Schlichtbearbeitung typischen kleinen Eingriffsgrößen, um die extrapolierte Vorhersagegenauigkeit für Schlicht-Prozesskräfte als bauteilqualitätsbildende Kenngröße zu untersuchen. Sowohl das zu adaptierende Prozesskraftmodell nach ALTINTAS als auch die lernende Prozesskraftmodellierung müssen für die Kraftvorhersage adaptiert bzw. trainiert werden. Da die Untersuchung auf die Übertragbarkeit der Ansätze abzielt, erfolgt die Adaption bzw. das Training nur bei einer Mindestsensitivität der hybriden, modellbasierten Kraftmessmethode. Für die Trainingsdaten wird eine Einschränkung auf die Signale der hybriden Kraftmessmethode mit einem Signal-Rausch-Verhältnis (engl.: Signal Noise Ratio; SNR) von mindestens 5 angewendet, um eine ausreichende Sensitivität sicherzustellen. Das SNR ist das logarithmische Verhältnis aus der Nutzsignalleistung P_{Signal} sowie der Rauschleistung $P_{Rauschen}$, Gleichung 8.1. Die Ermittlung des Rauschanteils zur SNR-Bestimmung wird während der Luftbearbeitung ohne Materialeingriff für die jeweilige Drehzahl N bestimmt. Bei einem zu hohen Rauschanteil besteht bei beiden Ansätzen die Gefahr, stochastisches Verhalten beim Adaptieren bzw. Trainieren abzubilden. Nach dem Adaptionsprozess oder dem Training oberhalb der Mindest-SNR-Grenze werden die Modellierungsansätze vom Typ B sowie vom Typ C in Form des Gesamtmodellansatzes 1 für geringe Schnittgrößen, geringes a_p und a_e, angewendet und so auf ihre Extrapolationsfähigkeit untersucht.

$$\text{SNR} = 10 \cdot \log\left(\frac{P_{Signal}}{P_{Rauschen}}\right) [\text{dB}] \tag{8.1}$$

Abbildung 8.1 veranschaulicht das Prinzip des kontinuierlichen Lernens zur verbesserten statischen Prozesskraftvorhersage für Schlichtoperationen ohne zusätzliche Kraftsensorsysteme zur Trainingsdatengenerierung. Nach Abbildung 8.1 wird das reduzierte Versuchssetup aus Kapitel 5.3.2 in Clusterbereiche, darunter die Trainingscluster mit SNR ≥ 5 für F_{hybrid}, Abbildung 8.2 grün markierte Bereiche, eingeteilt, die für das kontinuierliche Training des PNN-Modells über die einzelnen Lernaufgaben zur Verfügung stehen. Wie in Kapitel 6.2 adressiert, ist die Verteilung der Input- und Outputdaten für das Training entscheidend, um die Übertragbarkeit zu erhöhen. Eine Normalverteilung der Input- und Outputdaten lässt sich jedoch innerhalb einzelner Datencluster mit konstantem Eingriffsbereich nicht erreichen, z. B. Bereich 3 in Abbildung 5.19 mit a_p von 2 mm und a_e von 4 mm. Dieser Zustand ist im kontinuierlichen industriellen Lernprozess üblich. Daher werden dem PNN-Modell nur neue Cluster mit neuer Datenverteilung präsentiert und das bestehende Wissen wird über die erforderlichen CL-Trainingsmethoden gesichert. Somit eignet sich das reduzierte Versuchssetup aus Kapitel 5.3.2 als einfacher, industrieller Anwendungsfall zur Untersuchung der Extrapolationsfähigkeit datenbasierter Prozesskraftmodellierungsansätze. Im Gegensatz zum lernenden Modellansatz wird das empirische Prozesskraftmodell nach ALTINTAS vom Typ B nach Kapitel 6.1.2, für jedes identifizierte Trainingscluster mit SNR $\geq$ 5 adaptiert.

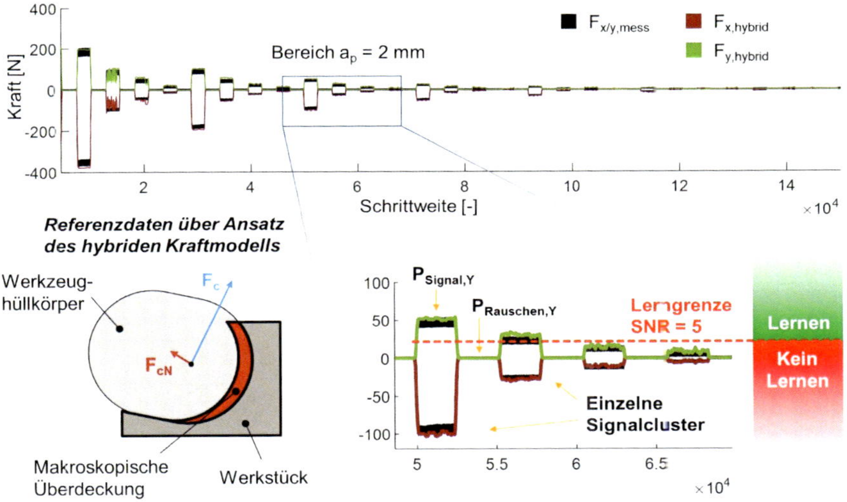

Abbildung 8.1: Automatisierter Prozess zum kontinuierlichen Lernen des PNN-Modells
Automated process for continuous learning of the PNN model

Bewertungsgrundlage | Als Bewertungsgrundlage zur Validierung der Extrapolationsfähigkeit sowohl des adaptierten als auch des lernenden Modellierungsansatzes wird der RMSE-Wert zwischen KMP-Messung und den Prozesskraftvorhersagen F_x und F_y in Bezug auf die Testdatensätze für definierte Signalwertbereiche ermittelt. Darunter fallen die im Rahmen der Extrapolationsfähigkeit zu untersuchenden Signalbereiche mit SNR $<$ 5, bei denen es sich um die Schlichtoperationen mit geringen Prozesskräften handelt. Diese Bereiche sind in Abbildung 8.2 die nicht farblich markierten Bereiche. Des Weiteren wird nach gleicher Vorgehensweise der "Mittlere Absolute Prozentuale Fehler" (MAPF) herangezogen. Der MAPF ist ein Maß für die Relevanz des absoluten RMSE im jeweiligen Kraftniveaubereich, wodurch prozesstechnisch die Modellgenauigkeit fürs Schruppen und Schlichten separat bewertet werden kann. Ist der MAPF gering, kann der absolute RMSE dennoch einen signifikanten Wert annehmen, ohne die Modellvorhersage als ungenau zu werten. Beispielsweise sind bei hohen Schruppkräften im Kilonewton-Bereich Abweichungen um 100 N vernachlässigbar, bei niedrigen Schlichtkräften jedoch nicht.

8.1.2 Untersuchung und Auswertung von Anwendungsfall 1

Investigation and evaluation of use case 1

Die den Ansätzen zur Prozesskraftermittlung zugrundeliegenden Signaldaten nach Kapitel 5 und 6, darunter das KMP-Referenzsignal, sind vorverarbeitet, synchronisiert und auf die gleiche Abtastfrequenz von 500 Hz gesampelt. Für das reduzierte Versuchssetup aus Kapitel 5.3.2 werden insgesamt 28 Datencluster identifiziert, wobei die Anzahl der identifizierten Datencluster mit SNR $\geq$ 5 bei 11 liegt. Für die Untersuchung der Extrapolationsfähigkeit der beiden Modellierungsansätze vom Typ B und C zur Prozesskraftvorhersage werden neben den hergeleiteten, vorkonfigurierten Modellparametern aus Kapitel 6, z. B. die PNN-Modellkonfiguration, die folgenden weiteren Einstell- und Untersuchungsparameter gewählt, Tabelle 8.1. Die Anzahl der Lernaufgaben wird manuell von 11 möglichen Datenclustern mit SNR ≥ 5 auf 10 reduziert, da es sich beim ersten Schnitt um einen Planschnitt beim seitlichen Stirnfräsen handelt, Detailbereich 1 linker Datencluster Abbildung 8.2. Die Aufteilung der einzelnen Datenstapel in der jeweiligen Lernaufgabe besteht aus 70 % Trainings- und 30 % Testdaten.

Tabelle 8.1: Einstellparameter beider simulativer Ansätze in Anwendungsfall 1

Bezeichnung	**Lernender Ansatz**	**Adaptionsansatz**
Inputdaten	Q_v, a_p, a_e, ϕ, sp_u, sp_v, v_u, v_v	φ_{ein}, φ_{aus}, a_p, v_f, h_{max}
Outputdaten	F_x, F_y	F_x, F_y
Anzahl Datenpunkte pro Cluster	2.800 bis 3.000	10 Werkzeugumdrehungen
Anzahl Lernaufgaben	10	-
Getestete CL-Trainings	EWC, GEM	-

Nach Durchführung des eingeleiteten Untersuchungssetups zeigt Abbildung 8.2 die Ergebnisse von Anwendungsfall 1 in Form der Erweiterung der hybriden Kraftmessmethode, deren bisherigen Ergebnisse in Abbildung 5.19 dargestellt sind. Die hybride, modellbasierte Kraftmessmethode zeigt bereits eine gute Übereinstimmung der ermittelten, statischen Prozesskräfte F_x und F_y für mittlere und höhere Kräfte ($F_x, F_y > 30$ N) im Vergleich zum KMP-Kraftreferenzsignal. Als Beispiel ist in Abbildung 5.19 der Bereich 3 hervorzuheben, der diese Übereinstimmung an zwei Datenclustern mit einem Arbeitseingriff a_e von 4 mm und 1 mm bei gleichzeitiger Schnitttiefe a_p von 2 mm über die folgenden Kennwerte beweist: Der SNR weist in allen Datenpunkten innerhalb dieser beiden Cluster jeweils einen Wert zwischen 16,04 und 17,09 (a_e = 4) sowie zwischen 7,87 und 9,8 (a_e = 1) auf, die damit deutlich oberhalb der festgelegten Grenze von 5 liegen. Bei kleineren Prozesskräften, Ansicht 3 bei einem Arbeitseingriff a_e von 0,4 mm sowie Bereich 4 ab einem Arbeitseingriff a_e von 1 mm bei einem a_p von 0,2 mm in Abbildung 5.19, sinkt der SNR der hybriden, modellbasierten Kraftmessmethode deutlich unter den Grenzwert von 5. Grund ist vorwiegend die nicht ausreichende Sensitivität des Drehmomentsollwerts der Hauptspindel M_{sp}, violettfarbenes Signal in Bereich 4 in Abbildung 5.19, weshalb die hybride Kraftmessmethode für geringe Kraftniveaus < 30 N ungeeignet ist. Auch für die Detailbereiche 1 bis 4 aus Abbildung 8.2, Plot oben, spiegelt die RMSE- und MAPF-Entwicklung diese Erkenntnisse wider, Tabelle 8.2: Der MAPF der hybriden Kraftmessmethode steigt bei geringen Prozesskräften.

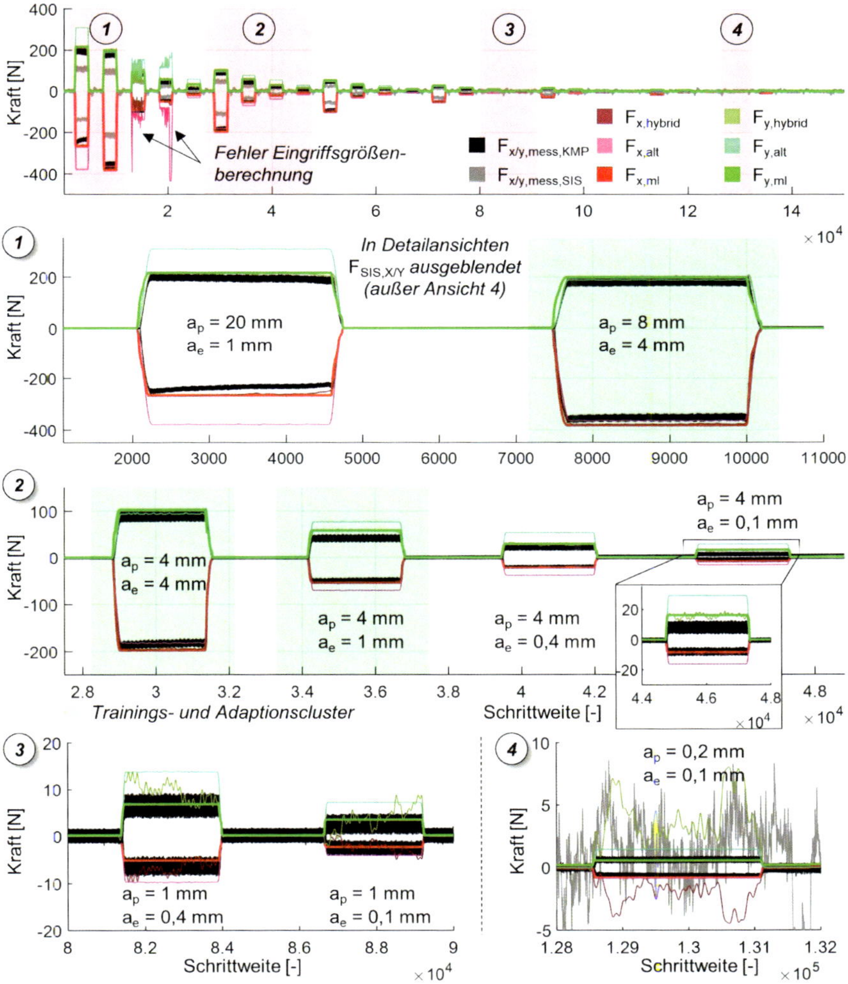

Abbildung 8.2: Ergebnisse Anwendungsfall 1

Results use case 1

Die Kraftverläufe des adaptierten ALTINTAS-Kraftmodells weisen im Vergleich zur hybriden Kraftmessmethode insgesamt einen geringeren Rauschanteil auch bei kleinen Kräften auf. Begründet ist diese Beobachtung primär durch die Inputdaten für das ALTINTAS-Kraftmodell, welches simulative Eingriffsdaten zur Vorhersage nutzt. Die makroskopischen Eingriffsdaten, z. B. a_p, φ_{in} und φ_{aus}, werden zwar über die Ist-NC-Positionsdaten des Werkzeugs im Arbeitsraum der Maschine modellbasiert ermittelt, sind allerdings aufgrund ihrer verschiedenen Skalierungsdimensionen nicht anfällig für das eventuell rauschende Eingangs-Positionssignal innerhalb der NC-Signaldaten. Betrachtet man den RMSE des adaptierbaren Ansatzes nach ALTINTAS, wird dieser bei geringeren Kräften, hier die Detailbereiche

2 und 3 in Abbildung 8.2, im Durchschnitt größer als der RMSE der hybriden Kraftmessmethode. Bei den geringsten Prozesskräften, Detailbereich 4, ist der SNR der hybriden Kraftmessmethode so gering, dass der RMSE des adaptierten Ansatzes nach ALTINTAS geringer ausfällt. In der Gesamtbetrachtung der RMSE-Kennwerte für das adaptierte ALTINTAS-Kraftmodell unter verschiedenen Prozessbedingungen entstehen im Vergleich zu den anderen Ansätzen teils große Abweichungen. Dadurch ist nachgewiesen, dass das ALTINTAS-Kraftmodell nicht in der Lage ist, das insgesamt nichtlineare Verhalten in der Prozesskraftvorhersage über den Adaptionsprozess auf insgesamt zehn Datencluster zu durchdringen. Das ist damit begründet, dass die geringeren Prozesskräfte anderen physikalischen Trennmechanismen unterliegen, wodurch sich diese Nichtlinearitäten aufbauen, die bei der clusterbasierten Adaption des empirischen Zusammenhangs im ALTINTAS-Kraftmodell nicht verarbeitet werden können und sich über die Materialkonstanten heraus mitteln. Der in Kapitel 6.4 beschriebene Ansatz des erweiterten, dynamischen ALTINTAS-Kraftmodells auf Basis des SHAP-Algorithmus kann hier verwendet werden, um über eine stetig wachsende Datenbasis automatisch ein analytisches Kraftmodell mit erhöhter Übertragbarkeit und verbesserter Nachvollziehbarkeit zu generieren, wird jedoch im Rahmen dieser Dissertation nicht weiter verfolgt.

Das mittels der CL-Trainingsstrategie GEM kontinuierlich lernende PNN-Modell weist im Vergleich zu den anderen Ansätzen die besten Werte für den RMSE sowie MAPF für mittlere und geringe Prozesskräfte in den Detailbereichen 2 bis 4 auf. Innerhalb des Detailbereichs 1 zeigt das PNN-Modell ähnlich gute, aber nicht bessere Ergebnisse in der Modellgüte wie die hybride Kraftmessmethode, was darin begründet ist, dass das PNN-Modell am Kraftsignal der hybriden Kraftmessmethode trainiert wird. Des Weiteren handelt es sich im Detailbereich 1 um den Planschnitt zur Entfernung des seitlichen Restaufmaßes, was sowohl in dem leicht absinkenden KMP-Referenzkraftsignal sowie Drehmomentsollwertsignal der Hauptspindel und damit in der hybriden Kraftmessmethode im X- und Y-Verlauf zu erkennen ist. Die X- und Y-Verläufe des KMP-Referenzsignals sind aufgrund der guten Trennbarkeit in Abbildung 8.2 schwarz dargestellt. Die Materialabtragsimulation sowie die damit verbundenen Eingriffsgrößen ermitteln dieses Aufmaß im ersten Schnitt nicht, weshalb der Kraftverlauf des lernenden Modellansatzes den leichten Kraftabfall durch ungleiches Restaufmaß nicht berücksichtigen kann. Da der Planschnitt zudem kein Trainingscluster darstellt, ist der lernende Ansatz nicht in die Lage, nach falschen Gesetzmäßigkeiten zwischen den Eingriffgrößen sowie dem Realzustand zu suchen. Kehrseite ist, dass der RMSE für den Detailbereich 1 steigt. Insgesamt ist das PNN-Modell dennoch in der Lage, auch für große Prozesskräfte in einem ähnlich guten Modellgütebereich wie die hybride Kraftmessmethode zu arbeiten. Die Extrapolationsfähigkeit zeigt der kontinuierlich lernende Ansatz hauptsächlich im Bereich der geringen Prozesskräfte, Detailbereich 3 und 4: Im Gegensatz zum adaptierten ALTINTAS-Kraftmodell liegt der Unterschied in einem deutlich geringeren RMSE sowie MAPF, wodurch in Bezug auf die Testdaten eine verbesserte Extrapolationsfähigkeit und damit erhöhte Übertragbarkeit nachgewiesen werden kann. Das PNN-Modell ist demnach in der Lage, Nichtlinearitäten besser abzubilden, auch wenn weitere, dem Netz noch unbekannte physikalische Mechanismen erst bei geringen Kräften wirken können. Denn auch bei größeren Prozesskräften wirken bereits Zusammenhänge, die ihre Gültigkeit bei geringen Prozesskräften behalten und somit extrapolationsfähig sind. Diese nichtlinearen Zusammenhänge werden über den lernenden Modellierungsansatz aufgrund der hohen Anzahl an Modellfreiheitsgraden ermittelt. Über die Konfiguration der Lernphase des PNN-Modells bei mittleren und höheren Prozesskräften, grün markierte Fenster in Abbildung 8.2, die über die hybride Kraftmessmethode sicher ermittelt werden können, wird so ein lernender Gesamthybrid geschaffen, der die Schwächen der hybriden Kraftmessmethode bei geringen Kräften aufgrund der nachgewiesenen Extrapolationsfähigkeit ausgleichen kann. Die hohe Übertragbarkeit zeigt sich bei neuen Clustern. RMSE- und MAPF-Werte beziehen sich auf die Testbereiche ohne

Training und Adaption in allen Detailbereichen, Abbildung 8.2. Darüber hinaus werden verschiedene CL-Strategien für das PNN-Modell gegenübergestellt, Abbildung 8.3.

Tabelle 8.2: Modellkennwerte der untersuchten Modellansätze in Anwendungsfall 1

Bezeichnung	**PNN-Modell**	**ALTINTAS**	**Hybride Kraftmessmethode**
RMSE Testbereich 1	X: 29.38 Y: 21.49	X: 141.26 Y: 114.02	X: **25.64** Y: **19.91**
MAPF Testbereich 1	X: 12.23 Y: 10.99	X: 59.51 Y: 58.68	X: **10.77** Y: **10.21**
RMSE Testbereich 2	X: **0.96** Y: **7.11**	X: 11.49 Y: 25.91	X: 2.02 Y: 7.5148
MAPF Testbereich 2	X: **4.53** Y: **58.6**	X: 81.40 Y: 185.76	X: 12.46 Y: 61.22
RMSE Testbereich 3	X: **0.76** Y: **0.78**	X: 2.5 Y: 6.13	X: 1.27 Y: 3.14
MAPF Testbereich 3	X: **13.51** Y: **26.01**	X: 61.98 Y: 157.14	X: 28.1 Y: 68.96
RMSE Testbereich 4	X: **0.25** Y: **0.18**	X: 0.28 Y: 0.85	X: 2.06 Y: 4.03
MAPF Testbereich 4	X: **46.57** Y: **29.99**	X: 53.52 Y: 162.32	X: 343.14 Y: 657.2

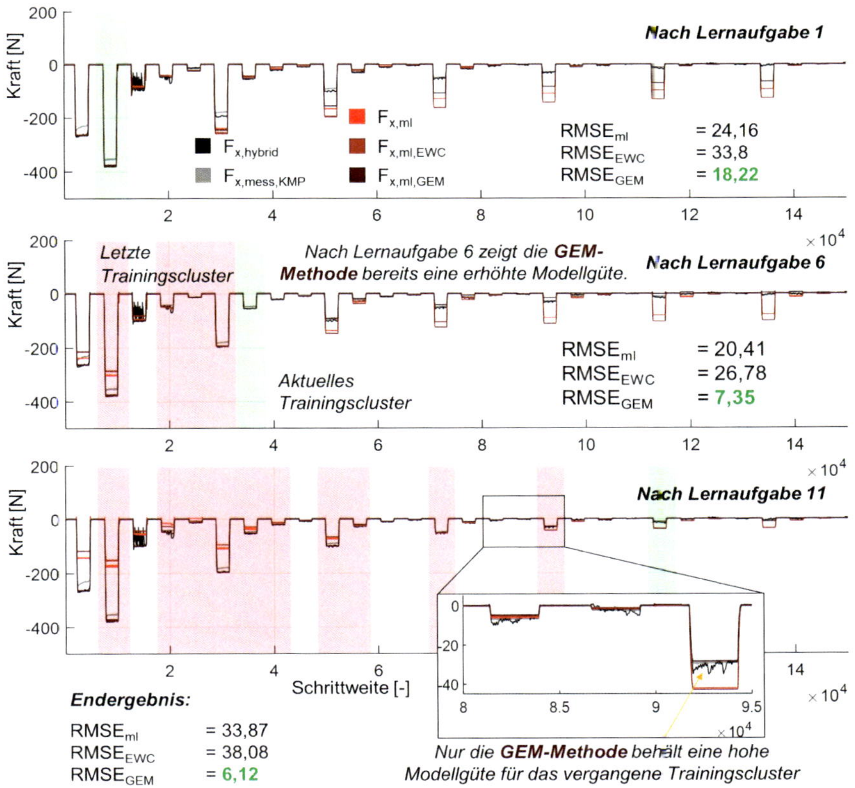

Abbildung 8.3: Einfluss der kontinuierlichen Lernverfahren auf die Modellgüte

Influence of continuous learning methods on model quality

Dazu werden dem PNN-Modell die im Produktionsumfeld kontinuierlich anfallenden Daten beim Identifizieren eines neuen Datenclusters mit SNR $>$ 5 sequenziell präsentiert, sodass bestehendes Wissen nicht neu gelernt werden soll. Neben dem klassischen Transferlernen (hellrote Kurve) zeigt Abbildung 8.3 die Ergebnisse der kontinuierlichen Trainingsstrategien mittels der Regularisierungsmethode EWC (mittelrote Kurve) sowie der speicherbasierten Trainingsmethode GEM (dunkelrote Kurve) stellvertretend in X-Richtung. Nach dem Trainieren der sequenziell verabreichten Datencluster zeigt die GEM-Methode bereits nach sechs Lernaufgaben, Abbildung 8.3 Mitte, die besten Ergebnisse in Bezug auf den Gesamtkraftverlauf der vorherzusagenden statischen Prozesskräfte. Diese Ergebnisse werden mit fortlaufenden Lernaufgaben bestätigt, Abbildung 8.3 unten. Der Gesamt-RMSE-Wert über alle Trainings- und Testdatenbereiche von 6,12 bestätigt diese Entwicklung. Betrachtet man das klassische Transfertraining sowie den Regularisierungsansatz EWC im Detail, liefern diese lediglich auf dem Datenbereich des aktuell zum Training präsentierten Datenclusters hohe Modellgüten. Sie sind aber nicht in der Lage, Wissen aus vergangenen Trainings zu konservieren, hellrote und mittelrote Kurve, wodurch der Gesamt-RMSE nicht gegen ein Minimum konvergiert. Begründet ist dies durch die großen Verbindungsanpassungen beim Verarbeiten der neuen Prozessfälle, die zu Beginn nicht die gesamte Verhaltenskomplexität in der Vorhersage der statischen Prozesskräfte abbilden können. Um diese Herausforderung zu bewältigen, werden die wichtigsten Datenpunkte der vorangegangenen Trainings beim GEM-Verfahren gespeichert und für die folgenden Trainings genutzt, wodurch das Wissen besser konserviert wird, siehe Ausschnitt Abbildung 8.3 unten.

Zusammenfassung und Ausblick zu Anwendungsfall 1 | Insgesamt zeigt die Auswertung von Anwendungsfall 1, dass lediglich der kontinuierlich lernende Modellierungsansatz aus Kapitel 6.2 in Kombination mit der hybriden Kraftmessmethode ohne Zusatzsensorik in der Lage ist, komplexere Zusammenhänge in nichtlinearer Form über eine entsprechende Datenbasis zu erlernen und dadurch valide zu extrapolieren, wodurch die Schwächen der hybriden Kraftmessmethode in der Ermittlung geringer Prozesskräfte ausgeglichen werden können und die Übertragbarkeit des Gesamtansatzes steigt. Dadurch stellt der hybride Gesamtansatz eine industrietaugliche Alternative zum Einbau kostenintensiver Zusatzsensorik dar. Eine Übertragbarkeit des Ansatzes in Bezug auf den Einsatz auf mehreren Fräsbearbeitungszentren sowie auf unterschiedliche Werkzeuggeometrien, -materialien oder -beschichtungen wird innerhalb dieser Arbeit nicht betrachtet. Allerdings wird auf Basis der Untersuchungsergebnisse aus Kapitel 8.1 auf die Extrapolationsfähigkeit des kontinuierlich lernenden Modellierungsansatzes auf der Einzelmaschine mit verschiedenen Prozesssituationen hingewiesen. Auf dieser Basis sind aus Sicht des Autors ähnliche Ergebnisse in der Übertragbarkeit im Einsatz an verschiedenen Bearbeitungszentren zu erwarten, da ähnliche Randbedingungen für die Granularität, Menge, Qualität und Verteilung der Daten vorliegen.

8.2 Einsatz in der NC-Prozesssimulation

Use in NC process simulation

Anwendungsfall 2 untersucht den Einsatz kontinuierlich lernender Prozesskraftmodellierung zur NC-Frässimulation in der CAM-Programmierung von Einzel- und Kleinserienteilen. Ziel ist ein schneller Prozess-Ramp-up in der Planungsphase, basierend auf einer virtuellen Bauteilrepräsentation. Die lernende Prozesskraftmodellierung dient der a-priori Qualitätsbewertung durch Ermittlung der Restabweichungen während Schrupp- und Schlichtbearbeitung. Untersucht wird die a-priori Qualitätsvorhersage für das bisher unberücksichtigte Material GJS400, unter Berücksichtigung material- und prozessabhängiger kraftbedingter Werkzeugverlagerungen.

8.2.1 Referenzversuch und Bewertungsgrundlage

Reference test and evaluation basis

Zur Bewertung des Mehrwerts der lernenden Prozesskraftmodellierung für die a-priori Prozessauslegung werden die verschiedenen Ausprägungen der auf der *HF3500* gefertigten Versuchsbauteile, Kapitel 4.1, im Folgenden in Betracht gezogen. Die Referenz bildet die Ausprägung A (Bauteil 17) mit C45 als Referenzmaterial und einem Referenzvorschub von 100 %. Die weiteren Versuchsnummern als Bauteilausprägungen enthalten zur besseren Vergleichbarkeit die Buchstaben B bis I. Die fertigungstechnischen Unterschiede der Ausprägungen zeigen Tabelle 8.3.

Tabelle 8.3: Ausprägungen des untersuchten Versuchsbauteils in Anwendungsfall 2

Ausprägung	17-A	18-B	19-C	24-D	25-E	14-F	15-G	**16-H**	**30-I**
Vorschub-Override [%]	100	120	80	100	100	100	120	**80**	**100**
Material	C45	C45	C45	C45	C45	AlSi1-MgMn	AlSi1-MgMn	**AlSi1-MgMn**	**GJS400**
K_{tc} [N/mm^2]	1680	1680	1680	1680	1680	509	509	**509**	**1080**

Da es sich bei diesem Vorgehen um eine a-priori Prozesssimulation handelt, werden die für die Modellbildung erforderlichen NC-Signaldaten über den beschriebenen Trace-Service mittels einer NC-Programm basierten Vorabsimulation über den virtuellen Steuerungskern VNCK der *SINUMERIK 840D sl* generiert, Abbildung 7.3 rechts oben. Nach dem Vorgehen in den Kapiteln 6 und 7 wird der lernende Modellierungsansatz zur a-priori Simulation der qualitätsrelevanten, statischen Prozesskräfte F_x und F_y beim 3-Achs-Fräsen clusterbasiert und somit kontinuierlich mit der GEM-Methode auf Basis der Ausprägungen B, C, D, E, F und G trainiert. Des Weiteren wird im Rahmen des Anwendungsfalls 2 die Kontextgrenze des verwendeten Bauteilmaterials aufgehoben, sodass die lernende Prozesskraftmodellierung in Form des PNN-Modells über verschiedene Bauteilmaterialien lernen kann. Dazu wird die Architektur des PNN-Modells um die Inputvariable der literaturbasierten, spezifischen Schnittkraft K_{tc} erweitert, die als Materialkonstante angesehen werden kann und über die verschiedenen Bauteilausprägungen A bis I variiert. Über das automatische Clustering nach Kapitel 6.1 wird eine Änderung der Materialkonstante bei einem neu verwendeten Material, hier GJS400, automatisch als neues Cluster und damit als neue Lernaufgabe erkannt, die als Eingang des kontinuierlichen Lernens verwendet wird. Die zur Untersuchung verwendeten Parameter-, Input- und Outputspezifikation des lernenden Modellierungsansatzes zur Prozesskraftvorhersage basieren auf den Einstellparametern aus den Kapiteln 6.2, 6.3 sowie 8.1, Tabelle 8.1. Das mit Simulationsdaten clusterbasiert trainierte PNN-Modell für das jeweilige Werkzeug zur a-priori Prozesskraftvorhersage wird auf die Bauteilausprägung H (AlSi1MgMn) sowie auf Ausprägung I (GJS-400) angewendet, die im Vorfeld nicht Teil des clusterbasierten, kontinuierlichen Trainings sind.

Bewertungsgrundlage | Die Simulation der statischen Prozesskräfte ist ein wichtiger Indikator zur Bestimmung der Bauteilqualität, da diese Abweichungen vom Idealpfad begünstigen. Unter Verweis auf die bisherigen Ergebnisse wird der kontinuierlich lernende Modellierungsansatz in Form des PNN-Modells zur Prozesskraftvorhersage aufgrund der hohen Übertragbarkeitsfähigkeit ausgewählt, um die resultierende, virtuelle Bauteilqualität der Bauteilausprägungen H und I zu simulieren. Ermittelt wird die virtuelle Bauteilqualität auf Basis der virtuell generierten Bauteilgeometrie als Ergebnis der a-priori WQM-Prozesssimulation auf Basis des lernenden a-priori Prozesskraftmodells (Datenkategorie 2a + 2b nach Tabelle 6.4). Abgeglichen wird die generierte, virtuelle 3D-Bauteilgeometrie mit dem Soll-CAD-Modell zur Identifizierung der Abweichungen. Validiert wird die virtuelle a-priori Qualitätsvorhersage mit der generierten, virtuellen 3D-Bauteilgeometrie über die WQM-Prozesssimulation auf Basis von Ist-NC-Signaldaten sowie gemessener Prozesskräfte. Der Abgleich erfolgt auf Basis der im WQM generierten dexelbasierten und anschließend triangulierten Punktewolken im $\mathbb{R}^3$ durch die Bestimmung der räumlichen Distanzen der einzelnen triangulierten Oberflächenpunkte nach Kapitel 5.1. Ein Abgleich der direkt gemessenen Bauteilqualitäten mittels Koordinatenmessgeräts wird nicht durchgeführt, da die Vorhersage der virtuellen Qualität auf Basis gemessener Prozesskräfte für 3-Achs-Fräsbearbeitungen im WQM durch WIESCH, BRECHER ET AL. bereits erfolgreich nachgewiesen werden konnte [BREC19a; BREC19c; HUAN22a]. Folglich werden die generierten 3D-Dexelmodelle aus den verschiedenen WQM-Betriebsmodi trianguliert und als Vergleichsobjekte abgeglichen. Dabei unterscheiden sie sich lediglich bezogen auf die Quelle der Kraftdaten:

- **Objekt 1**: Generiertes 3D-Bauteil mittels Kraftmessung nach [BREC19a; BREC19c; HUAN22a]
- **Objekt 2**: A-priori simuliertes 3D-Bauteil mittels lernender Kraftvorhersage

Abbildung 8.4 links zeigt die virtuelle Dexelrepräsentation von Ausprägung A auf Basis der gemessenen Prozesskräfte in Form der kraftbedingten Abweichungen des Werkzeugs an der jeweiligen Position (Objekt 1). Bei der a-priori Prozesssimulation werden stattdessen die Sollpositionen aus dem VNCK sowie die Prozesskräfte F_x und F_y über den lernenden Modellierungsansatz in der Datenkategorie 2a und 2b nach Tabelle 6.4 ermittelt und zur Berechnung der virtuellen Werkzeugpfadabweichungen genutzt (Objekt 2). Die generierten, dexelbasierten 3D-Punktewolken für beide Objekte werden nach dem Vorgehen in Kapitel 5.1 für den erforderlichen 3D-Abgleich mittels des DELAUNAY-Verfahrens trianguliert, in geometrische Hüllkörper überführt, im $\mathbb{R}^3$ räumlich abgeglichen und je nach Abweichungswert farblich eingefärbt: Abbildung 8.4 zeigt in der Mitte für ein Objekt 1 den beschriebenen Abgleich zwischen der triangulierten Repräsentation von Bauteil A nach der WQM-Prozesssimulation auf Basis von Ist-NC-Signaldaten sowie dem Soll-CAD-Modell im STL-Format. In der gewählten Farbskala bedeutet die Farbe Grün eine geringe bis keine Abweichung an der jeweiligen lokalen Stelle zum räumlichen Referenzobjekt. Die Farben Blau und Rot bedeuten jeweils eine erhöhte Abweichung. Bei Rot ist Material stehen geblieben, bei Blau wurde zu viel Material entfernt. Violett bedeutet, dass das Material bisher nicht zerspant wurde. Gleicht man die virtuelle Darstellung mit einem Foto des Referenzbauteils A ab, so stimmen die eingezeichneten Stellen in Abbildung 8.4 qualitativ gut überein. Abbildung 8.4 Mitte bildet mit dem Kriterium der absoluten, geometrischen Abweichung zwischen generiertem 3D-Dexelmodell und Soll-CAD-Modell über die zu messenden Distanzen im $\mathbb{R}^3$ die Bewertungsgrundlage von Anwendungsfall 2.

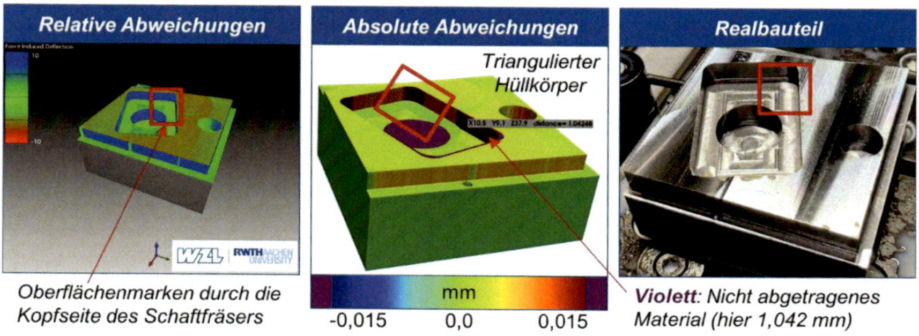

Abbildung 8.4: Virtuelle Ermittlung von absoluten Bauteilabweichungen

Virtual determination of absolute workpiece deviations

8.2.2 Untersuchung und Auswertung von Anwendungsfall 2

Investigation and evaluation of use case 2

Wie in Anwendungsfall 1 sind die der a-priori WQM-Prozesssimulation zur Vorhersage der Bauteilqualität zugrundeliegenden NC-Signaldaten vorverarbeitet, synchronisiert und auf die gleiche Abtastfrequenz gesampelt. Zur Simulation und Visualisierung der maschinen- und prozessbedingten Abweichungen wird die Modulkette des WQM nach Kapitel 7 sowie nach Abbildung 5.8 eingesetzt, wodurch geometrisch-bedingte, kraft-bedingte sowie NC-Interpolator-bedingte Abweichungen berücksichtigt werden. Werkstückseitige Verlagerungen, z. B. durch Dünnwandigkeit, können aufgrund der massiven Bauteilgeometrie des Versuchsbauteils, Kapitel 4.1, vernachlässigt werden. Des Weiteren werden thermische Verlagerungen nicht berücksichtigt. Prozessdynamische Verlagerungseffekte wie regeneratives Rattern wurden im Realprozess nicht identifiziert, sodass auch diese vernachlässigt werden und die rein statische Prozesskraftmodellierung als Grundlage der Bauteilqualitätsbestimmung angewendet wird.

Gegenstand der Untersuchung ist das clusterbasierte, kontinuierliche Lernen des PNN-Modells über die verschiedenen Bauteilausprägungen A, B, C, D, E, F und G während der Fertigung sowie die anschließende Anwendung unter Absicherung des clusterbasierten Adaptionsvorgehens nach ALTINTAS auf die Ausprägungen H und I. Sowohl für den Realbetrieb mit gemessenen Prozesskräften (Objekt 1) als auch für die a-priori Simulation auf Basis modellierter Prozesskräfte (Objekt 2) werden für den beschriebenen 3D-Abgleich mit dem Soll-CAD-Modell jeweils WQM-Prozesssimulationen durchgeführt. Für eine hohe Genauigkeit der 3D-Dexelmodelle wird eine Dexel-Schrittweite von 32 sowie eine Dexel-Auflösung von 128 gewählt.

Abgleich der virtuellen Bauteilgeometrien von Objekt 1 und 2 | Im ersten Schritt werden die simulierten Kraftverläufe des trainierten, a-priori PNN-Modells (Datenkategorie 2a + 2b) stellvertretend mit der gemessenen statischen Prozesskraft F_x für die Ausprägungen A, H und I abgeglichen, Abbildung 8.5. Stimmen die Prozesskraftverläufe aus Simulation und Messung für die verschiedenen Ausprägungen überein, wird bei sonst gleicher Modulkette im WQM abgeleitet, dass auch die virtuelle Bauteilabweichung auf Basis der a-priori Simulation (Objekt 2) mit der virtuellen Bauteilabweichung auf Basis gemessener Prozesskräfte (Objekt 1) übereinstimmt.

Der durchschnittliche RMSE des lernenden Prozesskraftmodells (Typ C) liegt für Ausprägung A für die statische Prozesskraft F_x bei 25,75 N, für F_y bei 26,37 N. Der durchschnittliche MAPF-Wert liegt für F_x bei 74,39 %, für F_y bei 114,14 %. Diese geringen Werte im Vergleich zum zwischenzeitlichen Kraftniveau von bis zu 1 kN sind zu erwarten, da das PNN-Modell im Rahmen des kontinuierlichen Lernens der Ausprägung A zugrundeliegenden Datencluster als Lernaufgabe während des Trainings präsentiert bekommen hat. Die teils hohen durchschnittlichen MAPF-Werte kommen vorwiegend aus Bereichen mit geringen Prozesskräften. Bei Anwendung des trainierten PNN-Modells auf die bisher unbekannte Ausprägung H liegt der durchschnittliche RMSE-Wert für die statische Prozesskraft F_x bei 8,90 N, für F_y bei 8,15 N. Die geringen Werte hängen mit dem deutlich geringeren Kraftniveau zusammen, da in AlSi1MgMn zerspant wird. Die durchschnittlichen MAPF-Werte von 120 % in X-Richtung und 133 % in Y-Richtung ordnen den durchschnittlichen RMSE-Wert entsprechend ein. Bei Anwendung des PNN-Modells auf die unbekannte Ausprägung I mit dem bisher unbekannten Material GJS-400 liegt der durchschnittliche RMSE-Wert für die statische Prozesskraft F_x bei 38,14 N, für F_y bei 33,45 N, der durchschnittliche MAPF-Wert für F_x bei 111,15 %, für F_y bei 221,17 %. Dabei ist der durchschnittliche RMSE-Wert für Ausprägung I trotz des geringeren Kraftniveaus als bei der Referenzausprägung A größer. Dennoch sind die Werte zur Ermittlung der Modellgüte trotz des bisher unbekannten Materials in einem annehmbaren Genauigkeitsbereich, wie die Detailerläuterungen zu den markierten Bereichen in Abbildung 8.5 zeigen.

Markierung 1: Ausprägung H besteht aus AlSi1MgMn, wird mit dem gleichen Werkzeug wie die Referenzausprägung A bei 80 % Vorschub-Override gefertigt. Die Ausprägung H ist im Vorfeld kein Bestandteil des kontinuierlichen Lernszenarios. Die These ist dennoch, dass dem lernenden Ansatz das Verhalten in diesem Materialtyp durch die weiteren Trainingsausprägungen wie F und G in ähnlichen Situationen bekannt ist. Am Verlauf der Prozesskraft F_x kann die These bestätigt werden. Die gelernten Erkenntnisse können auf einen vorher nicht bekannten Vorschub in AlSi1MgMn übertragen werden. Der durchschnittliche RMSE-Wert wird für beide Richtungen sogar kleiner als der durchschnittliche RMSE auf der Referenzausprägung A. Das liegt am insgesamt kleineren Kraftniveau von Ausprägung H, wodurch der RMSE-Wert keinem größeren Skalierungsfehler durch ein zu hohes Kraftniveau unterliegt.

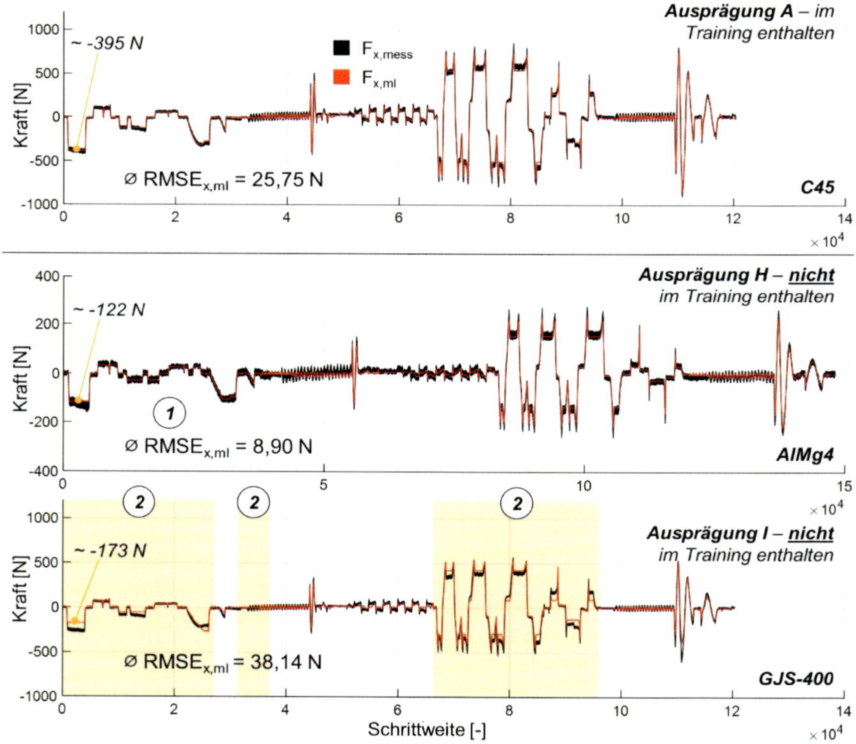

Abbildung 8.5: Simulierte und gemessene Kraftverläufe der Ausprägungen A, H und I

Simulated and measured force curves of the characteristics A, H and I

Markierungen 2: Ausprägung I, bestehend aus dem neuen Werkstoff GJS-400, wird mit den gleichen Bearbeitungsparametern wie die Referenzausprägung A gefertigt und ist ebenfalls kein Bestandteil des kontinuierlichen Lernszenarios. Das lernende Prozesskraftmodell zeigt auch für das neue Material eine gute Übereinstimmung des Kraftverlaufs in X-Richtung. Der lernende Ansatz hat lediglich die beiden spezifischen Schnittkraftkoeffizienten K_{tc} von C45 und AlSi1MgMn als Literaturmaterialkonstanten verarbeitet. Da es sich hierbei um Konstanten der neuen Inputvariable handelt, die mit drei Werten nicht ausreichend normalverteilt sind, zeigt das kontinuierlich lernende PNN-Modell eine bemerkenswerte Fähigkeit, zwischen den beiden Materialkonstanten über die dritte Konstante für GJS-400 zu interpolieren. Lediglich unter den gelben Markierungen sind Abweichungen zu erkennen: Die Vorhersage von ca. -173 N in dem Bereich des linken gelben Fensters liegt um ca. 60 N oberhalb der real gemessenen statischen Kraft F_x. Ähnliche Abweichungen zeigt das rechte gelbe Fenster. Des Weiteren ist zu Beginn des Helixfräsens der 1. Kreistasche, mittleres gelbes Fenster, zu erkennen, dass die simulierte Prozesskraft nicht dem Verlauf der gemessenen folgt. Dies gilt nicht nur für Ausprägung I, sondern auch für die Ausprägungen A und H. Ursache ist, dass zur näheren Untersuchung extra das virtuelle Aufmaß in Z-Richtung in der Simulation im Vergleich zum Realbauteil reduziert wurde und die Eingriffsgrößen wie a_p und a_e als Teil der Input-Features für das PNN-Modell Nullwerte annehmen. Aufgrund des geringen Anteils gewichtet das PNN-Modell diese Situationen weniger stark, weshalb die simulierten Kraftverläufe nicht der Realität entsprechen. Dennoch hat das PNN-Modell eine angemessene Generalisierung erreicht, obwohl es keine Informationen über das fehlende Aufmaß in den Eingangsdaten enthält. Somit zeigt dieses Verhalten zusätzlich, dass der lernende Ansatz über die Vielzahl an Clustern mit entsprechenden Wahrscheinlichkeitsverteilungen der Input-Features in der Lage ist, systematische Einflüsse von stochastischen Einflüssen zu trennen und entsprechend zu gewichten.

Die nachfolgende Abbildung 8.6 zeigt die Gegenüberstellung von ausgewählten Oberflächenpunkten der beiden Bauteilrepräsentationen in Form von Objekt 1 und 2 pro Ausprägung in deren messbaren Abweichungen zum Soll-CAD-Modell. In der Mitte ist zudem ein Differenzabgleich von Bauteilobjekt 1 (Basis: Gemessene Prozesskräfte) zu Bauteilobjekt 2 (Basis: Simulierte Prozesskräfte) für Ausprägung H dargestellt. Je geringer die Abweichungen, grüne Bereiche, desto besser stimmen die beiden Objekte überein und die virtuelle a-priori Qualitätsvorhersage auf Basis des lernenden Prozesskraftmodells ist validiert.

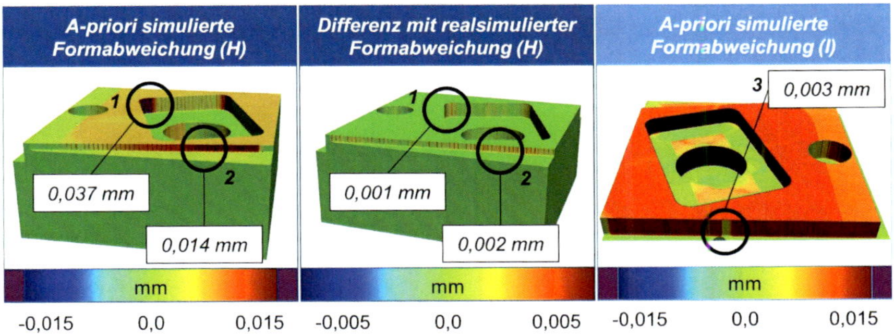

Abbildung 8.6: Abgleich der Formabweichungen vom Sollbauteil - Ausprägungen H und I

Comparison of form deviations to the nominal part - characteristics H and I

Aufgrund der guten Vorhersageergebnisse des lernenden Kraftmodellierungsansatzes ist auch eine hohe Übereinstimmung zwischen der a-priori Simulation (sim.) sowie der Prozesssimulation auf Basis gemessener Prozesskräfte (gem.) über die Farbskalen zu erkennen, die sich in den Bereichen 1 bis 3 über die messbaren Distanzen vom Sollbauteil ausdrückt, Tabelle 8.4.

Tabelle 8.4: Gemessene Distanzen als Maß der Formabweichung für die Bereiche 1 bis 3

Ausprägung	16-H (gem.)	16-H (sim.)	30-I (gem.)	30-I (sim.)
Bereich 1 [mm]	0,038	0,037	0,071	0,079
Bereich 2 [mm]	0,016	0,014	0,029	0,035
Bereich 3 [mm]	0,001	0,001	0,003	0,003

Zusammenfassung und Ausblick zu Anwendungsfall 2 | Anwendungsfall 2 zeigt den Mehrwert eines übertragbarkeitsfähigen, lernenden Modellierungsansatzes der Prozesskräfte zur virtuellen a-priori Bauteilqualitätserfassung in der CAM-Planung. Das Ergebnis bildet die Basis einer modernen CAM-Planung, die bereits in der NC-Simulation die Auswirkungen möglicher falscher Einstellparameter, die zu Prozessfehlern oder nicht tolerierbaren Qualitätsergebnissen führen, visualisiert und dem Anwender Vorschläge zu deren Anpassung unterbreitet. Auf dieser Grundlage ist es darüber hinaus möglich, generierte Werkzeugbahnen durch das CAM-System lokal und valide anzupassen sowie gezielt zu korrigieren, sodass der erwartbare Qualitätsfehler in Form der Abweichung zum Sollbauteil geringer wird. Durch eine mögliche in-process Qualitätsbestimmung können diese Informationen lokal bereits in der CAM-Simulation herangezogen werden, um eine nachfolgende Bearbeitung an der gleichen Stelle im Fräsprozess zu beeinflussen und zu korrigieren. Die getroffenen Rahmenbedingungen und Einschränkungen aufgreifend, ist der vorgestellte Ansatz erweiterbar, sodass in Zukunft genauere qualitative Abweichungen am Bauteil auch für hochspezifische Prozesse getroffen werden können. In diesem Kontext wird auch die damit einhergehende Komplexität durch die Erweiterung der Modellkette deutlich, die im Dilemma zu einer generellen Einsatzfähigkeit in industriellen CAM-Anwendungen steht. Der vorgestellte Ansatz zeichnet sich bei höherer Datenmenge durch eine hohe Übertragbarkeit aus. Gelingt es, das generell komplexe Fertigungsumfeld über eine hohe verfügbare Datenmenge zu beherrschen, ergibt sich die Annahme, dass die Weiterentwicklung zu einer hochpräzisen Qualitätsvorhersage möglich ist.

8.3 Einsatz in der Live-NC-Prozesssicherung

Use in live NC process assurance

Ziel von Anwendungsfall 3 ist die Untersuchung der Einsatzfähigkeit der lernenden Prozesskraftmodellierung in der Live-Überwachung von NC-Fräsprozessen mit hoher Varianz unter geringen Bauteil-Losgrößen zur Prozesssicherung inklusive der datenbasierten Ableitung möglicher Abweichungsursachen. Kern des zu implementierenden Überwachungssystems ist ein kombinierter, kontinuierlicher Abgleich der ML-modellierten a-priori Prozesskräfte nach Kapitel 8.2 auf Basis der NC-simulierten, kommenden Eingriffssituation (Datenkategorie 2a, 2b nach Tabelle 6.4) mit den ML-modellierten Live-Prozesskräften nach Kapitel 6.2.3 auf Basis der Ist-NC-Signaldaten sowie der gemessenen Prozesskräfte (Datenkategorie 1, 2a, 2b nach Tabelle 6.4). Die Vorhersage der modellbasierten Live-Prozesskräfte erfolgt über die gleichen Input-Features wie beim a-priori Prozesskraftmodell nach Kapitel 8.2 mit dem folgenden Unterschied: Das reine a-priori Prozesskraftmodell nach Kapitel 8.2 erhält die Eingriffsgrößen auf Basis der mittels VNCK generierten Soll-NC-Signaldaten. Das ML-basierte Live-Prozesskraftmodell erhält als parallel laufendes, zweites Modell die Eingriffsgrößen basierend auf den Ist-NC-Signaldaten. Somit wird als Input-Feature des zweiten ML-Modells der Drehmomentsollwert der Hauptspindel M_{sp} ergänzt, um in den Simulations-Eingangsdaten nicht berücksichtigte Effekte wie Aufmaß oder Werkzeugverschleiß bei der Live-Prozesskraftvorhersage zu berücksichtigen.

Durch den werkzeug- und ortsbezogenen *"Actual vs. Predicted"*-Ansatz soll ein flexibles Prozessüberwachungssystem für die Einzelteilfertigung geschaffen werden, Abbildung 8.7, welches auf der in den vorherigen Kapiteln nachgewiesenen Übertragbarkeit der ML-basierten Prozesskraftmodellierungen in Bezug auf bis dato unbekannte Prozesssituationen basiert. Im Gegensatz zu herkömmlichen Prozessüberwachungssystemen werden durch den ortsbezogenen Kontext Prozessanomalien über den Soll-Ist-Vergleich der Prozesskraftsignale sicher identifiziert und leichter auf eine mögliche Ursache zurückgeführt, Kapitel 6.4, wodurch die richtige Reaktion abgeleitet werden kann. Der Aufbau gliedert sich in drei erforderliche Schritte.

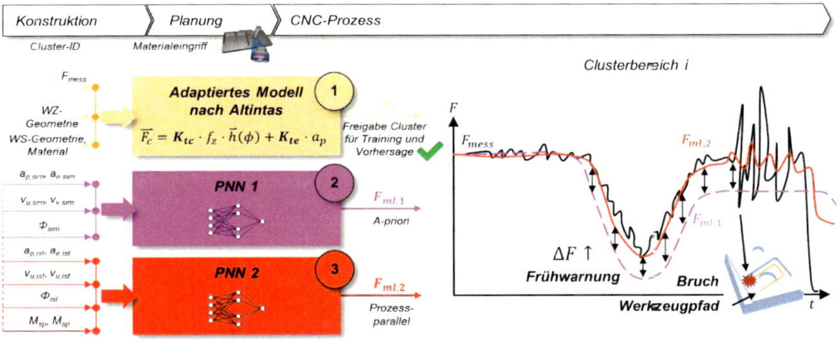

Abbildung 8.7: Konzept und Aufbau des ML-basierten Überwachungssystem

Concept and structure of the ML-based monitoring system

Schritt 1: Zuerst werden ähnliche und neue Prozesssituationen mittels des Clustering-Modells automatisch identifiziert, Kapitel 6.1.1. Anschließend wird das bestehende Modellwissen des ALTINTAS-Kraftmodells auf neue Prozesssituationen adaptiert. Dabei werden neben den angepassten Modellkoeffizienten auch Meta-Informationen wie Werkzeug, Material, Maschine und Prozessgrößen je Cluster gespeichert. Die adaptierten Modellkoeffizienten, die im jeweiligen Cluster und in ähnlichen Clustern gültig sind, dienen zur Überwachung von Anomalien. Eine Prozessanomalie liegt vor, wenn sich die Modellkonstanten innerhalb eines Clusters signifikant ändern.

Schritt 2: Aufgrund der geringen Übertragbarkeit des clusterbasierten Adaptionsverfahrens reicht die Überwachung der ALTINTAS-Modellkonstanten nicht aus, solange ein neues Cluster in Schritt 1 nicht abschließend identifiziert ist. Daher wird zur Vorhersage der Prozesskräfte in bisher unbekannten Prozesssituationen das kontinuierlich lernende a-priori Prozesskraftmodell eingesetzt, um die kommenden Prozesskräfte zu bestimmen. Um valide Kraftvorhersagen treffen zu können, wird das a-priori Kraftmodell auf clusterbasierten Daten aus Schritt 1 trainiert, bei denen mit hoher Wahrscheinlichkeit keine Prozessanomalien aufgetreten sind. Der Adaptionsprozess aus Schritt 1 hat daher die Aufgabe, signifikante Änderungen von Modellkonstanten innerhalb des Clusters zu überwachen. Diese Änderungen werden als potenzielle Prozessanomalien identifiziert und für den clusterübergreifenden Trainingsprozess zurückgehalten, sodass der lernende a-priori Modellansatz ausschließlich anomaliefreies Verhalten erlernt. Neben dem a-priori Prozesskraftmodell wird ein zweites, lernendes Istdaten-Prozesskraftmodell aufgebaut, welches zusätzlich um den aktuell wirkenden Drehmomentsollwert der Hauptspindel M_{sp} erweitert ist.

Schritt 3: Die beiden ML-Modelle sind PNN-Modelle mit den in Kapitel 6.2 und 6.3 hergeleiteten Einstell- und Hyperparametern. Dadurch wird das in Kapitel 6.2 definierte probabilistische Lernszenario geschaffen, wodurch die rein deterministische Kraftvorhersage um ein Vertrauensintervall erweitert wird. Dieses Vertrauensintervall ist notwendig, um Prozessanomalien bei neuen Prozessclustern einschätzen zu können. Nach dem Identifizieren möglicher Anomalien werden datenbasierte SHAP-Algorithmen genutzt, um deren Ursachen zu ermitteln.

8.3.1 Referenzversuch und Bewertungsgrundlage

Reference test and evaluation basis

Für den Funktionalitätsnachweis des ML-basierten Prozessüberwachungssystems für die Einzelfertigung wird das in Kapitel 5.1 eingeführte Versuchssetup in den Ausprägungen A bis I in Betracht gezogen. Dazu wird Tabelle 8.3 um die Werkstückausprägung 26-J erweitert, die die gleichen Parameter wie die Ausprägungen D und E aufweist. Der Unterschied ist ein in Ausprägung J auftretender Werkzeugbruch innerhalb der Rechtecktasche, Operation 5.1 nach Tabelle 4.2. Auf dieser Datenbasis werden die folgenden Modelle erstellt, Abbildung 8.7:

Adaptiertes Kraftmodell nach ALTINTAS: Für jedes identifizierte Cluster der NC-Signaldaten des Versuchssetups aus Kapitel 4.1 in den Ausprägungen A bis J wird der automatische Adaptionsprozess des ALTINTAS-Prozesskraftmodells kontinuierlich durchgeführt und clusterbasiert überwacht mit folgendem Ziel: Verändert sich für die neue Ausprägung innerhalb eines gleich identifizierten Clusters ein Modellkoeffizient signifikant, dann ist die Wahrscheinlichkeit einer Prozessanomalie hoch. Folglich wird die neue Datengrundlage nicht für das kontinuierliche Training beider ML-Modelle freigegeben. Eine Reaktion findet bei einer möglichen Anomalieerkennung nicht statt.

PNN-Modell 1: Im Anschluss wird der clusterbasiert lernende a-priori Ansatz zur Prozesskraftvorhersage mit der über das ALTINTAS-Kraftmodell freigegebenen Datenbasis für alle Ausprägungen A bis I kontinuierlich trainiert. Ziel ist das Generieren eines übertragbaren Prozesskraftmodells, welches in neuen Situationen zu erwartende Prozesskräfte a-priori ohne stochastische Einflüsse und Anomalien sicher vorhersagt.

PNN-Modell 2: Parallel wird ein zweites PNN-Modell zur Live-Prozesskraftvorhersage um die Input-Features des Drehmomentsollwerts der Hauptspindel M_{sp} (Datenkategorie 1, 2a, 2b) erweitert und gleichermaßen wie das a-priori Modell unter Überwachung angelernt. Das zweite Modell soll damit befähigt werden, in der Live-Prozesskraftvorhersage nicht simulierbare Effekte wie Aufmaß und Werkzeugverschleiß abzubilden. Ziel ist die Vorhersage der Prozesskräfte in der aktuellen Prozesssituation ohne Anomalie. Weicht auch PNN-Modell 2 von der gemessenen Prozesskraft ab, liegt mit hoher Wahrscheinlichkeit eine Anomalie vor.

Bewertungsgrundlage | Als Bewertungsgrundlage wird die Höhe der Prozesskraftabweichung nach dem *"Actual vs. Predicted"*-Ansatz definiert. Weicht die Prozesskraft in X- und Y-Richtung beider PNN-Modelle 1 und 2 signifikant von der gemessenen Kraft ab, so liegt mit hoher Wahrscheinlichkeit eine Prozessanomalie auch bei einem neu identifizierten Cluster vor. Diese Abweichung wird im Folgenden als Bewertungsgrundlage definiert. Beide PNN-Modelle liefern in der Vorhersage einen zu erwartenden Wert für die Prozesskräfte F_x und F_y inklusive eines Vertrauensbereichs. Bei einem engen Vertrauensbereich um den Erwartungswert gehen beide PNN-Modelle davon aus, eine genaue Vorhersage treffen zu können, da sie in den neuen Daten ähnliche Muster wie während des Lernprozesses detektiert haben. Für die eindeutige Identifikation einer Anomalie bei neuen Prozesssituationen müssen die Vertrauensintervalle beider PNN-Modelle differenziert und in Kombination betrachtet werden: PNN-Modell 2 lernt trotz Nutzung von Live-NC-Signaldaten keine Prozessanomalien. Dennoch führt bei der Live-Messung des Drehmomentsolwerts der Hauptspindel Msp eine auftretende Anomalie dazu, dass das Vertrauensintervall der Kraftvorhersage größer wird, da dieses Datenmuster nach der Logik nicht Gegenstand des Lernszenarios gewesen ist. Weist gleichzeitig PNN-Modell 1 ein enges Vertrauensintervall auf, ist davon auszugehen, dass die Situation eigentlich bekannt ist, sodass mit hoher Wahrscheinlichkeit eine Prozessanomalie vorliegen muss, die das erhöhte Vertrauensintervall begünstigt. Als Bewertungsgrundlage gilt somit die kombinierte Erfassung von Signalabweichungen der Vorhersagewerte beider PNN-Modelle im Vergleich zur Prozesskraftmessung unter Berücksichtigung der Vertrauensintervalle.

8.3.2 Untersuchung und Auswertung von Anwendungsfall 3

Investigation and evaluation of use case 3

Der Funktionalitätsnachweis des ML-basierten Prozessüberwachungssystems für die Einzelfertigung erfolgt auf Basis der Versuchsdatenbasis nach Kapitel 4.1 ebenfalls schrittweise:

Schritt 1 | Zuerst findet die Adaption des ALTINTAS-Prozesskraftmodells sowie die clusterbasierte Überwachung statt. Abbildung 8.8 zeigt die Modellkoeffizienten-Überwachung und gleicht den aktuellen Prozess, rote Kurve (J), sowie den Referenzprozess, schwarze Kurve (A), ab.

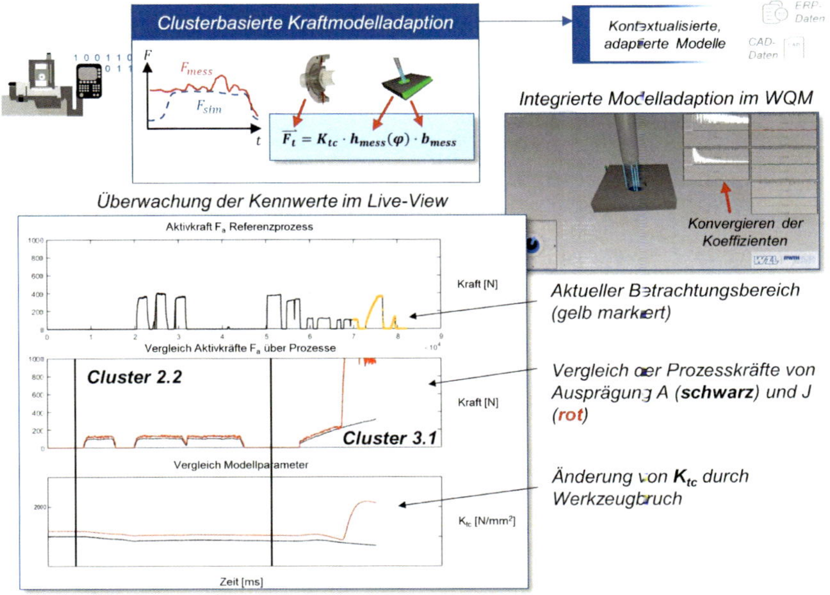

Abbildung 8.8: Live-Überwachung der ALTINTAS-Modellkoeffizienten

Live monitoring of the ALTINTAS model coefficients

Die Clustergrenzen sind entsprechend markiert. Im aktuellen Prozess erfolgt die kontinuierliche Anpassung der Modellkoeffizienten, hier vereinfacht dargestellt über K_{tc}, sowie der clusterbasierte Abgleich mit dem Referenzmodellkoeffizienten. Der Adaptionsprozess wird dabei fensterbasiert innerhalb des identifizierten Clusters unter den in Kapitel 6.1.2 hergeleiteten Zeitdauern und Bedingungen ausgeführt. Wie der untere Plot in Abbildung 8.8 zeigt, haben selbst eingriffsbedingte Änderungen im Kraftverlauf nur einen geringen Einfluss auf den Modell-Koeffizienten K_{tc}. Für den aktuellen Prozess weist das genutzte Werkzeug eine höhere Standzeit auf, daher führt bei gleichem Eingriff eine leicht erhöhte Prozesskraft zu einem leichten Anstieg von K_{tc}. Ein abrupter Anstieg von K_{tc} ist innerhalb des für Operation 3.1 identifizierten Clusterbereichs zu erkennen. Dieser Anstieg begründet sich durch einen schnellen Prozesskraftanstieg infolge eines Werkzeugbruchs unter der gleichen Eingriffssituation wie beim Referenzprozess. In der Folge wird der Clusterbereich 3.1 der Ausprägung J nicht für das Training der beiden PNN-Modelle freigegeben.

Schritt 2 und 3 | Im Anschluss an Schritt 1 wird der Aufbau und Einsatz der beiden PNN-Modelle fokussiert. PNN-Modell 1 stellt das a-priori Prozesskraftmodell, PNN-Modell 2 das Live-Prozesskraftvorhersagemodell zur Verfügung. Abbildung 8.9 zeigt unter der clusterbasierten Überwachung der ALTINTAS-Modellkoeffizienten, Box 1, die ortsbasierte Überwachung der Prozesskräfte durch den Abgleich mit den zu erwartenden Prozesskräften aus beiden PNN-Modellen 1 (Box 2, a-priori) und 2 (Box 3, live). Das ML-basierte Überwachungssystem nutzt die folgenden Fallunterscheidungen zur Identifikation einer wahrscheinlichen Prozessanomalie:

- **Fall 1**: Die Verläufe der drei Signalkurven weisen geringe Abweichungen bei gleichzeitig schmalen Toleranzbändern für PNN-Modell 1 und 2 auf - **Keine Anomalie**.
- **Fall 2**: Tritt eine erhöhte Abweichung zwischen PNN-Modell 1 und der gemessenen Prozesskraft auf, weist das PNN-Modell 2 bei schmalem Toleranzband dagegen keine Abweichung zur gemessenen Prozesskraft auf, so liegt mit hoher Wahrscheinlichkeit keine prozessseitige Störung vor - **Keine Anomalie**.
- **Fall 3**: Tritt eine erhöhte Abweichung zwischen PNN-Modell 1 mit schmalem Toleranzband und der gemessenen Prozesskraft auf, weist das PNN-Modell 2 zudem ein breites Toleranzband auf, so liegt mit hoher Wahrscheinlichkeit eine prozessseitige Störung vor, die innerhalb der Simulations-Eingangsdaten nicht abgebildet ist - **Anomalie**.
- **Fall 3.1**: Folgt das PNN-Modell 2 dem Messsignal trotz erhöhtem Toleranzband, handelt es sich vermutlich um eine Prozessabweichung, z. B. Aufmaß oder zunehmender Werkzeugverschleiß sowie eine Tendenz einer möglichen Prozessstörung - **Anomalie**.
- **Fall 3.2**: Folgt PNN-Modell 2 dem Messsignal nicht, liegt eine gravierende Prozessstörung vor, z. B. Werkzeugbruch - **Anomalie**.

Abbildung 8.9 weist für Ausprägung D im Ausschnitt des Taschenfräsens, Cluster 5.1, Fall 1 auf. Für Ausprägung J zeigt Abbildung 8.9 den Kraftverlauf in X-Richtung bis zum Werkzeugbruch und lässt sich in die Fälle 3.1 und 3.2 unterteilen. Die Toleranzbänder der PNN-Modelle 1 und 2 sind zu Beginn des Taschenfräsens ähnlich zu den Toleranzbändern bei Ausprägung D. Ausprägung J weist dabei einen erhöhten Vorschub auf. Je mehr sich der Prozess dem Werkzeugbruch nähert, desto größer wird sowohl das Toleranzband von PNN-Modell 2 als auch die Abweichung mit PNN-Modell 1, dessen Toleranzband gleich bleibt. Der gleichbleibende Merkmalsinputvektor des a-priori Prozesskraftmodells, PNN-Modell 1, bleibt größtenteils bis auf die erhöhte Vorschubgeschwindigkeit unverändert.

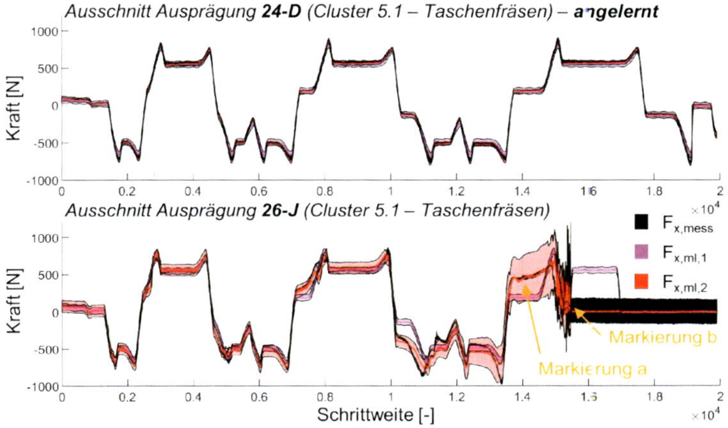

Abbildung 8.9: Vorgehen und Ergebnisse des ML-basierten Überwachungssystems
Approach and results of the ML-based monitoring system

Hingegen weicht die gemessene Kraft ab, der Drehmomentsollwert M_{sp} reagiert sensitiv auf diese Abweichung, weshalb PNN-Modell 2 dem Verlauf der gemessenen Prozesskraft bei erhöhter Unsicherheit nachkommt, Abbildung 8.9 Markierung a (Fall 3.1). Beim Werkzeugbruch, Markierung b, weicht auch die durch PNN-Modell 2 ermittelte Prozesskraft von der gemessenen Prozesskraft ab (Fall 3.2). Die Unterscheidung von Fall 3.1 und Fall 3.2 als Spezifizierung von Fall 2, dem Auftreten einer erhöhten Abweichung von PNN-Modell 1 zur gemessenen Prozesskraft, wird in Abbildung 8.10 an zwei konkreten Beispielen im Detail untersucht.

Situation Werkzeugbruch | Betrachtet man in Abbildung 8.10 links den Signalverlauf bei Markierung a, so bildet PNN-Modell 2 den Verlauf der Prozesskraft auch bei erhöhter Unsicherheit gut nach. Demzufolge werden die Fälle 3.1, Markierung a, und 3.2, Markierung b, unterschieden. In Fall 3.1 liegt der relative Fehler der Kraftvorhersage für F_x durch PNN-Modell 1 für die Situation anstehender Werkzeugbruch bei ca. 58 %, PNN-Modell 2 weist dagegen einen relativen Fehler von ca. 7 % auf und spiegelt damit die gute Nachbildung des Messsignals wider. In Fall 3.2 liegen die relativen Fehleranteile von PNN-Modell 1 und 2 dagegen bei bis zu 90 %. PNN-Modell 2 trifft den gemessenen Kraftverlauf (schwarz) im Fall 3.2 ebenfalls nicht, der erweiterte Merkmalsinputvektor führt jedoch zu einem ähnlichen Signalmuster mit hochfrequent schwingender Amplitude bei M_{sp}, wodurch der schwankende rote Signalverlauf beim Werkzeugbruch zu erklären ist.

Die Analyse über SHAP nach Kapitel 6.4 führt zu einer Rückführung des Anstiegs für PNN-Modell 2 im Fallbereich 3.1 auf den Drehmomentsollwert M_{sp} sowie bei PNN-Modell 1 und 2 auf die Eingriffsgrößen a_p, a_e und ϕ, die hier ungleich null sind. Auch wenn sich die Regelmäßigkeit der Eingriffsgrößenverläufe a_p, a_e und ϕ in Operation 5.1 nicht ändert und die Größen ungleich null sind, kann die Abweichung im Prozesskraftverlauf durch ein erhöhtes Aufmaß entstehen, welches in einem erhöhten Wert für M_{sp} resultiert. Angesichts dessen wird im Rahmen der Validierung die zusätzliche Variable "Repeated Cut" aus der Materialabtragssimulation betrachtet, die nicht Teil der Modellbildung ist. Repeated Cut ist eine boolesche Variable, die den Wert 1 annimmt, sobald der Dexel bereits geschnitten wurde, wodurch schnell beurteilt werden kann, ob es sich um ein erhöhtes Aufmaß handeln kann. Da Repeated Cut in der Situation Werkzeugbruch den Wert 1 annimmt, ist der erhöhte Wert von M_{sp} nur durch eine andere Ursache zu erklären. Wendet man SHAP auf Fall 3.2 an, so können aufgrund der großen Abweichungen zum Realverlauf kaum noch treffende Rückschlüsse auf die Ursache ermittelt werden, da die Vorhersage ungenau ist. Führt man SHAP dennoch durch, so lässt sich ein signifikanter Anteil am Verlauf von PNN-Modell 2 auf den Drehmomentsollwert M_{sp} zurückführen, in diesem Fall durch einen Werkzeugbruch hervorgerufen.

Situation Aufmaß | Während der Operation 4.1 wird ein erhöhtes Aufmaß beim Helixfräsen während des Eintauchens in die Tasche erkannt, Abbildung 8.10 rechts. Der Kraftverlauf von PNN-Modell 1 weicht von der gemessenen Kraft bei Markierung c deutlich ab. PNN-Modell 2 bildet diesen Verlauf bei gleichzeitig leicht erhöhter Prozessunsicherheit ebenfalls ab, wodurch Fall 3.1 charakterisiert werden kann. Analysiert man den Bereich mittels SHAP nach Kapitel 6.4, so liegt die Ursache für den leicht schwingenden Signalverlauf bei PNN-Modell 1 hauptsächlich bei den Werten für $v_{u,sim}$ und $v_{v,sim}$, die auch im Luftschnitt auftreten, sowie den Nullwerten für $a_{p,sim}$, $a_{e,sim}$. PNN-Modell 2 dagegen gewichtet durch die Trainingsphase den Wert für den Drehmomentsollwert M_{sp} neben den Eingriffsdaten höher, bei gleichzeitig akzeptabler Vorhersagetoleranz. Während auch hier die Nullwerte für die eingriffsbasierten Merkmalsinputvektoren gelten, sind die Ausschläge im Verlauf von PNN-Modell 2 lediglich auf den messbaren Anstieg des Drehmomentsollwerts M_{sp} zurückzuführen. Dieser lässt sich bei gleichzeitigem Nulleingriff sowie Repeated Cut ungleich null nur durch ein von der 3D-Simulationsgeometrie abweichendes Aufmaß erklären.

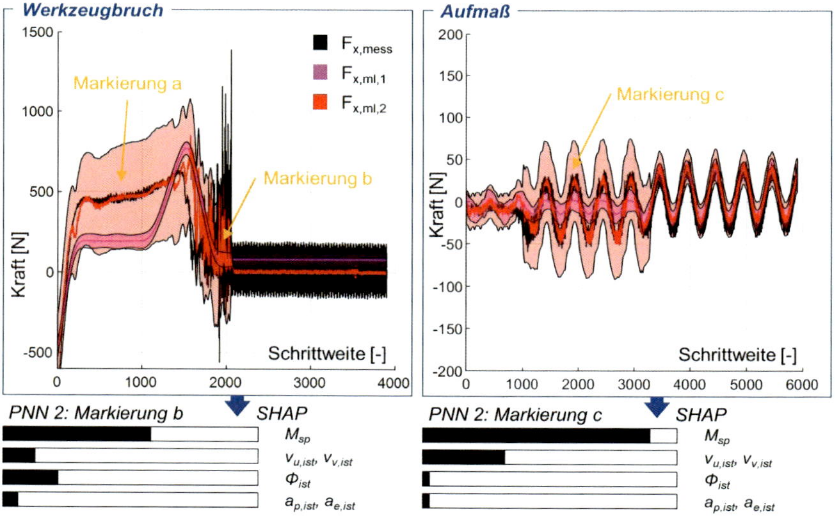

Abbildung 8.10: Betrachtete Situationen im ML-basierten Überwachungssystem
Observed situations in the ML-based monitoring system

Insgesamt können mittels des hier eingeführten Live-Prozessüberwachungssystem neue Prozesssituationen auch ohne wiederholend durchzuführende "Lernschnitte" direkt überwacht werden. Abbildung 8.11 zeigt das ML-basierte Prozessüberwachungssystem, stellvertretend in den Clusterbereichen 2.1 für die Prozesskraft F_x und 3.1 für die Prozesskraft F_y für die verschiedenen Ausprägungen, wobei Ausprägung J im Training der beiden PNN-Modelle nicht enthalten ist und somit eine neue Prozesssituation darstellt. Beide PNN-Modelle bilden den Verlauf der Prozesskräfte in beiden Richtungen gut nach, die Toleranzbänder der Vorhersage sind gering und aus diesem Grund nicht dargestellt. Sie können als Überwachungsgröße je nach Expertise des Anwenders eingestellt werden. Der große Unterschied zu rein zeitbasierten Überwachungssystemen nach Kapitel 2 ist die clusterbasierte sowie ortsbezogene Prozesskraftvorhersage in Kombination mit dem Abgleich der Vertrauensintervalle beider PNN-Modelle in Relation zur Überwachung und Bewertung des Prozesses.

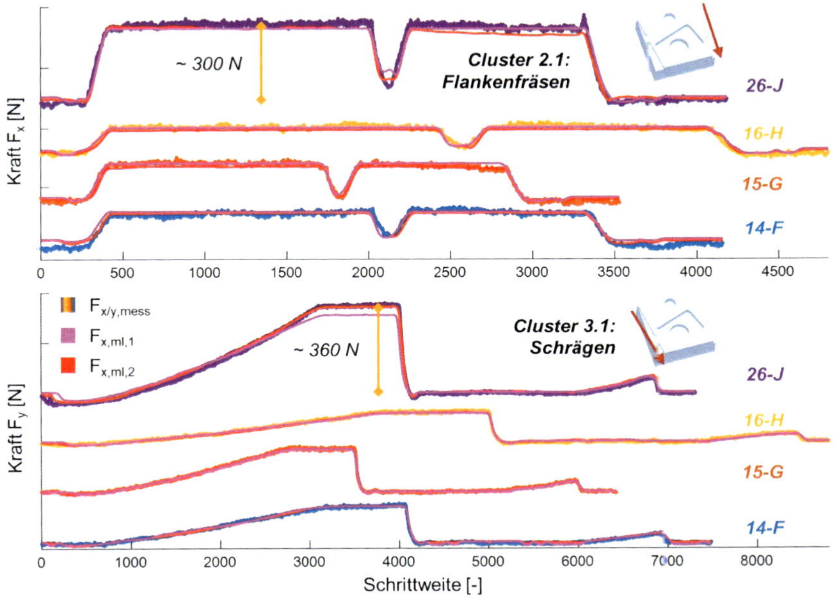

Abbildung 8.11: ML-basiertes Prozessüberwachungssystem in der Einzelfertigung

ML-based process monitoring system in make-to-order production

Zusammenfassung und Ausblick zu Anwendungsfall 3 | Die parallele Nutzung eines a-priori PNN-Modells 1 mit hoher Übertragbarkeit und eines PNN-Modells 2 auf Basis von Ist-NC-Signaldaten im Live-Betrieb ermöglicht die ortsbezogene, valide Erkennung von Abweichungen zum gemessenen Kraftsignal anhand der aktuellen Werkzeug-Eingriffsituation. Dabei müssen keine festen oder dynamischen Überwachungsgrenzen aus vorherigen Prozessserien vorab angelernt werden. Lediglich eine maximale Abweichung der modellierten zur gemessenen Prozesskraft muss definiert werden. Der ML-Ansatz kann konventionelle, parametrieraufwändige Überwachungssysteme ersetzen, was zu Kosteneinsparungen führt.

Zur Qualifizierung als ortsbezogenes, ML-basiertes Prozessüberwachungssystem sind weitere Untersuchungen nötig, z. B. zur besseren Unterscheidung von Anomalien in Aufmaß und Bruch durch zusätzliche Daten wie $\dot{M}_{sp}$ als Kennwert für Schwingungen. Denn der Ansatz zeichnet sich durch eine hohe Übertragbarkeit aus, erfordert jedoch erhöhte Datenmengen und Rechenkapazität. Zwar ist das a-zyklische Lernen von der Prozessveränderungsgeschwindigkeit unabhängig, allerdings muss die prozessparallele Anwendung auf der Steuerung näher untersucht werden.

9 Zusammenfassung und Ausblick

Summary and outlook

Die innerhalb der Dissertation erzielten Forschungsergebnisse werden zuerst zusammengefasst, woraus sich im Anschluss der weitere Forschungsbedarf in Form des Ausblicks ableitet.

Zusammenfassung | Die vorliegende Dissertation widmet sich der Entwicklung eines innovativen, lernenden Modellierungsansatzes zur präzisen Vorhersage von statischen Prozesskräften in der NC-Fräsbearbeitung. Der Fokus der Arbeit liegt auf der Kleinserien- und Einzelteilfertigung, welche durch eine hohe Bauteilvarianz und dynamisch wechselnde Rahmenbedingungen charakterisiert sind und für eine effiziente Prozessplanung und -auslegung Fertigungsmodelle mit hoher Übertragbarkeit erfordern. In diesem Kontext stoßen konventionelle Prozesskraftmodelle an ihre Grenzen, da sie entweder eine zeitaufwendige Adaption beanspruchen oder nicht in der Lage sind, die Komplexität sämtlicher relevanter Einflussfaktoren adäquat abzubilden.

Zum Beweis der zentralen Forschungshypothese wird auf Basis der abgeleiteten Forschungsfragen ein lernendes Fertigungssystem konzeptioniert, welches Modellierung und Dateninfrastruktur vereint und so die systematische Nutzung der in modernen Produktionsumgebungen fortlaufend wachsenden Datenbasis ermöglicht. Der erste Schritt umfasst die Informationsentwicklung entlang der digitalen CAx-Prozesskette, die sich auf die Erfassung, Kontextualisierung und Aufbereitung von Daten aus verschiedenen Quellen wie CAD, CAM, NC und CAQ konzentriert. Die aus diesen heterogenen Datenquellen extrahierten, kontextualisierten Informationen bilden die Grundlage für die Entwicklung des lernenden Prozesskraftmodells. Im zweiten Schritt erfolgt die Datenveredelung aus der Werkzeugperspektive. Die gesammelten Daten werden dabei in Relation zum Werkzeug als zentrales Betrachtungsobjekt im Zerspanprozess gesetzt. Der werkzeugperspektivische Ansatz ermöglicht eine kontextbezogene Interpretation der Daten und die Identifizierung relevanter Zusammenhänge zwischen den Prozessparametern und resultierenden Prozesskräften. Die Datenveredelung umfasst unter anderem die Berechnung von Eingriffsgrößen wie Schnitttiefe a_p, Eingriffsbreite a_e und den Umschlingungswinkel ϕ, welche als informationsreiche Eingangsgrößen für den lernenden Modellierungsansatz dienen. Der Fokus der Untersuchungen liegt auf unterschiedlichen Bearbeitungsgeometrien und Prozesssituationen. Die Übertragbarkeit des Ansatzes auf verschiedene Werkzeuggeometrien, -materialien oder -beschichtungen sowie die Analyse der daraus resultierenden werkzeugbedingten Einflüsse auf die Prozesskraftmodellierung werden in dieser Arbeit nicht berücksichtigt.

Der Kern der vorliegenden Dissertation ist die Entwicklung des lernenden Prozesskraftmodells basierend auf einem hybriden Ansatz, der datengetriebene Methoden mit bestehendem Fertigungswissen kombiniert. Dabei stellt das Clustering den ersten Schritt dar, in dem die heterogenen Prozessdaten in spezifische Gruppen, sogenannte Cluster, unterteilt werden. Diese Cluster repräsentieren charakteristische Prozesssituationen mit ähnlichen Eingriffsbedingungen. Anschließend werden diese Cluster sequenziell einem PNN-Modell präsentiert, wodurch der Künstlichen Neuronalen Struktur ein kontinuierliches Lernen ermöglicht wird mit dem Ziel, sich an neue Prozesssituationen anzupassen, ohne das bereits erworbene Wissen zu verlieren. Im Rahmen der Arbeit wurden dazu verschiedene KNN-Architekturen und Trainingsalgorithmen untersucht. Die für ein sicheres kontinuierliches Lernen erforderliche Integration von bestehendem Fertigungswissen erfolgt auf zwei Ebenen. Erstens wird das empirische Kraftmodell nach ALTINTAS als Basisprozesswissen genutzt und für jedes identifizierte Cluster individuell adaptiert sowie im Anschluss mit seinen spezifischen Modellkoeffizienten inklusive der Cluster-Meta-Informationen in einer Wissensdatenbank gespeichert. Im zweiten Schritt dient das empirische Kraftmodell nach ALTINTAS während der Anwendung als Sicherheitsinstanz in der Prozesskraftvorhersage: Weicht die durch das ALTINTAS-Modell prognostizierte Prozesskraft stark von der tatsächlich gemessenen Kraft ab, wird das clusterbasiert lernende PNN-Modell aktiviert, um die fehlerhafte Vorhersage zu kompensieren. Das PNN-Modell lernt somit gezielt aus den Fällen, in denen das ALTINTAS-Kraftmodell seine Wissensgrenzen erreicht, wodurch Fertigungswissen kontinuierlich aufgebaut und auf neue Situationen übertragen werden kann, mit dem Ziel, die präzise Vorhersage von Prozesskräften für eine breite industrielle Anwendung zu ermöglichen. Abschließend konnte gezeigt werden, dass über Ansätze aus dem Bereich Explainable AI, datenbasierte Methoden zur Verfügung stehen, die die Erklärbarkeit und Nachvollziehbarkeit von lernenden Black-Box-Modellen erhöhen. Mithilfe des SHAP-basierten Surrogatmodells, eines Modell-Koeffizientenvergleichs und einer Look-up-Tabelle kann ein erweitertes ALTINTAS-Kraftmodell automatisch als analytisches Modell generiert werden. Der hergeleitete Gesamtansatz wurde abschließend in einen am WZL entwickelten Frässimulation-Demonstrator integriert, um die Anwendbarkeit des Ansatzes in praxisnahen Szenarien wie der a-priori Qualitätsvorhersage in der CAM-Simulation sowie der Live-NC-Prozessüberwachung zu validieren.

Ausblick | Im Rahmen dieser Dissertation konnten bedeutende Fortschritte in der Beantwortung der aufgeworfenen Forschungsfragen erzielt werden, wodurch gleichzeitig weiterführender Forschungsbedarf aufgezeigt werden kann. Insbesondere die Entwicklung einer automatisierten Datenpipeline sollte fokussiert werden, um eine intelligente Bereitstellung und analytische Erweiterung verschiedener Prozesskraftmodelle zu ermöglichen. Solch eine Pipeline kann die Echtzeitnutzung verschiedener Modelltypen ermöglichen und so die Systemflexibilität in modernen Prozessüberwachungs- und -steuerungsanwendungen erhöhen. Grundlage ist die Konzeption der für den lernenden Ansatz erforderlichen, kontextualisierenden Dateninfrastruktur.

Weiterhin wurde die Echtzeitfähigkeit des ML-basierten Überwachungssystems, Kapitel 8.3, nicht umfassend untersucht. Eine Echtzeitlösung würde eine direkte Prozesskraftvorhersage ermöglichen und könnte somit zu einer verbesserten NC-Prozesssteuerung und Reaktionsfähigkeit bei spanenden Fertigungsprozessen führen. Die Entwicklung eines ML-basierten Echtzeit-Frameworks unter Berücksichtigung der CNC-Steuerung stellt daher ein relevantes Forschungsfeld dar, das die Einsatzfähigkeit des entwickelten Modells erheblich erweitern könnte.

Ein weiterer wichtiger Aspekt liegt in der Übertragbarkeit des dargelegten, lernenden Modellierungsansatzes auf unterschiedliche Bearbeitungszentren sowie Werkzeugspezifikationen. In diesem Zusammenhang bietet sich der Einsatz von Föderiertem Lernen (engl.: Federated Learning; FL) an, um den Austausch und die Adaption der Modellparameter über mehrere Werkzeuge, Maschinen und Produktionsstandorte hinweg zu ermöglichen. Ein solches Vorgehen könnte das System zusätzlich flexibilisieren und eine modellbasierte Prozesskraftvorhersage in variablen Maschinenumgebungen sicherstellen. Entsprechende Untersuchungen zur Übertragbarkeit und Skalierbarkeit des Ansatzes auf unterschiedliche Maschinenkonfigurationen und Produktionskontexte bieten daher vielversprechende Ansatzpunkte für künftige Forschungsarbeiten und würden einen wichtigen Beitrag zur Weiterentwicklung lernfähiger Prozessüberwachungssysteme leisten.

Summary and Outlook

The research results achieved within this dissertation are first summarized, which subsequently leads to the identification of further research needs in the form of an outlook.

Summary | The present dissertation is dedicated to the development of an innovative, learning-based modeling approach for the precise prediction of static process forces in NC milling. The focus of this work lies on small-batch and single-part manufacturing, characterized by high component variability and dynamically changing conditions. These scenarios require high-transferability manufacturing models to enable efficient process planning and design. In this context, conventional process force models reach their limits, as they either require time-consuming adaptation or fail to adequately capture the complexity of all relevant influencing factors.

To validate the central research hypothesis, a learning manufacturing system is conceptualized based on the derived research questions. This system integrates modeling and data infrastructure, enabling the systematic utilization of the continuously growing data base in modern production environments. The first step involves the development of information along the digital CAx process chain, focusing on capturing, contextualizing, and processing data from various sources such as CAD, CAM, NC, and CAQ. The contextualized information extracted from these heterogeneous data sources forms the basis for the development of the learning process force model. The second step involves data refinement from the tool perspective. The data collected are analyzed in relation to the tool, which serves as the central object of observation in the machining process. This tool-centric approach allows for the contextual interpretation of data and the identification of relevant correlations between process parameters and resulting process forces. Data refinement includes the calculation of engagement parameters such as cut depth a_p, cut width a_e, and wrapping angle ϕ, which serve as information-rich input variables for the learning modeling approach. The investigations focus on different machining geometries and process conditions. The transferability of the approach to various tool geometries, materials, or coatings, as well as the analysis of the resulting tool-related effects on process force modeling, are not considered in this work.

The core of this dissertation is the development of the learning process force model based on a hybrid approach that combines data-driven methods with existing manufacturing knowledge. The first step involves clustering, where heterogeneous process data is divided into specific groups, known as clusters. These clusters represent characteristic process scenarios with similar engagement conditions. Subsequently, these clusters are sequentially presented to a PNN model, enabling the artificial neural structure to engage in continuous learning with the aim of adapting to new process scenarios without losing previously acquired knowledge. Within the scope of this work, various neural network architectures and training algorithms were investigated. The integration of existing manufacturing knowledge required for reliable continuous learning is implemented on two levels. First, the empirical force model of ALTINTAS is used as the foundational knowledge of the process, individually adapted for each identified cluster, and subsequently stored in a knowledge database along with the specific coefficients of the model and the meta-information of the cluster. Second, during application, the empirical force model of ALTINTAS serves as a safety mechanism for the prediction of the force of the process: If the force of the process predicted by the ALTINTAS model deviates significantly from the actual measured force, the cluster learning PNN model is activated to compensate for incorrect prediction. The PNN model thus specifically learns from the cases where the ALTINTAS force model reaches its knowledge boundaries, enabling the continuous accumulation of manufacturing knowledge and its transfer to new scenarios. The ultimate goal is to achieve precise process force prediction for a wide range of industrial applications. Finally, it was shown that approaches from the field of Explainable AI, such as the SHAP algorithm used here, provide data-based methods that increase the explainability and traceability of learning black box models. Using the SHAP-based surrogate model, a model coefficient comparison, and a look-up table, an extended ALTINTAS force model can be automatically generated as an analytical model. The developed overall approach was finally integrated into a milling simulation demonstrator developed at the WZL to validate its applicability in practical scenarios, such as a priori quality prediction in CAM simulation and live NC process monitoring.

Outlook | In the context of this dissertation, significant progress has been made in addressing the proposed research questions, while also identifying areas requiring further investigation. In particular, the development of an automated data pipeline should be prioritized to enable intelligent provisioning and analytical enhancement of various process force models. Such a pipeline could facilitate the real-time use of different model types, thereby increasing system flexibility in modern process monitoring and control applications. The foundation for this is the design of the contextual data infrastructure required for the learning-based approach.

Furthermore, the real-time capability of the ML-based monitoring system discussed in Chapter 8.3 has not been thoroughly investigated. A real-time solution would allow direct process force prediction, thereby improving NC process control and responsiveness in machining operations. Developing an ML-based real-time framework that incorporates CNC control represents a relevant research field that could significantly expand the applicability of the developed model.

Another important aspect lies in the transferability of the presented learning-based modeling approach to different machining centers and tool specifications. In this context, the application of federated learning (FL) appears promising, as it enables the exchange and adaptation of model parameters across multiple tools, machines, and production sites. This approach could further improve the flexibility of the system and ensure model-based process force prediction in variable machine environments. Investigations into the transferability and scalability of the approach to different machine configurations and production contexts thus present promising directions for future research and would make a valuable contribution to the advancement of adaptive process monitoring systems.

Literaturverzeichnis

Bibliography

[ADAM16a] Adams, O.: Modellbasierte prädiktive Kraftregelung beim Fräsen. Dissertation. Aachen: RWTH Aachen, 2016.

[ADAM16b] Adams, O.; Klocke, F.; Schwenzer, M.; Stemmler, S.; Abel, D.: Model-based Predictive Force Control in Milling – System Identification. In: Procedia Technology, Vol. 26, 2016, S. 214–220. ISSN: 22120173.

[ALIQ00] Alique, A.; Haber, R. E.; Haber, R. H.; Ros, S.; Gonzalez, C.: »A neural network-based model for the prediction of cutting force in milling process: A progress study on a real case«. In: Proceedings of the 2000 IEEE International Symposium on Intelligent Control. Held jointly with the 8th IEEE Mediterranean Conference on Control and Automation (Cat. No.00CH37147). Hrsg. von IEEE Xplore. IEEE, 2000, S. 121–125. ISBN: 0-7803-6491-0.

[ALTI00] Altintas, Y.: Manufacturing automation: Metal cutting mechanics, machine tool vibrations, and CNC design. Cambridge Univ. Press, Cambridge, 2000. ISBN: 9780521659734.

[ALTI05] Altintas, Y.; Brecher, C.; Weck, M.; Witt, S.: Virtual Machine Tool. In: CIRP Annals - Manufacturing Technology, Vol. 54(2), 2005, S. 115–138. ISSN: 00078506.

[ALTI12] Altintas, Y.: Manufacturing Automation: Metal Cutting Mechanics, Machine Tool Vibrations, and CNC Design. 2. ed. Cambridge University Press, Cambridge, 2012. ISBN: 978-0521172479.

[ALTI14] Altintas, Y.; Kersting, P.; Biermann, D.; Budak, E.; Denkena, B.; Lazoglu, I.: Virtual process systems for part machining operations. In: CIRP Annals - Manufacturing Technology, Vol. 63(2), 2014, S. 585–605. ISSN: 00078506.

[APPR15] Apprich, T.: Tabellenbuch für Zerspantechnik. 1. Aufl. Europa-Fachbuchreihe für Metallberufe. Verl. Europa-Lehrmittel Nourney Vollmer, Haan-Gruiten, 2015. ISBN: 978-3-8085-1473-3.

[ARRA13] Arrazola, P. J.; Özel, T.; Umbrello, D.; Davies, M.; Jawahir, I. S.: Recent advances in modelling of metal machining processes. In: CIRP Annals - Manufacturing Technology, Vol. 62(2), 2013, S. 695–718. ISSN: 00078506.

[AUTO24] Autodesk: Autodesk Fusion 360 With FeatureCAM 2024 | Get Prices & Buy. 15.05.2024.

[BABI08] Babic, B.; Nesic, N.; Miljkovic, Z.: A review of automated feature recognition with rule-based pattern recognition. In: Computers in Industry, Vol. 59(4), 2008, S. 321–337. ISSN: 01663615.

[BALI02] Balic, J.; Korosec, M.: Intelligent tool path generation for milling of free surfaces using neural networks. In: International Journal of Machine Tools and Manufacture, Vol. 42(10), 2002, S. 1171–1179. ISSN: 08906955.

[BALI04] Balic, J.: Neural-Network-Based Numerical Control for Milling Machine. In: Journal of Intelligent and Robotic Systems, Vol. 40(4), 2004, S. 343–358. ISSN: 0921-0296.

[BENT75] Bentley, J. L.: Multidimensional binary search trees used for associative searching. In: Communications of the ACM, Vol. 18(9), 1975, S. 509–517. ISSN: 0001-0782.

[BIGR22] BigRep Industrial 3D Printers: Eine kurze Einführung in Generatives Design. 19.04.2022.

[BISS09] Bissantz, N.; Hagedorn, J.: Data Mining (Datenmustererkennung). In: Wirtschaftsinformatik, Vol. 51(1), 2009, S. 139–144.

[BREC11] Brecher, C.: Virtualisierung der spanenden Bearbeitung in der Maschinenentwicklung und Prozessoptimierung (VispaB): Verbundprojekt im Rahmenkonzept Management und Virtualisierung der Produktentstehung des Bundesministeriums für Bildung und Forschung (BMBF). 1. Aufl. Apprimus-Verl., Aachen, 2011. ISBN: 9783863590338.

[BREC15] Brecher, C.; Daniels, M.; Wellmann, F.; Neus, S.; Epple, A.: Realisierung effizienter Zerspanprozesse: Ergebnisbericht des BMBF Verbundprojekts ReffiZ. Produktentwicklung. Shaker, Aachen, 2015. ISBN: 9783844039177.

[BREC16] Brecher, C.; Weck, M.: Werkzeugmaschinen Fertigungssysteme 2: Konstruktion, Berechnung und messtechnische Beurteilung. 9. Aufl. 2016. VDI-Buch. Springer Berlin, Berlin und s.l., 2016. ISBN: 978-3-662-46566-0.

[BREC17] Brecher, C.; Klocke, F.; Schmitt, R.; Schuh, G., Hrsg.: Internet of Production für agile Unternehmen: AWK Aachener Werkzeugmaschinen-Kolloquium 2017, 18. bis 19. Mai. 1. Auflage. Apprimus Verlag, Aachen, 2017. ISBN: 978-3-86359-512-8.

[BREC19a] Brecher, C.; Eckel, H.-M.; Motschke, T.; Fey, M.; Epple, A.: Estimation of the virtual workpiece quality by the use of a spindle-integrated process force measurement. In: CIRP Annals - Manufacturing Technology, Vol. 68(1), 2019, S. 381–384. ISSN: 00078506.

[BREC19b] Brecher, C.; Weck, M.: Werkzeugmaschinen Fertigungssysteme 3: Mechatronische Systeme, Steuerungstechnik und Automatisierung. 9. Auflage 2019. Bd. 3. Werkzeugmaschinen, Fertigungssysteme / Manfred Weck. Springer, Berlin, 2019. ISBN: 978-3-662-46568-4.

[BREC19c] Brecher, C.; Wiesch, M.; Neus, S.: Prozessparallele Qualitätssicherung in der spanenden Fertigung. In: Werkstoffe in der Fertigung, Vol. 56(3), 2019, S. 17–18.

[BREC20] Brecher, C.; Wiesch, M.; Fey, M.: Mit datenbasierten Modellen Fräsprozesse optimieren: WZL-Forschungsergebnisse: Datengetriebene Ansätze steigern die Genauigkeit von Simulationsmodellen zum Auslegen von Fräsprozessen. In: NCFertigung, Vol. 41(12), 2020, S. 32–33.

[BREC21] Brecher, C.; Biernat, B.; Fey, M.; Kehne, S.; Lohrmann, V.; Spierling, R.; Wiesch, M.: Data Science in Production. In: Internet of production. Hrsg. von Bergs, T.; Brecher, C.; Schmitt, R.; Schuh, G. Apprimus Verlag, Aachen, 2021, S. 221–257. ISBN: 978-3-86359-988-1.

[BREC22] Brecher, C.; Lohrmann, V.; Wiesch, M.; Fey, M.: Clustering zur Bestimmung von Werkzeugverschleiß. In: ZWF Zeitschrift für wirtschaftlichen Fabrikbetrieb, Vol. 117(4), 2022, S. 218–223. ISSN: 0947-0085.

[BREC23] Brecher, C.; Frenkel, N.; Lohrmann, V.; Ochel, J.; Strachkov, A.; Wiesch, M.; Fey, M.: Konzept zur selektiven Modelladaption durch Clustering von Prozessdaten. In: ZWF Zeitschrift für wirtschaftlichen Fabrikbetrieb, Vol. 118(3), 2023, S. 138–143. ISSN: 0947-0085.

[BREU07] Breuer, D.: Bestimmung des Formänderungsvermögens bei der Kaltmassivumformung: Zugl.: Aachen, Techn. Hochsch., Diss., 2007. Bd. 2007,19. Berichte aus der Produktionstechnik. Shaker, Aachen, 2007. ISBN: 3832264272.

[BUON20] Buonamici, F.; Carfagni, M.; Furferi, R.; Volpe, Y.; Governi, L.: Generative Design: An Explorative Study. In: Computer-Aided Design and Applications, Vol. 18(1), 2020, S. 144–155.

[CAMP13] Campello, R. J. G. B.; Moulavi, D.; Sander, J.: Density-Based Clustering Based on Hierarchical Density Estimates. In: Advances in knowledge discovery and data mining. Hrsg. von Hutchison, D.; Kanade, T.; Kittler, J.; Kleinberg, J. M.; Mattern, F.; Mitchell, J. C.; Naor, M.; Nierstrasz, O.; Pandu Rangan, C.; Steffen, B.; Sudan, M.; Terzopoulos, D.; Tygar, D.; Vardi, M. Y.; Weikum, G.; Pei, J.; Tseng, V. S.; Cao, L.; Motoda, H.; Xu, G. Bd. 7819. Lecture notes in computer science Lecture notes in artificial intelligence. Springer, Berlin, 2013, S. 160–172. ISBN: 978-3-642-37455-5.

[CERA24] Ceratizit: Werkzeug- und Prozessüberwachung: ToolScope. 2024.

[CGTE24] CGTech: Reduzierung der Bearbeitungszeiten durch VERICUT FORCE. 2024.

[CHAK23] Chakradhar, B.; Singaravel, B.; Ugrasen, G.; Kiran Kumar, A.: Prediction of cutting forces using MRA, GMDH and ANN techniques in micro end milling of titanium alloy. In: Materials Today: Proceedings, Vol. 72, 2023, S. 1943–1949. ISSN: 22147853.

[CHAR21] Charalampous, P.: Prediction of Cutting Forces in Milling Using Machine Learning Algorithms and Finite Element Analysis. In: Journal of Materials Engineering and Performance, Vol. 30(3), 2021, S. 2002–2013. ISSN: 1059-9495.

[CORA19] Corallo, A.; Marra, M.; Pascarelli, C.: Knowledge-Based Manufacturing: Management and Deployment of Manufacturing Rules through Product Lifecycle Management Systems. In: Aerospace, Vol. 6(4), 2019, S. 41.

[CRIA21] Criado, M. F.; Casado, F. E.; Iglesias, R.; Regueiro, C. V.; Barro, S.: Non-IID data and Continual Learning processes in Federated Learning: A long road ahead. 2021.

[CUS06] Cus, F.; Zuperl, U.; Milfelner, M.: Dynamic neural network approach for tool cutting force modelling of end milling operations. In: International Journal of General Systems, Vol. 35(5), 2006, S. 603–618. ISSN: 0308-1079.

[DELA34] Delaunay, B. N.: Sur la sphère vide. In: Bulletin de l'Académie des Sciences de l'URSS. Classe des sciences mathématiques et na, Vol. 7(6), 1934, S. 793–800.

[DENK11] Denkena, B.; Tönshoff, H. K.: Spanen: Grundlagen. 3., bearb. und erw. Aufl. VDI-Buch. Springer, Berlin und Heidelberg, 2011. ISBN: 978-3-642-19771-0.

[DIN74] DIN: Programmierung numerisch gesteuerter Arbeitsmaschinen: CLDATA, Allgemeiner Aufbau und Satztypen. 1974.

[DIN83] DIN: Programmaufbau für numerisch gesteuerte Arbeitsmaschinen: Allgemeines. 1983.

[DIN95] DIN: Grundlagen der Meßtechnik - Teil 1: Grundbegriffe. Berlin, 1.1995.

[DOGA21] Dogan, A.; Birant, D.: Machine learning and data mining in manufacturing. In: Expert Systems with Applications, Vol. 166, 2021, S. 114060. ISSN: 09574174.

[DUBB14] Dubbel, H.; Feldhusen, J.; Grote, K.-H.: Dubbel: Taschenbuch für den Maschinenbau. 24., aktualisierte und erweiterte. Auflage. Springer, Berlin, 2014. ISBN: 978-3-642-38891-0.

[EIGN14] Eigner, M.; Roubanov, D.; Zafirov, R.: Modellbasierte virtuelle Produktentwicklung. Springer Berlin Heidelberg, Berlin, Heidelberg, 2014. ISBN: 978-3-662-43815-2.

[EPPL17] Epple, A.: Prozessstabilität von parallelen Drehprozessen. Dissertation. Aachen: Rheinisch-Westfälische Technische Hochschule Aachen und Apprimus Verlag, 2017.

[ERNS41] Ernst, H.; Merchant, M. E.: Chip Formation, Friction and Finish. Cincinnati milling machine Company, 1941.

[EVER02] Eversheim, W.: Organisation in der Produktionstechnik 3. Springer Berlin Heidelberg, Berlin, Heidelberg, 2002. ISBN: 978-3-642-62640-1.

[FANG02] Fang, N.; Jawahir, I. S.: Analytical predictions and experimental validation of cutting force ratio, chip thickness, and chip back-flow angle in restricted contact machining using the universal slip-line model. In: International Journal of Machine Tools and Manufacture, Vol. 42(6), 2002, S. 681–694. ISSN: 08906955.

[FEY24] Fey, M.: MT Analytics. Create Productivity. Hrsg. von MT Analytics GmbH. Aachen, 2024.

[FRAU19] Fraunhofer-Institut für Produktionstechnologie IPT: PhysiX-CAM: Entwicklung eines digitalen Zwillings bei der Fräsbearbeitung auf Basis von physikalischen Simulationen. 2019.

[FRAU20] Fraunhofer-Institut für Produktionstechnologie IPT: CAM2030: Entwicklung einer innovativen Lösung für das Advanced Systems Engineering der computergestützten Prozessplanung der Zukunft. 2020.

[FRAU22] Fraunhofer-Institut für Produktionstechnologie IPT: CAMStylus: Entwicklung einer KI-gestützten Virtual-Reality-Lösung für die intuitive Bedienung von Computer-Aided-Manufacturing-Systemen. 2022.

[FREN99] French, R. M.: Catastrophic forgetting in connectionist networks. In: Trends in cognitive sciences, Vol. 3(4), 1999, S. 128–135.

[FUJI19] Fujita, T.; Xi, T.; Berners, T.; Kehne, S.; Sato, G.; Epple, A.; Brecher, C.: »Automatic Identification of Disturbance Force Model for Feed Drive Systems of Machine Tools«. In: IECON 2019 - 45th Annual Conference of the IEEE Industrial Electronics Society. IEEE, 2019, S. 618–623. ISBN: 978-1-7281-4878-6.

[GAL15] Gal, Y.; Ghahramani, Z.: Dropout as a Bayesian Approximation: Representing Model Uncertainty in Deep Learning. 2015.

[GARC11] Garcia, F.; Lanz, M.; Jarvenpaa, E.; Tuokko, R.: »Process planning based on feature recognition method«. In: 2011 IEEE International Symposium on Assembly and Manufacturing. IEEE, Piscataway, NJ, 2011, S. 1–5. ISBN: 978-1-61284-342-1.

[GÄRT24] Gärtner, M.; Brecher, C.; Neus, S.; Eckel, H.-M.; Strachkov, A.; Klimaschka, R.: Stiffness increase in main spindles by using tapered roller bearings for aluminum cutting tests. In: Production Engineering, 2024. ISSN: 0944-6524.

[GEBR24] Gebr. Heller Maschinenfabrik GmbH: 5-Achs-Bearbeitungszentren HF mit 5. Achse im Werkstück. 2024.

[GEMI24] Gemineers: Digital Twin in Manufacturing. 2024.

[GOOD16] Goodfellow, I.; Courville, A.; Bengio, Y.: Deep Learning. Adaptive computation and machine learning. The MIT Press, Cambridge, Massachusetts, 2016. ISBN: 0262337371.

[HE19] He, X.; Sygnowski, J.; Galashov, A.; Rusu, A. A.; Teh, Y. W.; Pascanu, R.: Task Agnostic Continual Learning via Meta Learning. 2019.

[HE21] He, X.; Zhao, K.; Chu, X.: AutoML: A survey of the state-of-the-art. In: Knowledge-Based Systems, Vol. 212, 2021, S. 2. ISSN: 09507051.

[HEXA20] Hexagon: ESPRIT CAM bereit für die Zukunft – Künstliche Intelligenz macht es möglich: Das neue ESPRIT – Powered by Artificial Inteligence bietet eine außergewöhnliche User Experience und innovative Funktionen, um Ihre CNC-Programmierung für die Zukunft vorzubereiten. 2020.

[HEXA24] Hexagon: Das Neue ESPRIT CAM System Powered by KI | ESPRITCAM. 20.05.2024.

[HSU18] Hsu, Y.-C.; Liu, Y.-C.; Ramasamy, A.; Kira, Z.: Re-evaluating Continual Learning Scenarios: A Categorization and Case for Strong Baselines. 2018.

[HUAN21] Huang, Z.; Shen, Y.; Li, J.; Fey, M.; Brecher, C.: A Survey on AI-Driven Digital Twins in Industry 4.0: Smart Manufacturing and Advanced Robotics. In: Sensors (Basel, Switzerland), Vol. 21(19), 2021.

[HUAN22a] Huang, Z.; Wiesch, M.; Fey, M.; Brecher, C.: Edge computing-based virtual measuring machine for process-parallel prediction of workpiece quality in metal cutting. In: Procedia CIRP, Vol. 107, 2022, S. 363–368. ISSN: 22128271.

[HUAN22b] Huang, Z.; Xi, T.; Fey, M.; Brecher, C.: »Prior Knowledge-Embedded Machine Learning-Driven Cutting Force Monitoring in Machinery Industry«. In: International Conference on Electrical, Computer, and Energy Technologies (ICECET 2022). IEEE, Piscataway, NJ, USA, 2022, S. 1–6. ISBN: 978-1-6654-7087-2.

[HUCK54] Hucks, H.; Opitz, H.: Zerspanungskräfte und Werkstoffmechanik: Fortschrittliche Fertigung und moderne Werkzeugmaschinen. 7. Aufl. Aachener Werkzeugmaschinen Kolloquium, Essen, 1954.

[HUEB01] Huebner, K. H.; Dewhirst, D. L.; Smith, D. E.; Byrom, T. G.: The Finite Element Method for Engineers. 4. ed. Wiley, New York und Weinheim, 2001. ISBN: 0471370789.

[HUMP17] Humpa, M.: CAD-Methodik zur Produktivitätssteigerung in der Prozesskette Konstruktion-Fertigung. Dissertation. Duisburg und Essen: Universitätsbibliothek Duisburg-Essen, 2017.

[IMPO23] Import, M. V.: KI-Software verkürzt Programmierzeit um bis zu 80 %: CAM Assist soll die Produktivität steigern und die Qualifikationslücke in der Fertigung schließen. In: 2023.

[IRGO14] Irgolic, T.; Cus, F.; Paulic, M.; Balic, J.: Prediction of Cutting Forces with Neural Network by Milling Functionally Graded Material. In: Procedia Engineering, Vol. 69, 2014, S. 804–813. ISSN: 18777058.

[ISO24] ISO: Industrial automation systems and integration: Product data representation and exchange. 2024.

[JACO24] Jacobs, T.: The use of AI in your CAM programming: Can using AI improve your CAM programming? 2024.

[JOHN22] Johner, C.: Interpretierbarkeit von KI: Blick in die Blackbox des maschinellen Lernens. In: Johner Institut GmbH, 2022.

[JUNK21] Junk, S.; Burkart, L.: Comparison of CAD systems for generative design for use with additive manufacturing. In: Procedia CIRP, Vol. 100, 2021, S. 577–582. ISSN: 22128271.

[KAEV05] Kaever, M.: Steuerungsintegrierte Fertigungsprozeßüberwachung bei spanender Bearbeitung: Techn. Hochsch., Diss.–Aachen, 2004. Books on Demand, Norderstedt, 2005. ISBN: 3-8334-3157-1.

[KATA24] Kataraki, P. S.; Ishak, A.; Mazlan, M.; Qasem, I.; Hussien, A. A.; Zubair, A. F.; Janvekar, A. A.: Prediction of Cutting Forces for Machine Tools by Neural Networks. In: Advances in Manufacturing IV. Hrsg. von Gapiński, B.; Ciszak, O.; Ivanov, V.; Machado, J. M. Lecture Notes in Mechanical Engineering. Springer Nature Switzerland und Imprint Springer, Cham, 2024, S. 60–70. ISBN: 978-3-031-56465-9.

[KEFE15] Keferstein, C. P.: Fertigungsmesstechnik: Praxisorientierte Grundlagen, moderne Messverfahren. 8., vollst. überarb. u. erw. Aufl. 2015. SpringerLink Bücher. Springer Vieweg, Wiesbaden, 2015. ISBN: 9783834825834.

[KIEN57] Kienzle, O.; Victor, H.: Spezifische Schnittkräfte bei der Metallbearbeitung. In: Werkstatttechnik und Maschinenbau, Vol. 47(5), 1957, S. 224–225.

[KIRK17] Kirkpatrick, J.; Pascanu, R.; Rabinowitz, N.; Veness, J.; Desjardins, G.; Rusu, A. A.; Milan, K.; Quan, J.; Ramalho, T.; Grabska-Barwinska, A.; Hassabis, D.; Clopath, C.; Kumaran, D.; Hadsell, R.: Overcoming catastrophic forgetting in neural networks. In: Proceedings of the National Academy of Sciences of the United States of America, Vol. 114(13), 2017, S. 3521–3526.

[KLAU65] Klaus, F.; König, W.: Stand der Erkenntnisse über die Zerspanbarkeit der Stähle. In: Stahl und Eisen, Vol. 85(25), 1965, S. 1669–1686.

[KLOC04] Klocke, F.; Pritschow, G.: Autonome Produktion. Springer, Berlin, Heidelberg, 2004. ISBN: 3642621430.

[KLOC18] Klocke, F.: Fertigungsverfahren 1: Zerspanung mit geometrisch bestimmter Schneide. 9. Aufl. 2018. VDI-Buch. Springer Berlin Heidelberg, Berlin, Heidelberg, 2018. ISBN: 978-3-662-54206-4.

[KLOC97] Klocke, F.; Ketteler, G.; Rehse, M.: Sensorlose Prozessüberwachung mit steuerungsinternen Informationen. In: WT Werkstatttechnik, (87), 1997, S. 369–372.

[KÖNI17] Königs, M.; Wellmann, F.; Wiesch, M.; Epple, A.; Brecher, C.: A scalable, hybrid learning approach to process-parallel estimation of cutting forces in milling applications. In: 7. WGP-Jahreskongress Aachen, 5.-6. Oktober 2017. Hrsg. von Schmitt, R.; Schuh, G. Apprimus Wissenschaftsverlag, Aachen, 2017, S. 425–432.

[KOVA23] Kovačić, M.; Župerl, U.: Artificial Neural Network System for Predicting Cutting Forces in Helical-End Milling of Laser-Deposited Metal Materials. In: Tehnički glasnik, Vol. 17(2), 2023, S. 223–230. ISSN: 18466168.

[KÜHN23] Kühne-Schlinkert, M.; Schlinkert, A. M.; Schwulera, E.; Scharinger, B.: Federated Learning in Industry: Challenges, experiences, and take-aways from a real-world implementation of federated learning in electronics manufacturing. Hrsg. von Katulu GmbH. Hamburg, 2023.

[KUKR22] Kukreja, A.; Pande, S. S.: Optimum Toolpath Planning Strategy Prediction using Machine Learning Technique. Bombay, 2022.

[LEE23] Lee, S.; Jo, W.; Kim, H.; Koo, J.; Kim, D.: Deep learning-based cutting force prediction for machining process using monitoring data. In: Pattern Analysis and Applications, Vol. 26(3), 2023, S. 1013–1025. ISSN: 1433-7541.

[LIU22] Liu, Y.-P.; Kilic, Z. M.; Altintas, Y.: Monitoring of in-process force coefficients and tool wear. In: CIRP Journal of Manufacturing Science and Technology, Vol. 38, 2022, S. 105–119. ISSN: 17555817.

[LOH11] Loh, W.-.-.-Y.: Classification and regression trees. In: WIREs Data Mining and Knowledge Discovery, Vol. 1(1), 2011, S. 14–23. ISSN: 1942-4787.

[LOHS14] Lohse, W.: Evaluationsassistenz für die NC-Bearbeitungsplanung komplexer Fräsprozesse: Zugl.: Aachen, Techn. Hochsch., Diss., 2014. 1. Aufl. Bd. 2014,38. Edition Wissenschaft Apprimus. Apprimus-Verl., Aachen, 2014. ISBN: 978-3-86359-249-3.

[LOMO21] Lomonaco, V.; Pellegrini, L.; Cossu, A.; Carta, A.; Graffieti, G.; Hayes, T. L.; Lange, M. de; Masana, M.; Pomponi, J.; van de Ven, G.; Mundt, M.; She, Q.; Cooper, K.; Forest, J.; Belouadah, E.; Calderara, S.; Parisi, G. I.; Cuzzolin, F.; Tolias, A.; Scardapane, S.; Antiga, L.; Amhad, S.; Popescu, A.; Kanan, C.; van de Weijer, J.; Tuytelaars, T.; Bacciu, D.; Maltoni, D.: Avalanche: an End-to-End Library for Continual Learning. 2021.

[LUND17] Lundberg, S.; Lee, S.-I.: A Unified Approach to Interpreting Model Predictions. 2017.

[MADA23] Madan, A. K.; Kharbanda, P.; Yadav, Prateek, Kumar, Roshan: AI and Machine Learning Uses in CAD/CAM. In: International Journal of Research Publication and Reviews, Vol. 4(4), 2023, S. 4397–4401.

[MAHJ23] Mahjoob, D. S.; Khalaf, A. A.; Hanon, M. M.: Forecasting Cutting Force by Using Artificial Neural Networks Based on Experiments of Turning Aluminum. In: International Journal of Mechanical Engineering and Robotics Research, 2023, S. 410–416.

[MAKH13] Makhfi, S.; Habak, M.; Velasco, R.; Haddouche, K.; Vantomme, P.: An Optimized ANN Approach for Cutting Forces Prediction in AISI 52100 Bearing Steel Hard Turning. In: Science and Technology, Vol. 3(1), 2013, S. 24–32.

[MALL17] Mallya, A.; Lazebnik, S.: PackNet: Adding Multiple Tasks to a Single Network by Iterative Pruning. 2017.

[MALL18] Mallya, A.; Davis, D.; Lazebnik, S.: Piggyback: Adapting a Single Network to Multiple Tasks by Learning to Mask Weights. 2018.

[MANY18] Manyika, J.; Bughin, J.; Seong, J.; Chui, M.; Joshi, R.: Notes from the AI frontier: Modeling the impact of AI on the world economy. Hrsg. von McKinsey Global Institute. 2018.

[MARP24a] Marposs: Werkzeug- und Prozessüberwachungssystem: CTM. 2024.

[MARP24b] Marposs: Werkzeug- und Prozessüberwachungssystem: Genior Modular. 2024.

[MASA20] Masana, M.; Tuytelaars, T.; van de Weijer, J.: Ternary Feature Masks: zero-forgetting for task-incremental learning. 2020.

[MCCL21] McClintock, C.: Generative Gestaltung - Grundlagen und Vorteile. Hrsg. von PTC. 2021.

[MCIN18] McInnes, L.; Healy, J.; Melville, J.: UMAP: Uniform Manifold Approximation and Projection for Dimension Reduction. 2018.

[MERC45a] Merchant, M. E.: Mechanics of the Metal Cutting Process. I. Orthogonal Cutting and a Type 2 Chip. In: Journal of Applied Physics, Vol. 16(5), 1945, S. 267. ISSN: 00218979.

[MERC45b] Merchant, M. E.: Mechanics of the Metal Cutting Process. II. Plasticity Conditions in Orthogonal Cutting. In: Journal of Applied Physics, Vol. 16(6), 1945, S. 318–324. ISSN: 00218979.

[MEYE14] Meyer, M.: Signalverarbeitung: Analoge und digitale Signale Systeme und Filter. 7., verb. Aufl. Springer Vieweg, Wiesbaden, 2014. ISBN: 978-3-658-02612-7.

[MTW23] MTW: Future Trends in CAD/CAM Systems. In: Divya Media Publications Pvt. Ltd., 30.06.2023.

[OCHE23] Ochel, J.: Datengetriebene Strukturierung von NC-Zerspanprozessen. Dissertation. Apprimus Verlag und Rheinisch-Westfälische Technische Hochschule Aachen, 2023.

[ODEH23] Odeh, J.: Wie lässt sich KI im Werkzeugbau nutzen? München, 2023.

[OPIT70] Opitz, H.: A Classification System to Describe Workpieces. Elsevier, 1970. ISBN: 9780080157580.

[PERV14] Pervaiz, S.; Deiab, I.; Wahba, E. M.; Rashid, A.; Nicolescu, M.: A Coupled FE and CFD Approach to Predict the Cutting Tool Temperature Profile in Machining. In: Procedia CIRP, Vol. 17, 2014, S. 750–754. ISSN: 22128271.

[PFEI10] Pfeifer, T.; Schmitt, R.: Fertigungsmesstechnik. 3., überarb. und erw. Aufl. Oldenbourg, München, 2010. ISBN: 9783486592023.

[PILZ89] Pilz, M.; Kamel, H. A.: Creation and boundary evaluation of CSG-models. In: Engineering with Computers, Vol. 5(2), 1989, S. 105–118. ISSN: 1435-5663.

[RADH05] Radhakrishnan, T.; Nandan, U.: Milling force prediction using regression and neural networks. In: Journal of Intelligent Manufacturing, Vol. 16(1), 2005, S. 93–102. ISSN: 0956-5515.

[REDD19] Reddy, J. N.: Introduction to the Finite Element Method, Fourth Edition. 4th edition. McGraw-Hill Education und McGraw Hill, New York, N.Y., 2019 ISBN: 9781259861918.

[REUB01] Reuber, M.: Prozessüberwachung beim Schlichtfräsen von Freiformflächen: Zugl.: Aachen, Techn. Hochsch., Diss., 2000. Bd. 2001,3. Berichte aus der Produktionstechnik. Shaker, Aachen, 2001. ISBN: 3-8265-8433-3.

[ROLL93] Roll, K.; Tekkaya, A. E.: Numerische Verfahren der Prozesssimulation in der Umformtechnik. In: Umformtechnik, Handbuch fuer Industrie und Wissenschaft, Vol. 4, 1993, S. 330–435.

[RUDO14] Rudolf, T. M.: Adaptierbare Parametrierung von Diagnosesystemen durch Verwendung digitaler Antriebssignale in der Prozessüberwachung: Techn. Hochsch., Diss.–

Aachen, 2013. Bd. 18. Ergebnisse aus der Produktionstechnik. Hochschulbibliothek der Rheinisch-Westfälischen Technischen Hochschule Aachen, Aachen, 2014. ISBN: 978-3-86359-208-0.

[RUSS07] Russell, S.; Norvig, P.; Canny, J. F.: Künstliche Intelligenz: Ein moderner Ansatz. 2. Aufl., [Nachdr.] it-Informatik Künstliche Intelligenz. Pearson Studium, München, 2007. ISBN: 978-3-8273-7089-1.

[RUSU16] Rusu, A. A.; Rabinowitz, N. C.; Desjardins, G.; Soyer, H.; Kirkpatrick, J.; Kavukcuoglu, K.; Pascanu, R.; Hadsell, R.: Progressive Neural Networks. 2016.

[SCHM11] Schmidt, C.: Einflussgrößensensitive Simulation und Überwachung von Fräsprozessen: Zugl.: Hannover, Univ., Diss., 2011. Bd. 2011, 03. Berichte aus dem IFW. PZH Produktionstechn. Zentrum, Garbsen, 2011. ISBN: 978-3941416901.

[SCHU15] Schug, P.: Modellierung, Bewertung, Analyse und Optimierung von CAx-Prozessketten: Zugl.: RWTH Aachen, Diss., 2015. Bd. Band 29/2015. Edition Wissenschaft Apprimus. Apprimus Verlag, Aachen, 2015. ISBN: 9783863593391.

[SCHU24] Schuh, G.; Tittel, J.; Amft, A.; Apelt, S.; Bergs, T.; Boßmann, C.; Brecher, C.; Brettel, M.; Briele, K.; Flemisch, F.; Jacobs, G.; Jagla, P.; Jansen, N.; Kuhn, M.; Meißner, M.; Perau, S.; Piller, F. T.; Preutenborbeck, M.; Rey, M.; Rumpe, B.; Schmitt, R. H.; Wiesch, M.: Processes and Structures for Agile Product Development. In: Internet of Production. Hrsg. von Brecher, C.; Schuh, G.; van der Aalst, W.; Jarke, M.; Piller, F. T.; Padberg, M. Interdisciplinary Excellence Accelerator Series. Springer International Publishing und Imprint Springer, Cham, 2024, S. 405–426. ISBN: 978-3-031-44496-8.

[SCHW19a] Schwenzer, M.; Auerbach, T.; Döbbeler, B.; Bergs, T.: Comparative study on optimization algorithms for online identification of an instantaneous force model in milling. In: The International Journal of Advanced Manufacturing Technology, Vol. 101(9-12), 2019, S. 2249–2257. ISSN: 0268-3768.

[SCHW19b] Schwenzer, M.; Miura, K.; Bergs, T.: Machine Learning for Tool Wear Classification in Milling Based on Force and Current Sensors. In: IOP Conference Series: Materials Science and Engineering, Vol. 520, 2019, S. 1–9. ISSN: 1757-899X.

[SCHW19c] Schwenzer, M.; Stemmler, S.; Ay, M.; Bergs, T.; Abel, D.: Ensemble Kalman filtering for force model identification in milling. In: Procedia CIRP, Vol. 82, 2019, S. 296–301. ISSN: 22128271.

[SCHW22] Schwenzer, M.; Stemmler, S.; Ay, M.; Rüppel, A. K.; Bergs, T.; Abel, D.: Model predictive force control in milling based on an ensemble Kalman filter. In: Journal of Intelligent Manufacturing, Vol. 33(7), 2022, S. 1907–1919. ISSN: 0956-5515.

[SELL16] Sellers, G.; Wright, R. S.; Haemel, N.: OpenGL superbible: Comprehensive tutorial and reference. Seventh edition. Addison-Wesley, New York u. a., 2016. ISBN: 978-0672337475.

[SERR18] Serrà, J.; Surís, D.; Miron, M.; Karatzoglou, A.: Overcoming catastrophic forgetting with hard attention to the task. 2018.

[SIEM13] Siemens: Feature-Based Machining in NX CAM - NX Manufacturing. 2013.

[SIEM18a] Siemens: SINUMERIK 840D sl Grundfunktionen: Funktionshandbuch. 2018.

[SIEM18b] Siemens: SINUMERIK 840D sl Sonderfunktionen: Funktionshandbuch. 2018.

[SIEM24] Siemens: Analyze MyWorkpiece / Toolpath. 2024.

[SOOR23] Soori, M.; Arezoo, B.; Dastres, R.: Machine learning and artificial intelligence in CNC machine tools, A review. In: Sustainable Manufacturing and Service Economics, Vol. 2, 2023, S. 100009. ISSN: 26673444.

[SRIV06] Srivastava, T. K.; Karunesh, K.; Prasad, B. N.; Kumar, S.; Das, S.: Preliminary applications of Voronoi cell technique to the microstructural modelling of single and dual phase steels. In: Transactions of the Indian Institute of Metals, Vol. 59, 2006, S. 511–519.

[STEM17] Stemmler, S.; Abel, D.; Schwenzer, M.; Adams, O.; Klocke, F.: Model Predictive Control for Force Control in Milling. In: IFAC-PapersOnLine, Vol. 50(1), 2017, S. 15871–15876. ISSN: 24058963.

[STEM20] Stemmler, S.: Intelligent control strategies as an enabler for self-optimizing manufacturing systems. Diss. RWTH Aachen University, 2020.

[SU21] Su, S.; Zhao, G.; Xiao, W.; Yang, Y.; Cao, X.: An image-based approach to predict instantaneous cutting forces using convolutional neural networks in end milling operation. In: The International Journal of Advanced Manufacturing Technology, Vol. 115(5-6), 2021, S. 1657–1669. ISSN: 0268-3768.

[SUBR95] Subrahmanyam, S.; Wozny, M.: An overview of automatic feature recognition techniques for computer-aided process planning. In: Computers in Industry, Vol. 26(1), 1995, S. 1–21. ISSN: 01663615.

[SUZU11] Suzuki, K.: Artificial Neural Networks - Methodological Advances and Biomedical Applications. IntechOpen, Erscheinungsort nicht ermittelbar, 2011. ISBN: 978-953-307-243-2.

[SWMS21] SWMS Digital Innovations: NX Journaling: Zeiteinsparung durch Automation. 2021.

[SZEC99] Szecsi, T.: Cutting force modeling using artificial neural networks. In: Journal of Materials Processing Technology, Vol. 92-93, 1999, S. 344–349. ISSN: 09240136.

[SZIL03] Szilvśi-Nagy, M.; Mátyási, G.: Analysis of STL files. In: Mathematical and Computer Modelling, Vol. 38(7-9), 2003, S. 945–960. ISSN: 0895-7177.

[TAGS01] Tagscherer, M.: Dynamische Neuronale Netzarchitektur für Kontinuierliches Lernen. Dissertation. Chemnitz: Technische Universität Chemnitz, 2001.

[TERC22] Tercan, H.; Meisen, T.: Machine learning and deep learning based predictive quality in manufacturing: a systematic review. In: Journal of Intelligent Manufacturing, Vol. 33(7), 2022, S. 1879–1905. ISSN: 0956-5515.

[TERC23] Tercan, H.; Meisen, T.: »Online Quality Prediction in Windshield Manufacturing using Data-Efficient Machine Learning«. In: Proceedings of the 29th ACM SIGKDD Conference on Knowledge Discovery and Data Mining. Hrsg. von Singh, A.; Sun, Y.; Akoglu, L.; Gunopulos, D.; Yan, X.; Kumar, R.; Ozcan, F.; Ye, J. ACM, New York, NY, USA, 2023, S. 4914–4923. ISBN: 9798400701030.

[TSCH14] Tschirk, W.: Statistik: Klassisch oder Bayes. Springer Berlin Heidelberg, Berlin, Heidelberg, 2014. ISBN: 978-3-642-54384-5.

[UP2P24] up2parts GmbH: Automatisch CAM-Programme erstellen | Mit up2parts autoCAM. 15.05.2024.

[VAJN18] Vajna, S.; Weber, C.; Zeman, K.; Hehenberger, P.; Gerhard, D.; Wartzack, S.: CAx für Ingenieure: Eine praxisbezogene Einführung. 3., vollständig neu bearbeitete Auflage. Springer Vieweg, Berlin, Germany, 2018. ISBN: 978-3-662-54623-9.

[VAN 24] van der Aalst, W. M. P.: Experiences from the Internet-of-Production: Using "Data-Models-in-the-Middle" to Fight Complexity and Facilitate Reuse. In: Business Process Management Workshops. Hrsg. von Weerdt, J. de; Pufahl, L. Bd. 492. Lecture Notes in Business Information Processing. Springer Nature Switzerland und Imprint Springer, Cham, 2024, S. 87–91. ISBN: 978-3-031-50973-5.

[VAN 86] van Hook, T.: Real-time shaded NC milling display. In: ACM SIGGRAPH Computer Graphics, Vol. 20(4), 1986, S. 15–20. ISSN: 00978930.

[VDI03a] VDI: Informationsverarbeitung in der Produktentwicklung: CAD user functions. 2003.

[VDI03b] VDI: Informationsverarbeitung in der Produktentwicklung: Feature-Technologie. 2003.

[VDI19] VDI: Entwicklung technischer Produkte und Systeme: Modell der Produktentwicklung. 2019.

[VISC19] VisCircle GmbH: Was Sie über Texturen in OpenGL wissen sollten. Hrsg. von VisCircle GmbH. 2019.

[VITR12] Vitr, M.: CAM-NC-Kopplung für einen durchgängigen, bidirektionalen Informationsfluss zwischen Planung und Fertigung: Techn. Hochsch., Diss.–Aachen, 2012. 1. Aufl. Bd. 2012,19. Edition Wissenschaft Apprimus. Apprimus-Verl., Aachen, 2012. ISBN: 978-3-86359-078-9.

[WEBE07] Weber, H.; Ulrich, H.: Laplace-Transformation: Grundlagen - Fourierreihen und Fourierintegral - Anwendungen. 8, Auflage. B.G. Teubner Verlag / GWV Fachverlage GmbH Wiesbaden, Wiesbaden, 2007. ISBN: 978-3835101401.

[WECK12] Weckenmann, A., Hrsg.: Koordinatenmesstechnik: Flexible Strategien für funktions- und fertigungsgerechtes Prüfen. 2., vollständig überarb. Aufl. Hanser, München und Wien, 2012. ISBN: 978-3-446-40739-8.

[WELL19] Wellmann, F.: Datengetriebene, kontextadaptive Produktivitätssteigerung von NC-Zerspanprozessen. 1. Auflage. Ergebnisse aus der Produktionstechnik. Apprimus Verlag, Aachen, 2019. ISBN: 978-3-86359-781-8.

[WIES19] Wiesch, M.; Epple, A.; Brecher, C.: Tool Monitoring – A Scalable Learning Approach to Estimate Cutting Tool Conditions with Machine-Internal Data in Job Shop Production of a Milling Process. In: Advances in Production Research. Hrsg. von Schmitt, R.; Schuh, G. Springer International Publishing, Cham, 2019, S. 101–111. ISBN: 978-3-030-03450-4.

[XI21] Xi, T.; Benincá, I. M.; Kehne, S.; Fey, M.; Brecher, C.: Tool wear monitoring in roughing and finishing processes based on machine internal data. In: The International Journal of Advanced Manufacturing Technology, Vol. 113(11-12), 2021, S. 3543–3554. ISSN: 0268-3768.

[YOHA13] Yohannes, B.: Industrielle Prozessüberwachung für die Kleinserienfertigung: Zugl.: Hannover, Univ., Diss., 2013. Bd. 2013, 03. Berichte aus dem IFW. PZH-Verl., Garbsen, 2013. ISBN: 978-3944586137.

[YOON17] Yoon, J.; Yang, E.; Lee, J.; Hwang, S. J.: Lifelong Learning with Dynamically Expandable Networks. 2017.

[ZAVA19] Zavalnyi, O.; Zhao, G.; Liu, Y.; Xiao, W.: Optimization of the STEP-NC compliant online toolpath generation for T-spline surfaces using convolutional neural network and random forest classifier. In: IOP Conference Series: Materials Science and Engineering, Vol. 658(1), 2019, S. 012015. ISSN: 1757-8981.

[ZEID05] Zeid, I.: Mastering CAD/CAM. McGraw-Hill Higher Education, Boston, 2005. ISBN: 0072868457.

[ZIEN13] Zienkiewicz, O. C.: Finite Element Method: Its Basis and Fundamentals. 7th ed. The Finite Element Method Ser. Elsevier Science & Technology, Oxford, 2013. ISBN: 9780080951355.

A Anhang

Appendix

A.1 Strukturmechanisch-statisches Verlagerungsverhalten

Structural-mechanical-static displacement behavior

Der Werkzeugeingriff ist eine elementar wichtige Größe zur datenbasierten Ermittlung und Vorhersage von Prozesskräften in der spanenden Fräsbearbeitung. Die durch den Materialeingriff entstehenden Belastungen in Form von Prozesskräften führen durch das statische und dynamische Nachgiebigkeitsverhalten zu Abdrängungen des Werkzeugs und damit zur Formgebung des zu fertigenden Werkstücks [KLOC18; WELL19]. Diese Abdrängungen haben wiederum Auswirkungen auf den zu ermittelnden Materialeingriff und damit auf die Prozesskräfte. Die Zerspankraft F_{zer} lässt sich dabei in einen statischen $F_{zer,stat}$ sowie dynamischen Anteil $F_{zer,dyn}$ aufteilen. Der zu entwickelnde Ansatz zur Vorhersage von Prozesskräften fokussiert den statischen Anteil in der Modellierung, weshalb im Folgenden lediglich die statischen Verlagerungsanteile der Strukturmechanik berücksichtigt werden. Die strukturmechanische, statische Verlagerung Δ_{stat} pro Achse kann sowohl bei messtechnischer als auch simulierter statischer Prozesskraft $F_{zer,stat}$ über den Zusammenhang in Gleichung A.1 ermittelt werden.

$$\Delta_{stat} = \frac{F_{zer,stat}}{k_{ges}} \tag{A.1}$$

k_{ges} ist demnach die Gesamtsteifigkeit der betrachteten Werkzeugmaschine und des Werkzeugs und kann mittels Gleichung A.2 bestimmt werden.

$$k_{ges} = \frac{1}{\frac{1}{k_{wzm}} + \frac{1}{k_{wkz,i}}} = \frac{k_{wzm} \cdot k_{wkz,i}}{k_{wzm} + k_{wkz,i}} \tag{A.2}$$

Das in Kapitel 4.1 betrachtete Versuchsbauteil ist ein kubisches Bauteil mit steifen Strukturen, weshalb werkstückseitige, statische Nachgiebigkeiten nicht berücksichtigt werden und das Bauteil als unendlich steif angenommen wird. Die Steifigkeit der Werkzeugmaschine k_{wzm} ist abhängig von der aktuellen Achsposition sowie Pose im Arbeitsraum, dabei grundsätzlich zeitkonstant. Im Gegensatz dazu ist die Steifigkeit des Werkzeuganteils $k_{wkz,i}$ vom gegenwärtig im Arbeitsraum befindlichen Werkzeug i abhängig. Im Frässimulations-Demonstrator sind die NC-Werkzeugdaten um die Steifigkeitskennwerte erweitert, Tabelle 5.5 und Abbildung 5.2. Bei einem Werkzeugwechsel wird dieser über die neue Werkzeug-ID innerhalb der Event-Daten mitgeteilt. Über die verknüpften NC-Werkzeugdaten erfolgt die Aktualisierung der Steifigkeitskennwerte. Alle Steifigkeitskennwerte für k_{wzm} und $k_{wkz,i}$ werden dabei im Vorfeld messtechnisch nach BRECHER ET AL. ermittelt [BREC16]. Im Anschluss an die Ermittlung der verschiedenen Steifigkeiten können die statischen Abweichungen $\Delta_{i,stat}$ in den Hauptachsrichtungen X, Y und Z im MKS nach Gleichung A.3 laufzeitparallel im Frässimulations-Demonstrator ermittelt werden.

$$\begin{pmatrix} \Delta^{[t]}_{x,stat} \\ \Delta^{[t]}_{y,stat} \\ \Delta^{[t]}_{z,stat} \end{pmatrix} = \begin{pmatrix} F^{[t]}_{x,stat} \\ F^{[t]}_{y,stat} \\ F^{[t]}_{z,stat} \end{pmatrix} \cdot \begin{bmatrix} k_{xx} & k_{xy} & k_{xz} \\ k_{yx} & k_{yy} & k_{yz} \\ k_{zx} & k_{zy} & k_{zz} \end{bmatrix}^{-1} \quad (A.3)$$

Die einzelnen statischen Steifigkeitsanteile, sowohl maschinen- als auch werkzeugbasiert, enthalten Kreuzsteifigkeitsanteile k_{ij}, die beim Einmessen ebenfalls ermittelt werden. Im Anschluss an die Ermittlung der einzelnen statischen Abweichungen $\Delta_{i,stat}$ im MKS können diese in die kinematische Kette nach Abbildung 5.6 eingefügt werden.

Die ermittelten Maschinensteifigkeiten k_{wzm} des 5-Achs-Bearbeitungszentrum *HF3500*, Kapitel 4.1, werden in eine Look-Up-Tabelle mit der Struktur nach Tabelle A.1 überführt, die für den späteren Frässimulations-Demonstrator lesbar ist. Die Vermessung wurde vor dem Hintergrund der Durchführung eines 2,5D-Fräsprozesses, Kapitel 5.1, durchgeführt, in der die Rotationsachsen zu Beginn über den 3D-Messtaster ausgerichtet werden und während der Prozesse starr angestellt bleiben. Verschiedene Posen inklusive deren Einfluss auf die Maschinensteifigkeiten sind somit nicht Bestandteil dieser Arbeit. Die Kreuzsteifigkeiten k_{ij} werden wegen des Verhältnisses zu den Hauptsteifigkeitsanteilen vernachlässigt und in Gleichung A.3 zu null gesetzt.

Zur softwaretechnischen Verarbeitung der Look-Up-Tabelle wird auf das Vorgehen im folgenden Kapitel A.2 verwiesen, in dem die Einbindung der Information in den Frässimulations-Demonstrator analog vorgenommen wird.

Tabelle A.1: Aufbau der strukturmechanischen Look-Up-Tabelle der *HF3500*

X	Y	Z	k_{xx}	k_{yy}	k_{zz}
-200	-200	-150	26	28	33
-200	-200	150	26	28	33
-200	0	-150	26	28	33
-200	0	150	26	28	33

A.2 Geometrisch-kinematisches Verlagerungsverhalten

Geometric-kinematic displacement behavior

Eine geometrisch-kinematische, präzise Werkzeugmaschine kann durch ein volumetrisches Korrekturmodell repräsentiert werden. Dieses Modell ermöglicht die Abbildung von positions- und orientierungsgebundenen, geometrisch-kinematischen Abweichungen Δ_{geom} in den translatorischen Achsen $X_{tcp,wks}$, $Y_{tcp,wks}$ und $Z_{tcp,wks}$ sowie den Werkzeugorientierungen $O_{x,tcp,wks}$, $O_{y,tcp,wks}$ und $O_{z,tcp,wks}$ am TCP innerhalb des Arbeitsraums. Zur Bestimmung der positionsbedingten, summierten Abweichungen Δ_{geom} im Rahmen der modellbasierten Aufbereitung, Abbildung 5.8, wird die betrachtete Werkzeugmaschine im Vorfeld geometrisch mittels Laserinterferometer vermessen. Die Messunsicherheit solcher Interferometer liegt dabei deutlich unterhalb der in dieser Arbeit betrachteten Mindestwerte für die im digitalen Abbild implizit enthaltenen Form- und Lagetoleranzen mit einem Minimum von 10 µm. Das messtechnische Vorgehen mittels Laserinterferometer zeigen BRECHER ET AL. im Detail in [BREC16].

Für das 5-Achs-Bearbeitungszentrum *HF3500*, Kapitel 4.1, wurde eine geometrisch-kinematische Vermessung der Maschine durchgeführt und in eine Look-Up-Tabelle mit der Struktur nach Tabelle A.2 überführt. Die Werte in den Spalten sind zur besseren Übersicht auf zwei Nachkommastellen gerundet. Auch diese Vermessung wurde wie bei der Ermittlung der statischen Maschinensteifigkeiten vor dem Hintergrund der Durchführung eines 2,5D-Fräsprozesses, Kapitel 4.1, durchgeführt.

Tabelle A.2: Aufbau der geometrisch-kinematischen Look-Up-Tabelle der *HF3500*

X	**Y**	**Z**	Δ_x	Δ_y	Δ_z	Δ_{O_x}	Δ_{O_y}	Δ_{O_z}
-175	-150	450	-1.94e-06	-4.94e-07	-1.28e-03	-4.58e-10	-5.36e-09	4.01e-09
-175	-150	500	-2.55e-06	-1.21e-06	-1.53e-03	4.21e-10	-6.31e-09	5.68e-09
-175	-150	550	-3.31e-06	-2.22e-06	-1.86e-03	1.52e-09	-8.17e-09	7.92e-09

Die Look-Up-Tabelle wird in ein CSV-Tabellenformat überführt. Die im Frässimulations-Demonstrator integrierte modulbasierte Materialabtragsimulation ruft die hinterlegte Look-Up-Tabelle in Form eines sequenziellen Berechnungsmoduls auf. In dieses Modul gehen die aktuellen Positionen P_{stat} als Inputgrößen ein. Innerhalb der Look-Up-Tabelle wird für die aktuelle TCP-Position $P_{tcp,wks}^{[t]}$ über die MKS-Positionen $P_{mks}^{[t]}$ aus den ersten drei Spalten aus Tabelle A.2 der nächste Arbeitspunkt gesucht. In den meisten Fällen liegt keine exakte Übereinstimmung vor. In diesem Fall werden alle Fehleranteile Δ_{geom} räumlich je nach translatorischer Achse X, Y und Z linear interpoliert. Outputgrößen sind die geometrisch-kinematischen Abweichungen Δ_{geom} am TCP. Diese können direkt in die kinematische Kette nach Abbildung 5.6 auf die Positionsdaten im WKS addiert werden. Durch die Bestimmung von Δ_{geom} am TCP wird der Einfluss auf den Materialeingriff und damit auf die Ermittlung der Prozesskräfte abgedeckt. Thermo-elastische Verlagerungseffekte, die gleichermaßen wie die geometrisch-kinematischen Abweichungen Δ_{geom} am TCP über die Zeit ausgedrückt werden können, werden innerhalb dieser Arbeit nicht betrachtet.

A.3 Technisches Datenblatt Kraftmessplattform

Technical data sheet force measuring platform

KISTLER

measure. analyze. innovate.

Mehrkomponenten-Dynamometer

Typ 9257B

–5 ... 10 kN, Deckplatte 100x170 mm

Quarzkristall-3-Komponenten-Dynamometer zum Messen der drei orthogonalen Komponenten einer Kraft. Das Dynamometer besitzt eine grosse Steifheit und demzufolge eine hohe Eigenfrequenz. Das grosse Auflösungsvermögen ermöglicht das Messen von kleinsten dynamischen Änderungen grosser Kräfte.

- Universell einsetzbar
- Für Zerspankraftmessungen geeignet
- Stabil und zuverlässig

Beschreibung

Das Dynamometer besteht aus vier 3-Komponenten-Kraftsensoren, die unter hoher Vorspannung zwischen einer Grundplatte und einer Deckplatte eingebaut sind. Die Kraftsensoren enthalten je drei Quarzkristall-Plattenpaare, wovon das eine auf Druck in der z-Richtung und die beiden anderen auf Schub in der x- bzw. y-Richtung empfindlich sind. Die Kraftkomponenten werden praktisch weglos gemessen.

Die Ausgänge der vier eingebauten Kraftsensoren sind im Dynamometer so zusammengeschalten, dass auch Mehrkomponenten-Kraft- und Momentmessungen möglich sind. Die acht Ausgangssignale sind an die 9-polige Flanschdose geführt.

Die vier Sensoren sind masseisoliert eingebaut. Damit werden Erdschleifenprobleme weitgehend ausgeschaltet.

Das Dynamometer ist rostbeständig und gegen das Eindringen von Spritzwasser bzw. Kühlmittel geschützt. Zusammen mit dem Anschlusskabel Typ 1687B5/1689B5 genügt das Dynamometer der Schutzklasse IP67.

In die Deckplatte ist eine spezielle thermische Isolationsschicht eingebaut, die das Dynamometer gegen Temperatureinflüsse weitgehend unempfindlich macht.

Anwendungsbeispiele

- Dynamisches und quasistatisches Messen der drei orthogonalen Komponenten einer Kraft
- Zerspankraftmessungen beim Drehen, Fräsen, Schleifen usw. Die hohe Empfindlichkeit und die niedere Ansprechschwelle lassen in Verbindung mit den kalibrierten Teilbereichen auch exakte Messungen an kleinen Werkzeugen und beim Schleifen zu.
- Messungen an Modellen im Windkanal

Technische Daten

Bereich	F_x, F_y, F_z	kN	–5 ... 5 1)
F_z bei F_x und F_y ≤0,5 F_z	F_z	kN	–5 ... 10 2)
Kalibrierter Teilbereich 1	F_x, F_y	N	0 ... 500
	F_z	N	0 ... 1 000
Kalibrierter Teilbereich 2	F_x, F_y	N	0 ... 50
	F_z	N	0 ... 100
Überlast	F_x, F_y, F_z	kN	–7,5/7,5
F_z bei F_x und F_y ≤0,5 F_z	F_z	kN	–7,5/15
Ansprechschwelle		N	<0,01
Empfindlichkeit	F_x, F_y	pC/N	≈–7,5
	F_z	pC/N	≈–3,7
Linearität, alle Bereiche		%FSO	≤±1
Hysterese, alle Bereiche		%FSO	≤0,5
Übersprechen		%	≤±2
Steifheit	c_x, c_y	kN/µm	>1
	c_z	kN/µm	>2
Eigenfrequenz	$f_n(x, y, z)$	kHz	≈3,5 4)
Eigenfrequenz	$f_n(x, y)$	kHz	≈2,3 4)
(montiert an Flanschen)	$f_n(z)$	kHz	≈3,5 4)
Betriebstemperaturbereich		°C	0 ... 70
Kapazität	F_x, F_y, F_z	pF	≈220
Isolationswiderstand (20 °C)		Ω	$>10^{13}$
Masseisolation		Ω	$>10^{8}$
Schutzart EN60529		–	IP67 3)
Gewicht		kg	7,3
Aufspannfläche	mm	100x170	
Anschluss		Fischer-Flansch, 9-pol. neg.	

1) Kraftangriff innerhalb und max. 25 mm oberhalb der Deckfläche
2) Bereich beim Drehen, Kraftangriff bei Punkt A
3) Mit Anschlusskabel Typen 1687B5, 1689B5
4) Ohne Stahlhalter Typ 9403

Abbildung A.1: Technisches Datenblatt der verwendeten Kraftmessplattform (KMP)

Technical data sheet of the force measuring platform used (KMP)

A.4 Technische Daten des Versuchs-Bearbeitungszentrums *HF3500*

Technical data of the test machining center HF3500

Tabelle A.3: Technische Daten 5-Achs-Bearbeitungszentrum *HF3500*

Bezeichnung	**Wert**
Arbeitsraum (X|Y|Z)	710 mm | 750 mm | 710 mm
Eilganggeschwindigkeit (X|Y|Z)	65 (90 | 90 | 80) m/min
Beschleunigung (X|Y|Z)	8 (10 | 10 | 8) m/s^2
Werkzeugschaft	HSK-A 63
Werkstückdimension	∅ 710 mm x 630 mm
Maschinensteuerung	*SINUMERIK 840D sl 4.8*

A.5 Versuchsplan

Experimental plan

Tabelle A.4: Versuchsplan des Versuchssetups aus Kapitel 4.1

Nr.	Material	Override [%]	KSS	Defekt	Bemerkungen
01	C45	100	an	nein	-
02	C45	100	an	nein	Vorschub-Stop Operation 1.2
03	AlSi1MgMn	100	an	nein	Vorschub-Stop Operation 1.2
04	AlSi1MgMn	100	an	nein	Vorschub-Stop Operation 1.2
05	C45	100	an	ja	Vorschub-Stop Operation 1.2
06	C45	100	an	ja	Vorschub-Stop Operation 1.2
07	AlSi1MgMn	100	an	ja	Vorschub-Stop Operation 1.2
08	AlSi1MgMn	100	an	ja	Vorschub-Stop Operation 1.2
09	C45	100	an	ja	Vorschub-Stop Operation 1.2
10	C45	100	an	ja	Vorschub-Stop Operation 1.2 u. 5.2
11	AlSi1MgMn	120	an	ja	Vorschub-Stop Operation 1.2
12	AlSi1MgMn	80	an	ja	Vorschub-Stop Operation 1.2 u. 3.1
13	AlSi1MgMn	100	aus	ja	Werkzeugschmierung SF-D10 bei 3.1, Tausch
14	AlSi1MgMn	100	aus	ja	Vorschub-Stop Operation 1.2
15	AlSi1MgMn	120	aus	ja	Vorschub-Stop Operation 2.2
16	AlSi1MgMn	80	aus	ja	Vorschub-Stop Operation 1.2
17	C45	100	aus	ja	Vorschub-Stop Operation 1.2
18	C45	120	aus	ja	Vorschub-Stop Operation 1.2
19	C45	80	aus	ja	Vorschub-Stop Operation 1.2 u. 5.2
20	C45	100	an	ja	Vorschub-Stop Operation 1.2
21	C45	100	an	ja	Vorschub-Stop Operation 1.2
22	C45	100	an	ja	Vorschub-Stop Operation 1.2
23	C45	100	an	ja	Vorschub-Stop Operation 1.2
24	C45	100	aus	ja	Vorschub-Stop Operation 1.2
25	C45	100	aus	ja	Vorschub-Stop Operation 1.2
26	C45	100	aus	ja	Werkzeugbruch SF-D10 bei 5.1, Tausch
27	C45	100	an	ja	Vorschub-Stop Operation 1.2
28	C45	100	an	ja	Vorschub-Stop Operation 1.2, Flanken a_p = 5 mm
29	C45	100	an	ja	Vorschub-Stop Operation 1.2, Flanken a_p = 8 mm
30	GJS400	100	aus	ja	Vorschub-Stop Operation 1.2

A.6 Bayes'sche Hyperparameteroptimierung des MLP-Modells

Bayesian hyperparameter optimization of the MLP model

Die Bayes'sche Hyperparameteroptimierung ist eine Methode zur Optimierung von Hyperparametern, die probabilistische Modelle verwendet, um die Abhängigkeit zwischen Hyperparametern und der Zielmetrik zu modellieren. Ziel ist es, die Leistung eines Modells zu maximieren oder die Fehlerrate zu minimieren, während die Anzahl der Auswertungen der Zielmetrik minimiert wird. Grundlage bilden die Hyperparameter θ aus Tabelle 6.1. Die Modellfunktion des lernenden MLP-Modells $f(\theta)$

bewertet dabei die Modellleistung für die gegebenen Hyperparameter θ auf einen definierten Validierungsdatensatz M_D. Dabei wird $f(\theta)$ als eine Black-Box-Funktion betrachtet, da keine explizite Form von $f(\theta)$ bekannt ist. Die Bayes'sche Optimierung beginnt mit einer Prior-Verteilung $D(\theta)$ über den Hyperparametern θ. Eine typische Annahme ist hierbei eine Normalverteilung, welche für jede Hyperparametereinstellung θ einen Mittelwert und eine Standardabweichung besitzt. Im nächsten Schritt werden Daten gesammelt, indem das MLP mit verschiedenen Hyperparameterkonfigurationen θ_i trainiert und anschließend auf dem unabhängigen Validierungsdatensatz M_D ausgewertet wird. Auf Grundlage dieser Beobachtungen wird eine Likelihood-Funktion $D(O_B|\theta_i)$ formuliert, welche die Wahrscheinlichkeit beschreibt, mit der die Leistungen aller Beobachtungen O_B des Modells unter Berücksichtigung der verschiedenen Hyperparametereinstellungen θ_i auftreten. Die beobachteten Daten O_B enthalten dabei die Informationen über die Zielmetrik $f(\theta)$. Konkret umfasst O_B die Menge aller bisherigen Hyperparameterkombinationen θ_i und deren zugehörigen Zielwerte $f(\theta_i)$. Im Anschluss wird das Bayes-Theorem angewendet, um die Posterior-Wahrscheinlichkeitsverteilung $D(\theta|O_B)$ der Hyperparameter θ zu berechnen, basierend auf der Prior-Verteilung und der Likelihood-Funktion, Gleichung A.4. Die Posterior-Verteilung $D(\theta|O_B)$ gibt an, wie wahrscheinlich bestimmte Werte der Zielmetrik $f(\theta_i)$ für eine bestimmte Kombination von Hyperparametern θ_i sind, nachdem die bereits gesammelten Daten O_B berücksichtigt wurden. Sie kombiniert das a-priori Wissen, die Prior-Verteilung, mit den Informationen, die durch die bisherigen Beobachtungen O_B gewonnen wurden, der Likelihood-Funktion.

$$D(\theta|O_B) = \frac{D(O_B|\theta) \cdot D(\theta)}{D(O_B)} \tag{A.4}$$

Die Posterior-Verteilung wird anschließend zur Konstruktion der Akquisitionsfunktion "Expected Improvement" verwendet, die optimiert wird, um die Auswahl der nächsten zu evaluierenden Hyperparameterkonfiguration θ_i zu bestimmen. Die Idee hinter dem "Expected Improvement" besteht darin, die erwartete Verbesserung $EI(\theta_i)$ des aktuellen besten beobachteten Werts $f(\theta_i^*)$ zu quantifizieren, wenn eine neue Hyperparameterkonfiguration θ_i ausgewählt wird, Gleichung A.5

$$EI(\theta_i) = \mathbb{E}\big[\max(f(\theta_i^*) - f(\theta_i), 0)\big] \tag{A.5}$$

Dabei ist $\mathbb{E}$ der Erwartungswert, der sich aus der Posterior-Verteilung der Zielfunktion ergibt. Dahinter steckt die Annahme, dass Hyperparameterkonfigurationen θ_i mit hoher Varianz in der Posterior-Verteilung eine höhere Wahrscheinlichkeit für einen deutlich höheren echten Wert der Zielfunktion f aufweisen als bisher modellierte Zielfunktionen durch die Aktualisierung der Posterior-Verteilung. Somit werden Punkte mit hoher Chance auf eine mögliche Verbesserung, gemessen durch hohe positive Werte der Akquisitionsfunktion (Gleichung A.5), als neue Punkte zur Auswertung der Zielfunktion f vorgeschlagen, die dann wiederum im Anschluss die Posterior-Verteilung $D(\theta_i|O_B)$ aktualisieren. Vereinfacht wird zur Evaluierung die Hyperparameterkonfiguration θ_i ausgewählt, die den höchsten $EI(\theta_i)$-Wert aufweist. Durch wiederholte Iteration dieses Prozesses konvergiert die Bayes'sche Optimierung zu den Hyperparametereinstellungen θ_i, welche die Zielfunktion f – hier die Leistung des MLP-Modells – maximieren. Im Gegensatz zur reinen Raster- und Zufallssuche ermöglicht dieses Verfahren eine genauere und schnellere Bestimmung des Optimums.

A.7 Mathematische Werkzeuge zur MLP-Modelloptimierung

Mathematical tools for MLP model optimization

Die folgenden mathematischen Werkzeuge in der Entwicklung und Bildung datenbasierter Modelle zur Prozesskraftvorhersage haben Einfluss auf die Modellleistung. Daher erfolgt hier im Detail eine Auflistung und Bewertung der untersuchten Werkzeuge in Bezug auf die Randbedingungen und die zu erreichende Modellleistung. Die Bewertung begründet die datenbasierte Modellentwicklung zur Prozesskraftvorhersage innerhalb der Arbeit.

Wahl der Aktivierungsfunktion: Die Aktivierungsfunktion als mathematische Funktion trägt durch ihre Datentransformationen von gewichteten, summierten Zwischeninputs in -outputs des betrachteten Neurons entscheidend zur Performance des Künstlichen Neuronalen Netzes bei, da sie dem Netzwerk ermöglichen, nichtlineare Beziehungen zwischen den Eingaben zu modellieren. Dabei liegen zwei Typen vor, die globalen und lokalen Aktivierungsfunktionen: Globale Aktivierungsfunktionen haben die Eigenschaft, dass sich ihre Aktivierung signifikant von null unterscheidet, je weiter sich das Eingangsdatenmuster vom Neuronenzentrum entfernt. Lokale Aktivierungsfunktionen weisen dagegen lediglich in einem begrenzten Bereich um das Neuronenzentrum eine signifikant von null abweichende Aktivierung auf. TAGSCHERER zeigt, dass in einem MLP-Modell globale Aktivierungsfunktionen bei der Verarbeitung von lokalen Beobachtungen (z. B. bestimmte Datenmuster) zu globalen Veränderungen des ML-Modells führen, wodurch bereits generiertes Wissen beim Training neuer, lokaler Cluster bzw. Muster verloren geht. Daher eignen sie sich vorwiegend für Probleme, wo die globale Information relevant ist, z. B. bei der Bildklassifikation [TAGS01, S. 29–34]. Ebenfalls beweist TAGSCHERER, dass die lokalen Aktivierungsfunktionen eher dazu führen, lokale Muster bzw. Beobachtungen in den Daten zu interpretieren, ohne dabei das globale Modell anzupassen [TAGS01, S. 34–37]. Die Positionierung der Neuronenzentren soll in Abhängigkeit der Beobachtungen erfolgen, wodurch nahezu keine unvorhergesehenen Ausgaben in unbekannten Merkmalsraumbereichen entstehen. Auch lokale Aktivierungsfunktionen weisen leichte globale Veränderungen nach dem Lernen lokaler Datenmuster auf. Grund dafür ist, dass zur Optimierung der gewichteten Verbindungen zum Ausgabeneuron häufig Backpropagation-Verfahren eingesetzt werden, wodurch der Fehler am Ausgang in alle Komponenten der verdeckten Schicht zurückpropagiert wird. Insgesamt eignen sie sich dennoch vermehrt, nichtlineare Beziehungen zu erlernen, die mit einer kontinuierlich anwachsenden Datenbasis mit neuen, lokalen Beobachtungen in den Fokus rücken. Sie werden im Rahmen der Dissertation mit geeigneten mathematischen Methoden aus den CL-Trainingsstrategien kombiniert, um den neuen, lokalen Mustern besonders in tiefen KNN eine angemessene Aktivierung zuzuteilen. Eine Übersicht in Bezug auf den Aktivierungsfunktionstyp ist im Folgenden aufgeführt:

1. **Global**: z. B. Sigmoid-Funktion, Tangens-Hyperbolicus (tanh)
2. **Lokal**: z. B. Rectified Linear Unit (ReLU), Gaussglocke

Aus den oben beschriebenen Gründen fällt für das zugrundeliegende Versuchssetup mathematisch begründet die Wahl auf die lokalen Aktivierungsfunktionen, da diese die Interpretation lokaler Muster, wie sie häufig geclustert vorliegen, zulassen, ohne das globale Modell zu verfälschen. Dabei eignet sich die ReLU-Funktion besonders gut, nichtlineare Zusammenhänge durch eine Vielzahl von lokalen Mustern zu interpretieren, wodurch eine höhere Flexibilität bei der Modellierung und damit Modellübertragbarkeit geschaffen wird. Die Interpretation von lokalen, neuen Mustern ist während des kontinuierlichen Lernens ebenfalls notwendig, weshalb die lokalen Aktivierungsfunktionen neben weiteren Methoden dazu beitragen, das bisherige erlernte Wissen beizubehalten, Kapitel 6.3. Die ReLU-Funktion wurde im Hyperparametertuning in Tabelle 6.6 ermittelt.

Einsatz der L1- und/oder L2-Regularisierung: Die beiden Regularisierungsmethoden haben das Ziel, Overfitting zu vermeiden, indem sie die Modellkomplexität reduzieren. Die L1-Regularisierung fügt der Verlustfunktion $L_1(F_{sim}, F_{mess})$ einen Strafterm hinzu, Gleichung A.6. Dieser Strafterm ist die Summe der absoluten Werte der Modellgewichte (L1-Norm), multipliziert mit einem bestimmten Hyperparameter θ_i. Ein wichtiger Aspekt der L1-Regularisierung ist, einige der Gewichtungen w_i auf null zu setzen, wodurch irrelevante Features eliminiert werden können, was die Interpretierbarkeit des Modells verbessert. Im Gegensatz dazu fügt die L2-Regularisierung der Verlustfunktion als Strafterm die Summe der quadrierten Werte der Modellgewichte hinzu, ebenfalls multipliziert mit einem Hyperparameter θ_i, Gleichung A.7. Im Gegensatz zur L1-Regularisierung verkleinert die L2-Regularisierung die Gewichtswerte, setzt diese aber nicht auf null. Dadurch werden die Regularisierungseffekte gleichmäßiger über alle Gewichte verteilt, was Overfitting reduziert.

$$L_1(F_{sim}, F_{mess}) = L_1(F_{sim}, F_{mess}, w) + \theta_i \sum_{i=1}^{n} |w_i| \tag{A.6}$$

$$L_2(F_{sim}, F_{mess}) = L_2(F_{sim}, F_{mess}, w) + \theta_i \sum_{i=1}^{n} w_i^2 \tag{A.7}$$

Die L2-Regularisierung ist zudem ein Ansatz, um sicherzustellen, dass das Künstliche Neuronale Netzwerk nicht durch überwiegend häufige Datenpunkte dominiert wird und auch weniger häufige Datenpunkte berücksichtigt, indem sie das Modell dazu zwingt, sich nicht zu stark auf einzelne Merkmale oder Muster zu konzentrieren.

Einsatz der Dropout-Regularisierung: Wie bei der L1- und L2-Regularisierung soll auch Dropout Overfitting vermeiden. Das Konzept besteht darin, zufällig eine bestimmte Anzahl von Neuronen während des Trainingsprozesses zu deaktivieren, indem ihre Ausgabe auf null gesetzt wird. Dies zwingt das Netzwerk, redundante Informationen zu vermeiden und robuster zu werden, indem es zufällig Neuronen deaktiviert und so ein Ensemble verschiedener Teilnetze erzeugt. Für jede verdeckte Schicht l_k mit Ausnahme der Ausgabeschicht wird eine Dropout-Binomialverteilung $d_i^{(l_k)}$ eingeführt. Für jedes Neuron n_i in der Schicht l_k wird ein Binomialverteilungsmuster verwendet, um zu entscheiden, ob das Neuron deaktiviert werden soll oder nicht. Dazu wird $d_i^{(l_k)}$ mit einer Wahrscheinlichkeit p (Dropout-Rate) auf 1, aktiv, und mit einer Wahrscheinlichkeit $1 - p$ auf null, inaktiv, gesetzt. Während des Trainings wird das Künstliche Neuronale Netz mit den deaktivierten Neuronen zurückpropagiert und die Gewichte werden entsprechend angepasst. Beim Testen werden die Gewichte der Neuronen mit Dropout nicht verändert, sondern ihre Ausgaben werden mit der Dropout-Rate skaliert, um die Aktivierung der Neuronen während des Trainings zu berücksichtigen.

Einsatz der gewichteten Verlustfunktion: Die gewichtete Verlustfunktion $L_g(F_{sim}, F_{mess})$ gewichtet bestimmte Datenpunkte oder Klassen in einem Datensatz der Größe n höher oder niedriger, um den Einfluss auf das Trainingsverfahren anzupassen, Gleichung A.8.

$$L_g(F_{sim}, F_{mess}) = \frac{1}{n} \sum_{i=1}^{n} g_i \cdot L_g(F_{sim}, F_{mess}) \tag{A.8}$$

Hierbei ist g_i das Gewicht für den i-ten Datenpunkt. Wenn ein Datenpunkt einen höheren Einfluss haben soll, wird sein Gewicht entsprechend größer gewählt. Dadurch wird selteneren Datenmustern in den Gesamtdaten eine höhere Relevanz zugeordnet.

Einsatz der Batch-Normalisierung: Die Batch-Normalisierung kann zu einer Verbesserung der Modellleistung wie zu einer Trainingsbeschleunigung führen. Sie normalisiert die Eingabe jeder Schicht, indem sie den Mittelwert der Eingabe subtrahiert und durch die Standardabweichung dividiert. Dies wird auf der Minibatch-Ebene durchgeführt. Ebenso führt die Batch-Normalisierung zwei zusätzliche Parameter pro Aktivierungsebene in einem neuronalen Netzwerk ein, den Skalenfaktor und den Verschiebungsfaktor. Diese Parameter werden während des Trainings gelernt und dienen dazu, die normalisierten Werte zu transformieren, um die Flexibilität des Modells zu erhalten. Indem das Modell die normalisierten Werte skalieren und verschieben kann, kann es wichtige Merkmale stärker gewichten oder abschwächen und sogar eine Art von Bias hinzufügen oder entfernen, um komplexe Muster in den Daten für eine hohe Generalisierbarkeit zu erkennen. Hintergrund ist eine bessere Übertragung des Gradienten der Fehlerfunktion, da die Gewichte weniger schnell über- oder unterbelichtet werden, wodurch Gradientenverschwinden oder -explosionen vermieden werden. Die Folge ist in der Regel eine schnellere Konvergenz des Trainingsprozesses.

In einer kontinuierlichen Lernumgebung mit sog. Erfahrungen bzw. Tasks, die sequenziell das Künstliche Neuronale Netz erreichen, können Daten enthalten sein, die bisher nicht Teil des Trainings gewesen sind und sich durch eine Änderung in der Wahrscheinlichkeitsverteilung über der Zeit auszeichnen, ein sog. Domain Shift. Die Folge ist, dass die bisherige Transformation der Daten durch die Normalisierung, ob insgesamt vor dem Training oder während der Batch-Normalisierung, während des Trainings durchgeführt wird und somit nicht auf den neuen Datensatz angepasst ist. Es kann zu fehlerhaften Vorhersagen kommen, da die neuen Eingangsdaten zu einem anderen Mittelwert sowie einer anderen Standardabweichung als Skalierungs- und Verschiebungsfaktoren in der Normalisierung führen. Somit werden die neuen Daten falsch transformiert. Zur Lösung dieses Problems können die Skalen- und Verschiebungsfaktoren der Batch-Normalisierung helfen, die Normalisierung an die neuen Daten anzupassen. Indem sie diese Parameter während des Testens aktualisieren oder auf den Testdaten neu berechnen, kann die Batch-Normalisierung die Transformation so ändern, dass sie besser zur neuen Datenverteilung passt und so die Leistung des Modells auf den neuen, bisher unbekannten Daten verbessert. Ein erneutes Training auf den erweiterten Gesamtdatensatz muss somit nicht durchgeführt werden, wodurch die Batch-Normalisierung für eine kontinuierliche Lernstrategie mit sich ändernden Verteilungen geeignet ist.

A.8 Integration des lernenden Prozesskraftmodells in den Frässimulation-Demonstrator

Integration of the learning process force model into the milling simulation demonstrator

Liegt für das Cluster bereits ein trainiertes PNN-Modell vor, wird die trainierte Modellkonfiguration inklusive der Gewichtungen und Bias-Gewichte über das JSON-Format geladen. Abbildung A.2 zeigt einen Auszug der Struktur des JSON-Formats zur Definition eines trainierten PNN-Modells. Das im JSON-Format vorliegende neuronale Netz wird über die KERAS-Funktion `keras.models.model_from_json()` in ein KERAS-Objekt für das weitere Training überführt:

```
import json
import tensorflow as tf
def buildAiModel(self):
        self.callbacks = [tf.keras.callbacks.EarlyStopping(monitor='val_loss',
            patience=7)]
        self.model = tf.keras.models.model_from_json(json.dumps(self.ai_config))
        self.model.compile(...)
```

Nach dem Training wird es inklusive der trainierten Gewichte und Bias-Gewichte als erweitertes JSON-Format im sog. Frugally-Deep-Format exportiert. Das Frugally-Deep-Format ist ein spezielles JSON-Format und dient als Vorbereitung zur Verwendung von Frugally-Deep, einer Header-Bibliothek für die Verwendung von KERAS-Modellen für Anwendungen in *C++*. Die Gewichte und Bias sind dabei verschlüsselt, Abbildung A.2. Im Anschluss wird das trainierte Modell wie folgt in den Frässimulation-Demonstrator integriert:

```
#include <fdeep/fdeep.hpp>
int main()
{
    const auto model = fdeep::load_model("fdeep_model.json");
    const auto result = model.predict(...)
    // The further code follows here.
}
```

Über dieses Vorgehen kann der in Verbindung mit der am WZL aufgebauten *TimescaleDB* entwickelte a-zyklische ML-Service automatisch ein PNN für einen definierten Trainingssatz inklusive definierter Variablentypen trainieren. Das PNN-Modell wird nach dem Training gespeichert und steht dem Frässimulation-Demonstrator über die Frugally-Deep-Bibliothek zur Prozesskraftvorhersage sowohl a-priori zur Prozessauslegung sowie im Live-Betrieb zur Prozessüberwachung zur Verfügung.

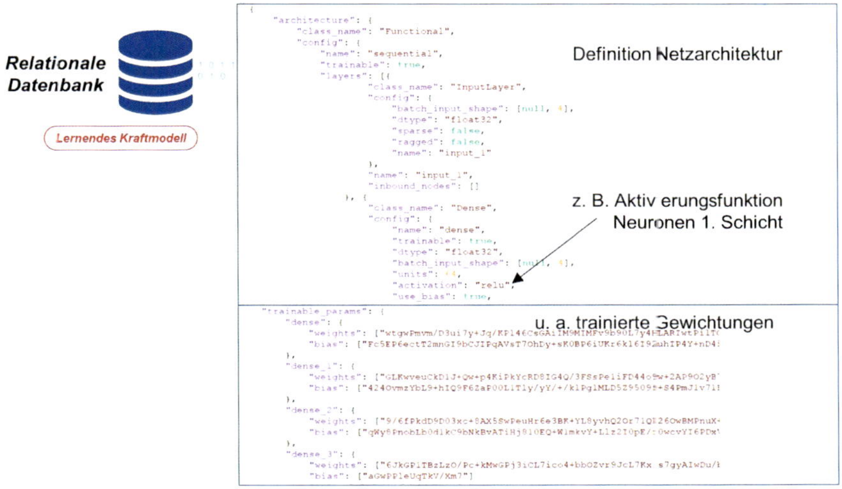

Abbildung A.2: PNN-Modell im erweiterten JSON-Format zur Systemintegration

PNN model in extended JSON format for system integration

In der Reihe **Ergebnisse aus der Produktionstechnik** zuletzt erschienen:

Bergs, Christian:
Untersuchung von Werkzeugschnittstellen für Fräsmaschinen unter Betriebsbedingungen
ISBN: 978-3-98555-320-4
Erscheinungsdatum: 13.01.2026

Niwar, Lea:
Methodik zur Arbeitsvorbereitung mittels Maschinensteuerungs- und Sensordaten für extrusionsbasierte additive Verfahren
ISBN: 978-3-98555-315-0
Erscheinungsdatum: 13.01.2026

Maetschke, Jan:
Wirtschaftliche Leistungssteigerung von Produktionslinien
ISBN: 978-3-98555-316-7
Erscheinungsdatum: 09.12.2025

Slawik, Viktor:
Datenbasierte Analyse vernetzter natürlich sprachlicher Anforderungen in der Produktentwicklung
ISBN: 978-3-98555-313-6
Erscheinungsdatum: 24.11.2025

de Oliveira Löhrer, Patrícia:
Influence of Material Removal Mechanisms on Thermo-Mechanical Loads in Continuous Generating Gear Grinding
ISBN: 978-3-98555-309-9
Erscheinungsdatum: 17.11.2025

Dehn, Mathias:
Korrektur des thermo-elastischen Maschinenfehlers von Fräsmaschinen mithilfe von künstlichen neuronalen Netzen und maschineninternen Daten
ISBN: 978-3-98555-326-6
Erscheinungsdatum 13.01.2026

Wiesch, Marian:
Lernende Prozesskraftmodellierung zur Planung und Überwachung in der Einzelteilfertigung für Fräsanwendungen
ISBN: 978-3-98555-324-2
Erscheinungsdatum: 13.01.2026

Blanke, Philipp:
Temporäre Automatisierung von Werkzeugmaschinen
ISBN: 978-3-98555-314-3
Erscheinungsdatum: 24.11.2025

Beckschulte, Sebastian:
Gestaltungsmodell zur Systematisierung der Fehlerdatenerfassung im manuellen Montageprozess
ISBN: 978-3-98555-311-2
Erscheinungsdatum: 17.11.2025

Zalfen, Moritz:
Einfluss der Dehnrate auf die Zahnfußtragfähigkeit schnelllaufender Zahnradgetriebe
ISBN: 978-3-98555-308-2
Erscheinungsdatum: 03.11.2025

Edition Wissenschaft
Apprimus

Lossie, Karl:

Decision Model for Performance-Driven Prioritization of Operational Decisions on the Manufacturing Shop Floor

ISBN: 978-3-98555-305-1

Erscheinungsdatum: 29.09.2025

Klee, Lukas:

Auslegung des Druckprozesses beim Binder Jetting zur Herstellung von Verzahnungen mit hoher Zahnfußtragfähigkeit

ISBN: 978-3-98555-299-3

Erscheinungsdatum: 02.09.2025

Lee, Tae Hun:

Messung und Modellierung der thermo-elastischen Abweichungen von fünfachsigen Werkzeugmaschinen

ISBN: 978-3-98555-294-8

Erscheinungsdatum: 12.08.2025

Welschof, Lukas:

Ermüdungsfestigkeit drahtfunkenerodierter Nickelbasiswerkstoffe für Triebwerksanwendungen

ISBN: 978-3-98555-287-0

Erscheinungsdatum: 10.06.2025

Mendl-Heinisch, Michael:

Bewertung technischer Produktänderungen mittels prädiktiver Datenanalyse

ISBN: 978-3-98555-267-2

Erscheinungsdatum: 24.03.2025

Pullen, Thomas Wilhelm:

Überwachung des Verschleißzustandes von Bohrwerkzeugen mithilfe von Körperschallsignalen

ISBN: 978-3-98555-268-9

Erscheinungsdatum: 04.03.2025

Schäfer, Niklas:

Regelbasierte Planungsautomatisierung für die Digitale Fabrik

ISBN: 978-3-98555-304-4

Erscheinungsdatum: 29.09.2025

Trisjono, Julian Andreas:

Methodik zur Einführung datengetriebener Geschäftsmodelle im Werkzeugbau

ISBN: 978-3-98555-298-6

Erscheinungsdatum: 02.09.2025

Schollemann, Alexander:

Strategische Ausrichtung nachhaltiger Produktionsnetzwerke

ISBN: 978-3-98555-293-1

Erscheinungsdatum: 15.07.2025

Spindler, Sarah:

Multi-Source Energy Harvesting for Wireless IIoT Sensors

ISBN: 978-3-98555-285-6

Erscheinungsdatum: 02.06.2025

Chhor, Jimmy:

Cyclic Procedure Model for the Continuous Optimization of Digital Business Processes

ISBN: 978-3-98555-271-9

Erscheinungsdatum: 24.03.2025

Lauf, Hendrik:

Identifizierung von Innovationspotenzialen durch die semantische Modellierung des Produktumfelds

ISBN: 978-3-98555-251-1

Erscheinungsdatum: 24.02.2025

Edition Wissenschaft
Apprimus

FSC
www.fsc.org
MIX
Papier | Fördert
gute Waldnutzung
FSC® C083411

Kolibri 360 GmbH
Ferdinand-Jühlke-Straße 7
99095 Erfurt, Deutschland
produktsicherheit@kolibri360.de